U0642879

Blue Book on China's Science and Technology Policy 2022

中国科技政策蓝皮书

2022

杜宝贵 廉玉金 王 欣 陈 磊◎著

科学技术文献出版社
SCIENTIFIC AND TECHNICAL DOCUMENTATION PRESS

·北京·

图书在版编目（CIP）数据

中国科技政策蓝皮书. 2022 = Blue Book on China's Science and Technology Policy 2022 / 杜宝贵等著. —北京：科学技术文献出版社，2022.12
ISBN 978-7-5189-7630-0

Ⅰ.①中…　Ⅱ.①杜…　Ⅲ.①科技政策—研究报告—中国—2022　Ⅳ.① G322.0

中国版本图书馆 CIP 数据核字（2022）第 255863 号

中国科技政策蓝皮书2022

策划编辑：李 蕊　责任编辑：李晓晨　侯依林　责任校对：张永霞　责任出版：张志平

出　版　者	科学技术文献出版社
地　　　址	北京市复兴路15号　邮编 100038
编　务　部	（010）58882938，58882087（传真）
发　行　部	（010）58882868，58882870（传真）
邮　购　部	（010）58882873
官方网址	www.stdp.com.cn
发　行　者	科学技术文献出版社发行　全国各地新华书店经销
印　刷　者	北京厚诚则铭印刷科技有限公司
版　　　次	2022 年 12 月第 1 版　2022 年 12 月第 1 次印刷
开　　　本	787×1092　1/16
字　　　数	362千
印　　　张	19.5
书　　　号	ISBN 978-7-5189-7630-0
定　　　价	138.00元

前　言

　　在这个全球抗击新冠肺炎疫情的特殊时期，《中国科技政策蓝皮书》系列的第三部如期与读者见面了。在总结第一部和第二部蓝皮书文本搜集、撰写体例、研究视角、研究内容、研究方法等方面相关经验的基础上，本书规范了科技政策的筛选过程，调整了科技政策的研究内容，丰富了科技政策的研究方法。

　　本书分为中国科技政策的总体状况（2019—2020年）、国家层面科技政策分析、区域科技政策分析、专项科技政策分析、科技政策类学术研究状况分析等5个部分内容，政策文本的时间范围为2019年7月至2020年12月（部分内容添加了2019年5月、6月的数据）。相比于前两部，本书主要有以下更新：首先，在政策数据的选取上，更加聚焦"科技政策"本身，对纳入分析范围的科技政策制定了更为科学的甄选标准和更为严密的筛选程序，确保科技政策文本的有效性；其次，在研究内容上，为了响应国家区域发展战略的提出和实施，本书改变了以往基于省域层面科技政策的分析方式，选取了京津冀区域、长三角区域、东北区域等典型区域层面的科技政策进行局部分析；最后，在研究方法上，除使用既往的ROST CM、MAXQDA、CiteSpace等分析方法外，本书还尝试运用了PMC方法，对相关科技政策进行了评价分析。

　　本书由杜宝贵负责体例设计、内容安排、全书统稿和整体协调等工作，王欣负责撰写总报告，于晓玄负责撰写国家及部委科技政策部分，陈磊负责撰写区域科技政策部分，廉玉金负责撰写专项科技政策部分，杨帮兴负责撰写科技政策类学术研究，隗博文、杨红玉、赵清清、王婧婧、房海旭、张珊、霍宁心等参与了各部分书稿的撰写。此外，陈磊、隗博文、杨红玉、赵清清、王婧婧、房海旭、张珊、霍宁心还参与了科技政策的搜集与整理工作，为本书的顺利出版付出了诸多辛苦。

　　科学技术文献出版社各位编辑严谨的工作态度、科学的工作方式及顺畅的沟通过程为本书的顺利出版提供了重要保障，在此一并表示感谢！同时，本书得到了科技部国家科技政策东北研究中心、教育部科技政策战略研究基地（培育）相关领导和老师的关心和指导，还受到了"中央高校建设世界一流大学（学科）和特色发展引导转型（2019—2022）——科技政策创新智库建设工程"的资助。

目前，除了我们出版的《中国科技政策蓝皮书》以外，国内尚无类似出版物。由于此类蓝皮书的撰写方法、撰写内容与撰写体例没有相关规范，我们一直处于摸索阶段，在摸索中总结、在总结中提升、在提升中把握规律。因此，本书必然存在诸多不足和疏漏。敬请从事科技政策研究的研究者和推动科技政策发展的实践者批评指正，共同提高中国科技政策研究与实践整体水平。

科技部国家科技政策东北研究中心主任

东北大学公共政策研究院院长

辽宁软科学研究会理事长

杜宝贵

2021 年 9 月

于沈阳 东北大学 滨湖园

目　录

第 1 章

中国科技政策的总体状况（2019—2020 年）

1.1 国内外科技发展及政策环境

2019 年，新科技革命与产业变革持续深入，科技创新逐渐进入"加速道"，信息技术、生物技术、新能源技术、新材料技术等领域交叉融合，给人类社会发展带来新的机遇。新冠肺炎疫情的暴发，给国内外科技发展，乃至人类社会都带来了严峻的挑战，百年未有之大变局进入加速演变期。但无论是抗击新冠肺炎疫情，还是恢复经济，科学技术的进步都将持续发挥支撑引领作用。2020 年，各国和地区结合实际，积极应对新冠肺炎疫情，制定科技发展规划，推进国家和地区持续创新，均取得了丰硕的成果。2020 年部分国家科技发展概况如表 1.1 所示。

全球饱受新冠肺炎疫情的影响，但人类前进的步伐从未停滞。美国《科学》（*Science*）杂志在 2020 年底公布了 2020 年十大科学突破的评选结果，其中，"以创纪录的速度开发和测试急需的新冠肺炎疫苗"当之无愧地拔得头筹。除了疫苗的研发，艾滋病、室温超导、CRISPR 治疗遗传性疾病、全球变暖等多个领域都有突破。2020 年十大科学突破分别是：①新冠肺炎疫苗点亮希望之光；② CRISPR 首次成功治愈两种遗传性血液病；③ "带毒"生存时间长的艾滋病病毒感染者病毒特殊位置的发现；④人工智能首次精准预测蛋白质三维结构；⑤科学家反对种族歧视，呼吁多样性；⑥更清晰的全球变暖预测；⑦发现快速射电暴（FRB）来源；⑧世界上最古老的狩猎景象面世；⑨首个室温超导体面世；⑩研究发现鸟类的聪明程度超出人们的想象。

面对严峻的国际形势和激烈的国际竞争，我国国内科技发展丝毫不敢松懈，仍处于科技发展的"快车道"。2021 年由科技日报社主办、部分两院院士和媒体人士共同评选出的 2020 年国内十大科技新闻揭晓。入选的分别是：①抗击新冠彰显中国科技力量，疫情发生后，中国科学家在短时间内就迅速明确了这是一种新型冠状病毒，第一时间向全球共享病毒的全基因组测序结果，并快速成立科研攻关组，有力支撑了疫情防控战。② 5 月，《科学》杂志发表了中科院的一篇论文，利用古代 DNA 测序，揭开

表 1.1 2020 年部分国家科技发展概况

领域	美国	英国	德国	日本	以色列	法国
生物医学 & 新材料	基因编辑与细胞科研成果多，多种重大疾病研究有新进展。例如，研发出可存储与复制的 DNA 信息的 3D 打印兔子，证实了万物皆可实现 DNA 存储的理论；从大脑信号中分离出影响动作和行为的信号，以期实现脑电波无声交流；研发出一种人类新冠病毒单克隆抗体，用于治疗 12 岁以上的轻中度新冠肺炎患者。开发出应用于 5G 技术的新型氮化镓基谐振隧穿二极管（RTD）。该电子器件打破了传统器件的电流输出纪录。研发出钠离子电池，丰富而低价。研发可控制声波传播方式的新型智能声学超材料	关注生命进化理论与细胞机制，给蛋白质穿上二氧化硅"外衣"，标志着在生物学取得长足进展。模拟人体发育方面迈出重要一步。审批通过了 27 个针对新冠病毒的研究项目。研发出人造变色皮肤，在光照射加热时会变色。研发出全新人造材料，该材料利用多向晶格，并结合智能 3D 打印技术制成	马普多家研究所脑科学成果显著，遗传学取得进展。开发可廉价生产的新型光合电极和催化剂，把电解槽和太阳能电池集成为一个整体，以此把太阳光直接用来分解水。研究氢能的各种储氢与运输可能性。改善氢能的效率、寿命和性能，把氢技术整合入能源系统	发现 Pg 菌可引发阿尔茨海默病。给猕猴产移植子首次成功产子。利用人工诱导多能干细胞技术制出不受限制、可给任何人输血的血小板。开发出新型碳纤维复合材料。高强度、高弹性且导电性优异。首次成功实现周期性嵌入氮原子的纳米分子（氮掺杂型纳米管）的化学合成。发现最高水平的 3 个化学氢离子传导率的新材料 $Ba_5E_2Al_2ZrO_{13}$，燃料电池和氢传感器又将有进一步发展	研究抗癌、抗衰老疑难杂症，使用新型超高分辨率显微镜看到活细胞。利用锌和溴研发价格更低、效率更高的储能电池，以大规模存储太阳能和风能产生的电能。该研究有望帮助以色列在未来 3 年内处于世界可再生能源革命的前列	开发可兼容 CMOS 的锗锡半导体激光器。首次通过实验观察到 7 个原子宽的石墨烯纳米带的高强度发光现象。开发出一种可用于治疗多种严重炎症的有效纳米颗粒。证明石墨烯量子点可被生物降解

续表

领域	美国	英国	德国	日本	以色列	法国
航空航天&能源环保	通过 16 次发射，成功将 953 颗"星链"卫星送入轨道，并在内部测试中为用户提供了 4G 水平的天基互联网服务。启动下一代太空体系架构建设，希望加快太空系统架构转变，使其成为一种多用途增值建筑能砖。开创出全新储能材料，开发出使用溶剂回收多层塑料中聚合物的新方法，有望减少塑料废弃物对地球环境的污染。开发出一种新型设备，利用空气中的水分产生电能，利用纳米薄膜，这一技术可能对可再生能源、气候变化等产生重大影响	成功发射 36 颗组网卫星，使 OneWeb 卫星星座在轨卫星总数达到 110 颗，将为政府和企业提供商业通信服务。研制了一种能检测（大于 5 毫米）漂浮垃圾的新方法，将有助于加强对海洋塑料垃圾的全球监测和处理	2020 年初，研究所验证了带有电磁喷管的惯性静电约束推力器。德国汉莎航空公司从任上海的波音 777 货机，完成了"碳中和"货运航班首次飞行。研发新型钙钛矿-硅串联太阳能电池，功效高达 29.15%	"火星卫星探测"任务进入全面研制阶段，将首次尝试把"火卫一"样品送回地球。日本小行星探测器"隼鸟 2 号"释放的返回舱携带"龙宫"小行星样本于 12 月成功返回地球。利用淀粉和纤维素开发出高强度高响水性的海洋生物降解塑料。利用光合作用将分离二氧化碳从大气中回收二氧化碳，为削减温室气体开辟新道路	使用"沙维特"运载火箭成功发射一颗名为"地平线 16 号"的新一代侦察卫星。将光合聚合物的光能力与光化学能 II 的电化学能力相结合，利用光合作用获取可再生清洁能源。利用居民生活废物生产出可替代塑料的创新型原材料	完成了 PPS-5000 霍尔推力器 7MN·s 任务的鉴定。通过可再生能源与核能制得"清洁"氢气

续表

领域	美国	英国	德国	日本	以色列	法国
基础科研 & 科技政策	首次观察到缪子电离冷却，向成功建造缪子对撞机迈出关键一步；首次观察到缪子对撞机研究了其特点；研究发现，可以用微小的玻色子"三胞胎"生成极罕见的玻色子"三胞胎"事件；找到了在太空中形成的超导材料的第一个证据——一颗在太空中形成的超导微粒，证实了这一发现为人类寻找室温超导材料点燃了新希望；首次发现"中子星双白矮星X射线照片，超新星绕快速旋转白矮星X射线照片，首次确定快速射电暴在银河系内的起源，最大恒星、星系和类星体三维地图，以及迄今为止宇宙最大的三维地图，星系和类星体三维地图；科学家在陨石中发现了迄今为止地球上最古老的星尘，确认了迄今为止地球上最古老的固体物质——50亿至70亿年前形成的星尘；确认迄今为止地球上最古老的撞击构造——澳大利亚西部的亚拉布巴陨石坑，发现了地球磁场形成之谜——地球基底岩浆海硅酸盐液体的"发电机"机制。在5G领域重点打压中国5G产业发展的同时，推进自身网络安全战略，科技立法活动是推出《无尽前沿法案》，遏制中国科技影响力一直是特朗普中国科技政策的主要内容	捕捉到放射性元素钽-187并研究了其特点，研究发现，可以用微小的钻石晶体制作一种非常灵敏的小型引力探测器，用其能够测量出引力波；建造出具有里程碑意义的"中"英国核聚变研究设施的核聚变研究设施，用于核聚变研究；出资支持基于卫星的独立通信网络的独立通信网络，推量子通信研究；玄多次增加科研项目的财政投入，安排1.47亿英镑，鼓励研究数字技术在制造业中的应用，提出把老旧的时代重建经济的核心，在追加预算拨款的基础上，再投入50亿英镑，用于宽带基础设施建设	电子同步加速器研究所的等离子加速器运转达到30小时，其间共加速了10万个电子束，这意味着激光离子加速器定向实验可从实验室向现实量子计算机；建立量子计算实验室：玄姆斯登兹量子中心（HQC）。设计出硅基光源以生成可在玻璃纤维中很好地传输的单光子，首次展示了硅基单光子光源的可行性。相继发布《国家生物经济战略》和《国家氢战略》，修订《人工智能战略》	通过昴星团望远镜，发现存在于120亿年前的宇宙中存在一个比银河系更重的星系；通过人工智能机器人学习方法，对宇宙中暗物质和性质等进行了计算；对约100亿类星之外的6个星光进行了光谱观测；解开了"超巨型黑洞风吹体进行了光谱观测；提出"登月型研发制度"（Moonshot）并为该制度明确了6项目标，计划在2050年前实现；将规定日本科学技术政策基本理念和基本政策框架的《科学技术基本法》修订为《科学技术创新基本法》，修订《国家生物经济战略》和《国家氢气战略》，再版《人工智能战略》，修订了2020年版《科技白皮书》，预测了38项新技术	研发出能记录光流（the flow of light）的量子显微镜，并利用其直接观察束缚在纳米尺寸晶体内的光；首次用显微镜、甚至裸眼，在肥皂泡泡膜中直接观察到动态的光学分支流（branched flow）物理现象，并借助相机记录下分支流的美丽图像。批准了"促进以色列末期（advanced-stage）高技术公司机构投资"的计划	首次直接观测到星系际温热介质，在X射线波段直接找到了一系列原定了一系列原粒陨石的水浓度和成分，并认为地球上的水可能起源于顽火辉石等物粒陨石等物质释放的氢。名为"法国复兴"（France Relance）的援助计划，将投资1000亿欧元，围绕生态转型竞争力等方面，拟定未来10年国家的发展路径

了有关中国南北方史前人群格局、迁移与混合的若干秘密，使得中国史前人群迁徙与族源的谜底揭晓。③7 月 23 日，我国首次火星探测任务天问一号探测器由长征五号遥四运载火箭从文昌航天发射场发射升空，开启火星探测之旅，迈出了我国自主开展行星探测的第一步。④7 月 31 日，中国自主建设、独立运行的全球卫星导航系统——北斗导航系统全面建成。⑤11 月 3 日，党的十九届五中全会通过的《中共中央关于制定国民经济和社会发展第十四个五年规划和二〇三五年远景目标的建议》正式发布，该文件提出：坚持创新在我国现代化建设全局中的核心地位，并对科技创新进行专章部署。⑥中国科学技术大学教授陈秀雄、王兵在微分几何学领域取得重大突破，率先解决了两个困扰国际数学界 20 多年的核心猜想——哈密尔顿-田猜想和偏零阶估计猜想。⑦嫦娥五号携带月球土壤成功返回地球，是 40 多年后，再次有人类航天器重返月球并采回样品。对中国和全球航天界都是一项巨大的科学成就。⑧11 月 27 日，华龙一号全球首堆——中核集团福清核电 5 号机组首次并网成功，创造了全球第三代核电首堆建设的最佳业绩。⑨10 月 10 日，"奋斗者"号载人深潜 10 909 米成功返航。⑩12 月 4 日，《科学》杂志公布的中国"九章"计算机重大突破，让世界瞩目，中国在量子技术领域获得巨大成就。

新冠肺炎疫情的暴发，给世界带来了严峻的挑战，我国科技之所以取得巨大的进步，离不开中央及地方政府的通力合作，以政策先行先试"撬动"科技进步，无论是国家层面，还是地方层面，均相继出台支持科技发展的政策意见。本书将 2019 年 7 月至 2020 年 12 月出台的科技政策进行汇总和筛选，共得到有效政策 1017 项，其中国家总体设计层面有科技政策 155 项，地方因地制宜层面有科技政策 862 项。

总体来看，地方各省因地制宜制定的科技政策既能落实中央顶层设计的普适性发展精神，又能体现各自的特殊性。由此可见，我国科技事业能够保持迅猛发展，不仅依赖中央缜密的顶层科技政策设计，还归功于地方各省的促进落实。与 2018 年相似，2019 年 7 月至 2020 年 12 月出台的中国科技政策的逻辑主线依然是顶层设计—资源配置—组织建设—过程管理—效果评估。顶层设计方面，科技政策的顶层设计具有整体性、全局性，能够把控科技政策的各个层次、各个领域。因此，其不仅要体现在对内部的发展规划上，还要站在制高点上对内部、外部进行全面关照。资源配置方面，加大对科技型企业的税收优惠，给予国家科技重点项目资金支持，推动发展科技金融，创立科技创新基金。组织建设方面，政府简政放权，改革科技政策管理体制，充分发挥企业在科技创新中的主体作用，提高科技成果转化能力。此外，还制定优惠政策，积极引进和培育高科技人才，释放发展活力。过程管理方面，加大对基础研究的支持力度，政府部门牵头组建各级实验室，引导企业增加基础研究投入，同时激发创新主体科技成果转移转化的积极性，完善科技成果转移转化支撑服务体系，充分发挥地方在推动科技成果转移转化中的重要作用。当然，在规划设计中，我们不但要看到当前的发展优势和有利条件，而且要看到不足和短板，在未来发展中还可能遇到各种新挑战、新风险，必须居安思危，要有风险意识，有应对各种新考验的心理准备。效果评估方面，引入第三方进行监管和评估，落实"创新、协调、绿色、开放、共享"的发展理念，保障科技可持续发展。

1.2 科技政策的逻辑主线布局

本节通过 ROST CM 内容分析软件对既有政策文本进行分析，输出了 166 个高频词。经过进一步的数据清洗，删除了"第二""以上""我省""应当"等无实际分析意义的词语，剔除了与其他关键词共现次数为 0 的词语，最终共获得有效关键词 38 个。此外，尽管类似于"建设""管理""开展""加强""推动"等动词的内容较为宽泛，但是考虑到这些动词往往与其他词语共同构成"动宾"结构的政策表述，能够较好地体现出政策注意力分配和政策工具选择，因而这些动词也被纳入分析范畴。需要说明的是，后续将运用共词聚类分析法主要研究两两同时出现的词语之间的相互关系；在关键词的共词矩阵中，若某词与其他词语并未共同出现过，表示该词单独成为一类，对研究无意义，做剔除处理；有一种例外情况，即某词与其他关键词在共词矩阵中的共现次数不为 0，但是在后续的聚类分析中，受到划分尺度的影响，其仍有可能在树状图中被单独划分为一类，这种情况下有必要单独分析该词语。

为进行共词聚类分析，需要构建由 38 个高频词组成的 38×38 的关键词共词矩阵、相关系数矩阵和相异系数矩阵。本节采用最远邻元素和欧氏距离的方法，对高频词进行了聚类分析，得到 2019 年 7 月至 2020 年 12 月中国科技政策高频词聚类分析谱系图，如图 1.1 所示。

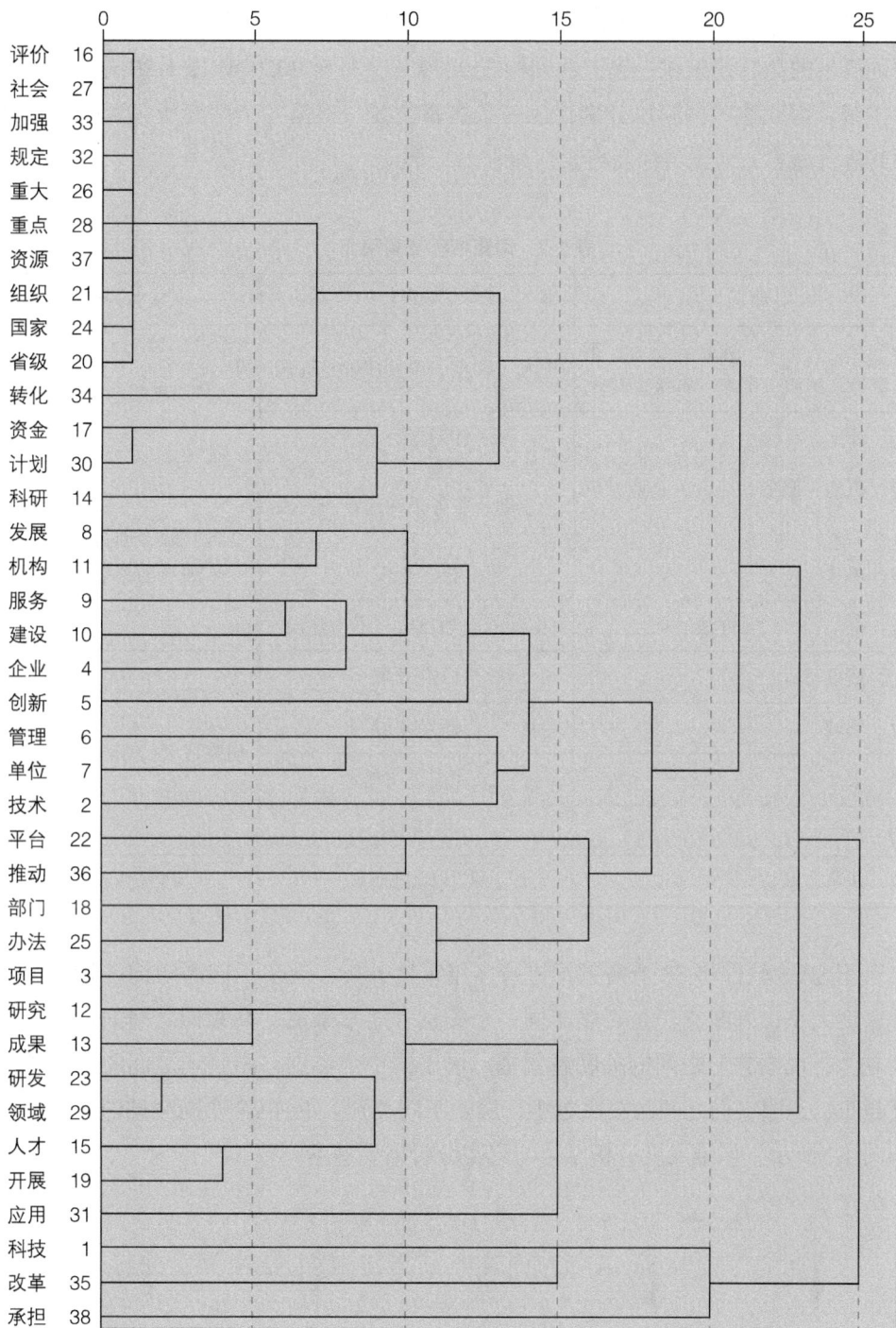

图 1.1　2019 年 7 月至 2020 年 12 月中国科技政策高频词聚类分析谱系图

经过观察与分析该谱系图可知，可将 38 个高频词分成 4 个大词簇和 10 个小词簇，各个词簇中的高频词聚在一起，共同构成 2019 年 7 月至 2020 年 12 月中国科技政策的逻辑主线，因此这些词簇可分别代表一条逻辑主线。根据各个词簇所包含的高频词，可对其进行命名，词簇名称及高频词如表 1.2 所示。

表 1.2　词簇名称及高频词

高频词	小词簇	大词簇
评价、社会、加强、规定、重大、重点、资源、组织、国家、省级、转化	重大（重点）项目评价与管理	科研项目与资金管理
资金、计划、科研	科研计划与资金管理	
发展、机构、服务、建设、企业、创新	企业创新服务机构建设与发展	技术管理、创新服务机构发展与创新平台建设
管理、单位、技术	技术管理	
平台、推动、部门、办法、项目	推动部门项目库与平台建设	
研究、成果	研究成果	研究成果应用与应用型人才
研发、领域	研发领域	
开展、人才	人才引进与培养	
应用	应用型[①]	
科技、改革、承担	科技体制改革	科技体制改革

运用 SPSS 软件将 38 个高频词进行多维尺度分析，观察不同高频词之间的距离远近、密度大小，判断它们是否属于同一个类别。通常来说，高频词之间的距离越近、密度越大，说明它们之间的关联越紧密，属于同一个类别；高频词之间的距离越远、密度越小，说明它们之间的关联越小，属于不同类别。上述 38 个高频词的多维尺度分析如图 1.2 所示，多维尺度分析结果与聚类分析结果基本一致。

---

① 　由于"应用型"主要用以解释研究成果、研发领域、人才引进与培养，如研究成果应用、应用领域、应用型人才等，故后续不再单独阐释该词的具体内涵。

派生激励配置
欧氏距离模型

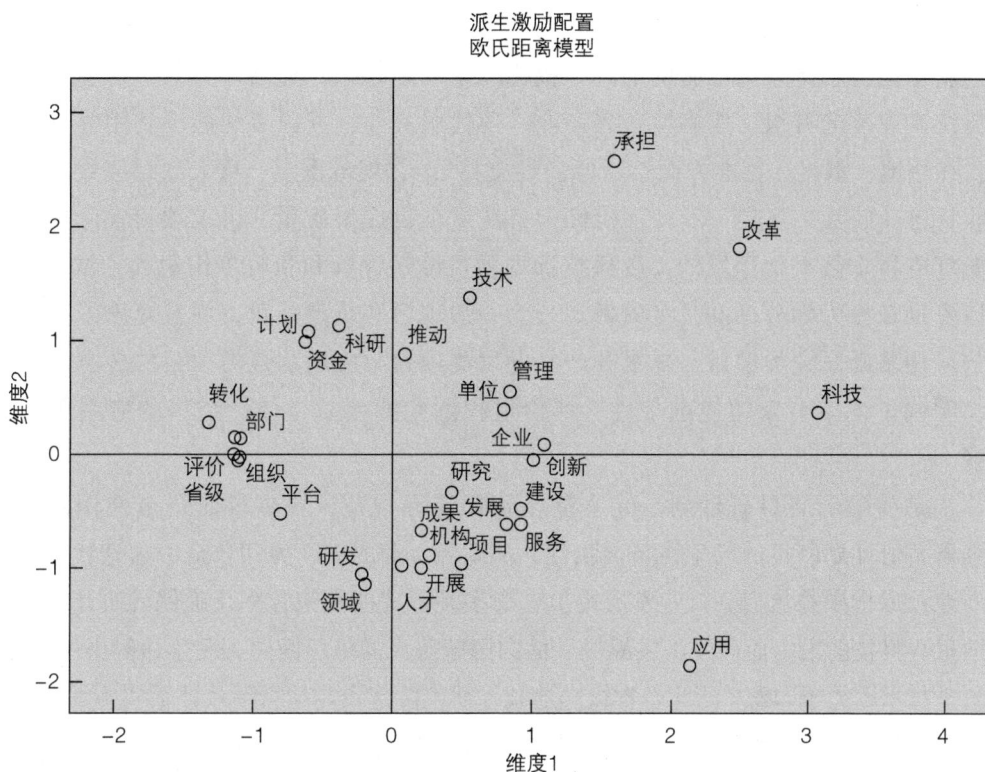

图 1.2　2019 年 7 月至 2020 年 12 月中国科技政策高频词多维尺度分析图 [①]

　　将 38 个高频词重新放回 2019 年 7 月至 2020 年 12 月中国科技政策文本的具体语境中，理解每个类别高频词的深层内涵，详细分析和总结该年度中国科技政策的焦点、特征及逻辑主线布局。结合共词聚类分析、多维尺度分析，并参考具体政策内容，2019 年 7 月至 2020 年 12 月中国科技政策的逻辑主线呈现以下特征。

　　一是完善重点、重大项目管理体系，促进国家层面与省级层面的重点、重大项目相互衔接，整合社会资源以提高资源转化效率。①明确重点、重大、一般项目分类标准，加大财税金融政策对重点、重大项目的扶持力度，采取一事一议原则，精准施策。吉林省颁布的《关于〈加强"从 0 到 1"基础研究工作方案〉的落实意见》以科学问题导向和需求牵引为原则，将省级自然科学基金项目划分为学科布局项目、主题引导项目、自由探索一般项目和自由探索重点项目，并制定了明确的分

---

① 当某个关键词与其他关键词没有共同出现过时（即共现次数为 0），它在多维尺度分析图、聚类分析谱系图、共词网络中会独立存在，这会影响后续的聚类分析。因此，对于这些关键词，在不扭曲政策原意的情况下，会酌情删减。

类依据与标准。《河北省人民政府办公厅印发关于支持承德市建设国家可持续发展议程创新示范区若干政策措施的通知》提出"推动承德市产业转型升级、绿色发展。对传统产业改造升级、战略性新兴产业、现代服务业、资源节约循环利用等重点项目，在用地、审批、核准方面给予倾斜性支持"。②规范重点、重大项目绩效评价与验收标准，破除"五唯"不良评价倾向，注重项目成果质量、讲求项目实际成效。黑龙江省科学技术厅印发的《省科技计划项目绩效评价和验收工作规程（试行）》中以资助金额为划分标准，将项目划分为一般项目和重点项目，并且提出了基础研究与应用基础研究类项目、技术和产品开发类项目、应用示范类项目的分类评价重点，明确了评审专家的遴选条件、评价过程的纪律要求、评价结果的应用等具体内容。

二是前瞻部署科研计划，健全资金管理流程规范，提高科研资金使用效率。①强调科研计划制订的科学性与前瞻性，从政界、商界、学界和公众中遴选代表，组建专业技术指导委员会、行业发展委员会等多种形式的政策智库，确保科研计划能够面向世界科技前沿、面向经济主战场、面向国家重大需求、面向人民生命健康。《河北省科学技术厅关于印发〈河北省省级产业技术研究院建设与运行绩效评估实施细则〉的通知》提出要成立专家指导（咨询）委员会，并且"由高等院校、科研院所、行业协会、上下游企业的技术经济专家和研究院负责人员组成，一般 9 ~ 15 人，其中依托单位和共建单位的人员不超过三分之一。每年至少召开一次会议，对研究院的研发方向、科研计划和项目、知识产权管理和技术服务、学术活动以及年度工作提出咨询指导"。《江西省技术创新中心管理办法（试行）》较为明确地界定了省级技术创新中心学术委员会的组成与职责。②完善资金管理制度，建立专门的资金管理机构，丰富资金支持方式，列明资金开支科目，规范资金结转结余处理方式及用途。《上海市科技兴农项目及资金管理办法》规定上海市科技兴农专项资金的支出范围包括直接费用和间接费用，详细规定了费用科目，并采用前补助和后补助两种支出方式。对于结余资金，该政策则针对项目验收通过和未验收通过两种情况做出了说明。③制定专项科技计划资金管理政策，发挥科技计划资金和科技财政资源对社会资本的引导、撬动作用，优化资金配置与使用效率。例如，《四川省科学技术厅等九部门关于促进全社会加大研发投入 支撑高质量发展的意见》提出"更好发挥省级财政科技计划资金引导作用……重点支持基础前沿、社会公益、重大核心共性关键技术研究等科技活动"；《陕西省科学技术协会 2020 年科技助力脱贫攻坚工作要点》提出，协调基层科普行动计划资金、科普项目和科技服务等科普资源向贫困地区和脱贫地区倾斜；福建省财政厅、福建省科学技术厅等四部门联合印发了《福建省科技特派员专项资金管理办法》，理顺了各级政府部门的专项资金管理职责，并且规定了专项资金的主要用途为工作经费和一次性经费奖励。

三是完善企业科技创新服务体系，建设与发展各类科技创新服务机构。①加快政府职能转变，促进政府职能由科技管理、研发管理向创新服务转变。为此，《山西省企业技术创新发展三年行动计划》明确提出"一是营造创新服务环境。依托工业云平台，省、市、县三级'96302'企业服务热线，开展服务企业常态化工作，建立主动服务机制。二是打造创新激励环境。探索建立符合国际规则的创新产品政府首购制度，推动首台（套）产品的示范应用。三是建立创新督促制度。加强对政府、国有企业创新工作的督促，提高对创新工作的关注度和服务扶持力度"。西藏自治区科学技术厅出台了《关于深化自治区科技领域放管服改革优化创新服务环境的实施意见》，围绕改革项目形成机制、优化项目申报流程、改革项目评审立项方式、精简项目管理验收环节、扩大科研活动自主权、强化科技成果转化激励、优化创新服务环境等方面制定了 30 项具体的政策措施。②针对产业链与创新链的现实需求，培育与发展多样化的科技创新服务载体，锚定各类载体的服务分工与作用范围。例如，河南省科学技术厅、河南省财政厅出台的《关于疫情防控期间支持服务科技型企业发展的若干措施》中提到"引导科技创业孵化载体加强服务。科技企业孵化器、大学科技园、众创空间、星创天地等各类孵化载体要及时掌握在孵企业研发生产情况和服务需求，组织提供精准服务，帮助企业解决因新冠肺炎疫情影响导致的办公运营与生产困难"。③构建新型科技创新服务模式，完善科技创新服务政策工具体系。例如，江西省科学技术厅等八部门联合颁布的《关于加强农业科技社会化服务体系建设的实施意见》提出了"技物结合""技术托管"等创新服务模式；山东省人民政府办公厅出台的《关于深化科技改革攻坚的若干措施》则提出采用"公司＋股权"的创新服务模式，为企业提供菜单式服务。此外，科技创新券作为一种对科技创新活动后补助的形式，近年来被频频纳入政策工具体系（作为政策措施），乃至政策体系（作为专项政策）。例如，《黑龙江省科技创新券管理办法（试行）》在科技创新券的内涵、发放及兑现、服务机构、支持对象与范围等方面制定了详尽的使用规范。

四是构建技术管理体系，组建专门的技术管理机构与责任单位，引进技术管理人员，运用数字化手段搭建技术管理系统，开展技术管理指导、培训、服务等活动。①成立专门的技术管理机构与责任单位，制定专家库入选条件，遴选合适的专家参与技术管理工作。例如，《湖北省数字政府建设总体规划（2020—2022 年）》提出要发挥省大数据中心作为数字政府建设技术管理单位的作用，评估其他政府部门的信息化需求并提供相应技术指导。《陕西省科技重大专项管理办法（暂行）》规定"各重大专项总体专家组，是重大专项的技术管理机构"，并且负有战略规划与技术路线制定、对方案设计与成果转化应用提出咨询建议、重大项目评审与验收等职责。②加强技术管理人才队伍建设，将技术管理工作经验作为人才引进、职称评定的衡量标准之一，重视技术管理人才培养。例如，辽宁省科学技术厅印发的《2020年度全省科技工作要点》提出要促进本土人才国际化培养，选派一定数量的技术管理人才前往境外开展交流与合作。《四川省工程技术人员职称申报评审基本条件（试行）》针对生产、技术管理部门，以及研究、规划、设计部门的工作内容与特点，分别制定了技术员、助理工程师、工程师、高级工程师和正高级工程师的业绩指标，强调了技术管理工作实践经验在生产、技术管理部门工作人员职称评定中的重要性，一定程度上体现了分类评价的趋势。③推动技术管理系统智能化、数字化建设，促进产业数字化、工业智能化、管理精确化发展。《贵州省露天煤矿智能化机械化建设与验收办法（暂行）》提出"生产技术管理系统具有规程措施编制、技术资料、专业图纸设计、开采生产衔接跟踪、工程进度跟踪、生产与技术指标等无纸化管理功能"。《湖北省数字政府建设总体规划（2020—2022年）》将构建数字化支撑体系作为任务之一，提出以"建管用"分离的模式优化工作推进机制、建设标准规范体系、考核评估体系、技术管理体系和安全运维体系，形成数字政府统筹运行的新格局。④广泛开展技术管理指导、培训和服务活动。《广西壮族自治区乡村科技特派员管理办法（试行）》将技术管理指导作为科技特派员的一项业务指标并制定了量化标准。四川省科学技术厅印发的《四川省工程技术研究中心建设发展规划（2020—2025年）》制定了工程技术研究中心的行业服务量化目标，提出"开展各类技术管理培训活动、行业领域新技术讲座和国内外科技合作与交流活动近1200场，培训各类行业技术和管理人员3.8万人次"。

五是推动创新平台发展建设与整合升级，提升创新平台公共服务能力，加强创新平台互联互通。①健全部门项目库，落实好项目归口管理工作。组织开展年度项目申报工作，发布项目申报指南，征集项目申报信息，健全部门项目库，审核项目申报材料，确保项目申报信息的准确性与及时性，以便有序开展项目入库及立项审批与决策。《浙江省重点研发计划暂行管理办法》提到"限额推荐名额根据各地方和归口管理部门项目推荐质量、实施绩效和科研诚信情况确定"。②支持创新平台发展建设，促进同质化创新平台整合升级，推动协同创新与联合攻关。《陕西省科学技术厅关于印发新一代人工智能领域科技创新工作推进计划的通知》提出"进一步推动军民、部省、央地科技创新深度融合，开展人工智能各类创新平台建设"，围绕人工智能技术创新中心、产学研合作创新平台等提出了政策举措。③打通平台信息互通共享渠道，提升创新平台公共服务能力。《河北省省级科技计划项目科研诚信管理办法（试行）》提到"推动平台与全国科研诚信信息系统互联互通，与全省信用信息共享平台有效衔接，为实现信息共享共用提供支撑"。④加快工业互联网平台培育，提升工业生产流程的智能化、数字化水平。《工业和信息化部关于加快培育共享制造新模式新业态 促进制造业高质量发展的指导意见》指出，"推动平台演进升级。支持平台企业积极应用云计算、大数据、物联网、人工智能等技术，发展智能报价、智能匹配、智能排产、智能监测等功能，不断提升共享制造全流程的智能化水平"。《广西推进工业互联网发展行动计划（2019—2020）》则提出要通过分层次推动搭建一批平台和提升平台运营能力，以完善广西工业互联网平台体系。

六是强化"实用"科研导向，促进研究成果应用转化，倡导科研人员将论文写在祖国大地上，将研究成果应用于新冠肺炎疫情防控的具体实践中。新冠肺炎疫情的暴发打破了国内外生产生活原有的秩序与宁静，为迅速有效地开展疫情防控工作，各级政府部门纷纷制定出台应急科研攻关、检疫检测、隔离防治、复工复产等政策文件，提倡"实用"科研导向，引导科研人员重视研究成果的实效性。《浙江省人民政府关于全面加强基础科学研究的实施意见》提出"推动基础研究成果应用转化。建立基础公益和重点研发计划等科技计划的联动机制，加强与国家自然科学基金委员会在成果应用贯通上的深度合作。促进科学家、企业家、科技中介服务机构、投资人的早期对接，探索在省创新引领基金中设立支持原创科技成果转化的天使基金"。福建省科学技术厅出台的《关于疫情防控期间进一步做好科技创新工作的若干措施》指出"鼓励我省广大科研人员把研究成果应用到疫情防控'一线战场上'，努力为疫情防控提供有力科技支持"。与之类似，由上海市科学技术委员会等五部门联合印发的《关于加强公共卫生应急管理科技攻关体系与能力建设的实施意见》提出"加强有关实验、临床病例、流行病学统计等数据、成果的开放共享，把论文写在疫情防控一线，把研究成果应用到全球公共卫生最安全城市建设中"。辽宁省科学技术厅在《关于加强新型冠状病毒感染的肺炎疫情防控科技攻关工作的通知》中提到"把研究成果应用到战胜疫情中，把科研事业成就在民生福祉上，在疫情防控任务完成之前不应将精力放在论文发表上"。《四川省科学技术厅关于进一步服务支持科技型企业和科研机构疫情防控期间平稳健康发展的八条措施》进一步提出要树立正确的科技人才评价导向，在人才计划项目申报、职称评定、奖项提名等方面优先考虑与倾斜在抗疫中具有突出贡献的科研人员。

七是依据比较优势，制定符合地方优势和具有地方特色的重点研发领域发展规划，拓宽人工智能、区块链、5G、集成电路等技术和产品的应用领域与应用场景，促进技术与产业深度融合。①根据地区资源禀赋、产业发展、人才吸引力及储备量、市场需求等，制定符合地方比较优势的重点研发领域发展规划及实施路径。《广西构建市场导向的绿色技术创新体系的实施方案》提出"推动龙头企业在部分国际绿色技术研发领域发挥引领作用，促使一批绿色技术、绿色产业集聚并向国际市场传导和扩散"。《四川省重点实验室建设与运行管理办法》提到"遵照'创新机制、突出特色，坚持标准、厅市（州）共建、以市（州）为主'原则，研发领域和方向有明显的地方特色和优势，符合地方发展战略需求，具有良好的发展基础和较大的发展潜力，且地方政府对省重建设有需求，并列入厅市（州）会商议定事项"。②在生产生活中积极引入移动通信技术、激光与增材制造技术、区块链技术等，推动技术与产业深入融合，促进传统产业转型升级。《广东省培育区块链与量子信息战略性新兴产业集群行动计划（2021—2025年）》提出"推动区块链技术与政务、民生、金融、智能制造、供应链、电子存证、产品溯源、现代农业、数字版权和社会治理等应用领域的深度融合"。《中关村国家自主创新示范区数字经济引领发展行动计划（2020—2022年）》提出"聚焦数字经济底层技术和相关应用领域创新创业，给予科技型初创企业研发费用补贴，支持开展研发攻关"。③重视基础科学发展，提高应用基础科学解决现实问题的能力，将基础科学作为产业经济发展的重要支柱之一。福建省科学技术厅印发的《福建省应用数学中心建设方案》指出"搭建数学科学与数学应用领域的交流平台，加强数学家与其他领域科学家及企业家的合作与交流，聚焦、提出、凝练和解决一批国家和我省重大科技任务、重大工程、区域及企业发展重大需求中的数学问题，构筑支撑核心产业发展的先发优势，全面提升数学支撑我省经济社会发展的能力"。河南省科学技术厅在《河南省应用数学中心建设工作指引（试行）》中也提出了类似的政策倡议。

八是服务区域经济社会发展主战场，重视应用型人才发展，完善人才引进与培养体系，创新人才发展体制机制。①积极开展人才引荐工作，拓展人才引荐渠道，优化人才引进方式，加大人才引进奖励力度，促进区域人才集聚。天津市出台的《市科技局关于印发进一步加强外国高端人才工作的若干措施的通知》提出"大力开展人才推荐。积极发挥我市海外人才工作站等海外引才引智协作机构，以及招才引智专员的作用，大力实施'以才荐才'的推荐模式，切实落实人才中介机构的奖励政策"。《山西省人民政府关于支持晋中国家农业高新技术产业示范区建设的若干意见》提到"赋予晋中国家农高区引进高端人才更大自主权，对刚性入驻和柔性引进的院士、博士后等高端人才，实行协议工资、项目工资和年薪制等取酬方式，给予股权、期权、分红等长期激励"。②构建产学研用融合的人才培养体系，促进理论知识与实践应用结合、学历教育与非学历教育结合，实现高校、科研院所、行业企业教育培训资源互补与共享。《广东省培育前沿新材料战略性新兴产业集群行动计划（2021—2025 年）》提到"完善人才培养机制，整合政府、高校、科研院所、企业各方面资源，设立学生实训基地，积极开展多层次在职培训，培养前沿新材料产业的应用型人才"。《上海职业教育高质量发展行动计划（2019—2022 年）》提出"强化应用型人才培养体系建设。完善贯通培养机制，稳步扩大贯通培养特别是高等职业教育－应用型本科教育贯通培养规模，持续提升贯通培养质量，使贯通培养成为上海职业教育人才培养的主要模式与方向"。③推动人才分类评价制度改革，制定应用型人才评价指标体系，下放职称评定权限，充分结合自我评价、同行评议、单位评价、第三方评价、用户评价等多种人才评价方式，完善评价结果应用与申诉救济机制。由中共山东省委组织部等 16 部门联合颁布的《关于分类推进人才评价机制改革的实施意见》细化了人才分类，将人才类型划分为科技人才、哲学社会科学人才、文化艺术人才、教育人才、医疗卫生人才、技术技能人才、创新管理人才、高层次领军人才和青年人才，并制定了相应领域的改革任务。《河北省科学技术进步条例》（2020 年修订）明确指出，以创新能力、质量、贡献、绩效为导向的科学技术人才分类评价体系，发挥政府、市场、社会、用人单位等多元评价主体作用，支持具备条件的用人单位自主开展人才评价。不得将论文、专利、外语和计算机水平作为应用型人才、基层一线人才职称评审的限制性条件。关于应用型人才评价的具体标准和指标，由中共青海省委办公厅和青海省人民政府办公厅联合出台的《关于深化项目评审、人才评价、机构评估改革的实施方案》给出了一个答案，即"对主要从事应用研究和技术开发的人才，着重评价其技术创新与集成能力、取得的自主知识产权和重大技术突破、成果转化、对产业发展的实际贡献等"。山东省人民政府出台的《关于深化科技改革攻坚的若干措施》则提出"将承担企业科研任务、创办领办科技型企业、成果转化应用绩效等作为应用型人才评价的重要指标"。

九是统筹推进全面创新改革试验、分类评价改革等多项科技体制改革任务，制定科技体制改革成效评价标准及资金支持、奖励政策，强化科技体制改革保障措施。①统筹推进人才创新、技术创新、管理创新等领域的科技改革工作任务，深化全面创新改革试验，复制推广全面创新改革试验的创新政策措施。例如，山东省人民政府出台的《关于深化科技改革攻坚的若干措施》围绕强化战略科技力量、提升企业技术创新能力、激发人才创新活力、完善科技创新体制机制四大方面，提出了25项科技改革措施。《苏南国家自主创新示范区一体化发展实施方案（2020—2022年）》提到"统筹实施创新型园区建设、创新型企业培育、创新型产业集群发展、人才发展一体化、开放型创新生态建设、全面创新改革试验推进等六大行动计划，统筹推进科技改革发展，提升创新体系整体效能"。②将科技改革与新冠肺炎疫情防控紧密结合，根据疫情防控形势变化，实时动态调整科技政策，开通疫情防控绿色通道。河北省科学技术厅为统筹疫情防控与科技改革创新任务，出台《关于疫情防控期间进一步做好科技创新工作的若干举措》，提出了加快新冠肺炎疫情科技攻关、实行高新技术企业在线申报认定、推行科技型中小企业认定评价全流程网上办理、支持科技企业孵化器减免在孵企业租金、实施"'互联网+'科技特派员"行动等15项科技改革措施。③明确科技改革成效评价标准及奖励措施，对科技改革予以充足的财政资金支持，强化科技改革保障措施。例如，安徽省科学技术厅制定的《省科技厅对真抓实干成效明显地方进一步加大激励支持力度的实施办法（修订）》，从创新投入、创新产出、创新平台和政策环境方面制定了具体的科技改革成效评价指标体系。由财政部和科技部联合印发的《中央引导地方科技发展资金管理办法》明确界定了引导资金的用途，即"中央财政用于支持和引导地方政府落实国家创新驱动发展战略和科技改革发展政策、优化区域科技创新环境、提升区域科技创新能力的共同财政事权转移支付资金"，并且提出了引导资金分配的影响因素，包括地方基础科研条件情况及财力状况、地方科技创新能力提升情况和绩效目标完成情况。在此基础上，《黑龙江省中央引导地方科技发展资金管理细则》提出"引导资金采取因素法和项目法相结合方式分配"。

1.3 科技政策的重点领域分布

本节将2019年7月至2020年12月的科技政策文本划分为7个类别，从这些类别中可以分析出科技政策分布的重点领域。根据前期调查整理汇总，2019年7月至2020年12月的科技政策文本共计1017项，具体包括"双创"与科技成果转化类（241项）、科技创新项目类（79项）、科技管理体制改革类（143项）、科技基础能力建设类（216项）、科普与创新文化类（63项）、人才队伍建设类（161项）、战略导向和规划布局类（114项）（图1.3）。其中，"双创"与科技成果转化类、科技基础能力建设类、人才队伍建设类、战略导向和规划布局类的政策数量较多，科技创新

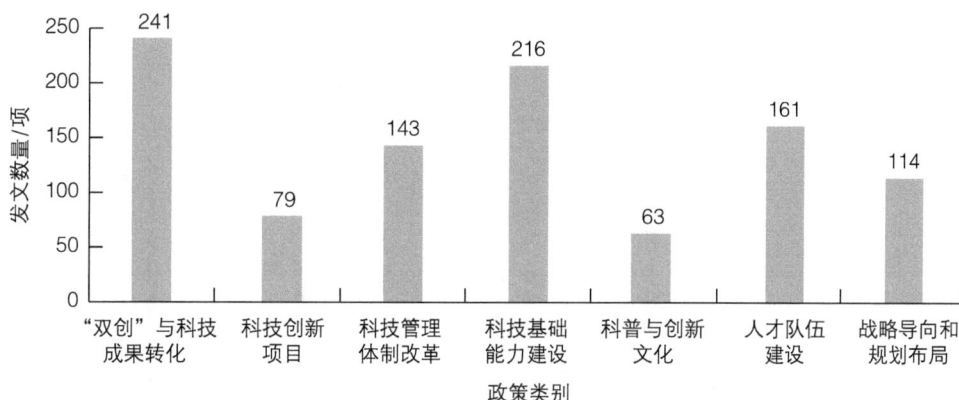

图 1.3　2019 年 7 月至 2020 年 12 月科技政策的重点领域分布

项目类和科普与创新文化类科技政策较少，这在一定程度上也可以看出 2019 年 7 月至 2020 年 12 月我国科技政策的重点支持方向。创新驱动时代，科技创新已成为经济发展的第一推动力，是国家实现经济体制改革、调整优化产业结构、提升核心竞争力的重要手段，而科技创新成果转化作为科技创新过程中的重要环节，决定了科技创新的价值实现。因此无论是中央还是到地方，均注重"双创"与科技成果转化类科技政策的出台。此外，国家从宏观层面出发，制定科技领域的长远规划和顶层设计，从科技基础能力建设、人才队伍建设和科技管理体制改革 3 个方面重点推进、精准发力。科技基础能力建设是提高自主创新能力、建设创新型国家的重要举措，是科技创新的重要基础，因此无论是国家还是地方政府均从科技基础设施建设、科技平台建设等方面发力，构建科技创新的良好生态系统。而人才队伍建设是科技创新的关键，建立健全科技人才激励机制，在通过出政策、搭平台、优服务等举措引进科技人才的同时，完善科技人才培养机制，持续优化队伍结构。此外，通过深化科技管理体制改革可以有效释放创新潜能。科技管理体制的重要任务是转变政府职能，将科技创新的主体扩大到企业，整合财政科研投入体制。相对而言，科技创新项目类、科普与创新文化类的科技政策颁布数量较少。构建良好的创新生态需要系统发力，需要从创新文化出发，营造创新的社会氛围，目前我国在科技创新文化层面支持力度不够，因此应出台科普和创新文化类科技政策，改善和优化科研文化氛围。此外，还可以看到，我国的科技政策大多从宏观角度出发，注重政策的普适性，对具体科技创新项目支持较少。

随着中央多项支持科技创新政策的出台，地方政策持续落地（图 1.4）。整体而言，各省级行政区（本书不探讨港澳台地区）涉及的政策类别较为全面，大多数省级行政

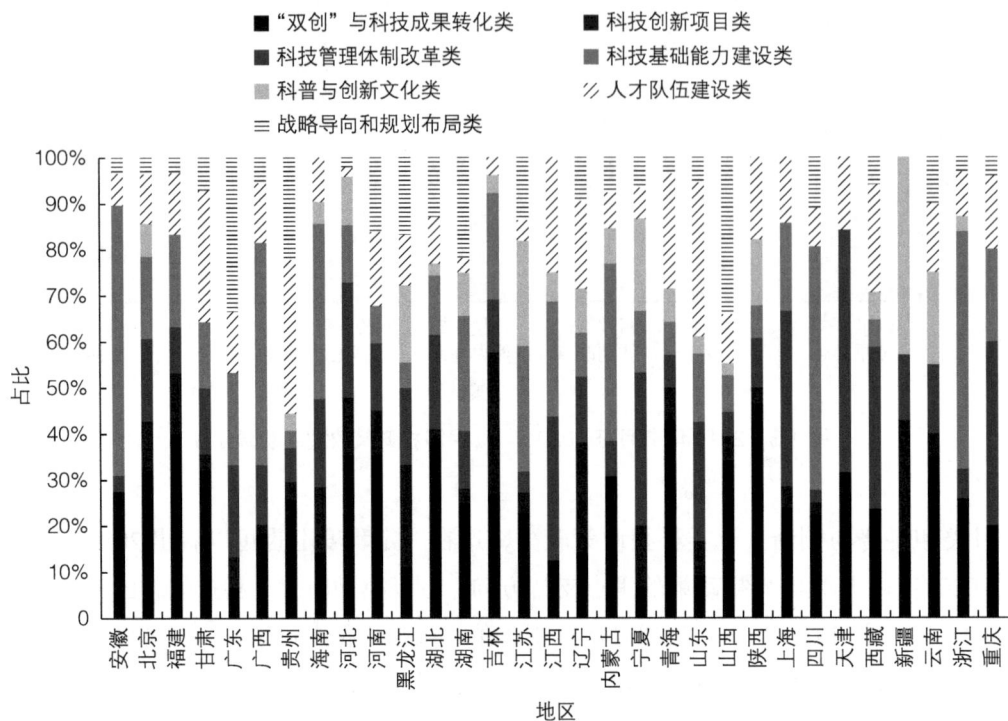

图 1.4　各地科技政策重点领域分布情况

区划均从不同的方向出发，出台了支持科技创新的政策，且均重视"双创"与科技成果转化、科技管理体制改革，制定了大量相关政策。同中央类似，科技创新项目类和科普与创新文化类科技政策出台较少。此外由于各省级行政区科技发展现状不尽相同，地方科技政策有对中央政策的沿袭，但更多的是因地制宜出台适合本区域科技发展的政策，可操作性颇强。安徽、广西、海南、四川、浙江尤为重视科技基础能力建设，在出台的科技政策中，科技基础能力建设类科技政策占比较高，安徽占比超过其出台的科技政策的一半。贵州、广西、甘肃和山东对人才队伍建设更为重视；河南、山西侧重于战略导向和规划布局。要制定切实有效的政策，必须以问题为导向，以实际为指导，因地制宜制定相关政策。

1.4　科技政策网络分析

　　社会网络分析是一种探究社会行动者之间的交互关系及个别社会行动者在行动者网络中所拥有的资源、占据的地位、发挥的功能等方面的分析方法与手段。通常而言，社会网络分析可划分为整体网络分析和个体中心网络分析。其中，整体网络分析的常用指标包括政策数量、网络规模、网络密度、网络关系数、特征路径长度、聚类系数等；个体中心网络分析的常用指标包括度数中心度、中间中心度和接近中心度等。近年来，随着政策量化研究的兴起与发展，越来越多的研究者将社会网络分析与政策府际关系结合起来，尝试从公共政策中提炼政策主体，分析政策主体间的互动关系，从而进一步总结归纳政策府际关系。科技政策网络分析是政策网络分析的一条分支，旨在将社会网络分析应用于科技政策领域，探讨科技政策主体间关系及各个科技政策主体在科技政策网络中的地位与作用。本节从 155 项中央层面科技政策中提炼了政策发文主体，构建了 2019 年 7 月至 2020 年 12 月中国科技政策整体网络，其结构特征如表 1.3 所示。

表 1.3　2019 年 7 月至 2020 年 12 月中国科技政策整体网络结构特征

指标名称	指标数据
政策数量 / 个	155
网络规模	88
网络密度	0.2764
网络关系数	1270
特征路径长度	1.728
聚类系数	2.097

网络规模是指一个社会网络中全部行动者的数量，其数量越多，说明网络规模越大、网络结构越复杂[1]25。经过计算，2019 年 7 月至 2020 年 12 月中国科技政策整体网络规模为 88，表明在这一时间段，共有 88 个中央政府及相关部门曾联合制定出台了科技政策。据《中国科技政策蓝皮书 2021》记载，2018 年 1 月至 2019 年 6 月中国科技政策整体网络规模为 86。相比之下，网络规模有所扩大，表明更多的中央政府部门参与了科技政策联合制定。

网络密度是指实际存在的关系总数除以理论上可能存在的最多关系总数，表示社会网络中各个成员之间联系的紧密程度，其数值越大，说明网络中成员间的联系越紧密[1]27。经过计算，2019 年 7 月至 2020 年 12 月中国科技政策整体网络密度为 0.2764。据《中国科技政策蓝皮书 2021》记载，2018 年 1 月至 2019 年 6 月中国科技政策整体网络密度为 0.2428。相比之下，网络密度有所增加，表明中央政府部门之间的合作关系较之前更加紧密。

网络关系数是指社会网络中各个行动者节点之间的连线数量，连线数量越多，说明行动者之间的关系越密切、整体网络越复杂。经过计算，2019 年 7 月至 2020 年 12 月中国科技政策整体网络关系数为 1270。

特征路径长度是指社会网络中任意两个行动者节点间最短距离的平均值，其数值越小，表明行动者之间的交流更为迅速通畅[2]。经过计算，2019 年 7 月至 2020 年 12 月中国科技政策整体网络特征路径长度为 1.728，表明任意两个部门之间平均需要经过 1.728 个部门才能建立联系。

聚类系数表示社会网络的集聚程度和连通程度，其数值越高，表示社会行动者之间的集团化程度越高、凝聚力越强[3]。经过计算，2019 年 7 月至 2020 年 12 月中国科技政策整体网络聚类系数为 2.097。

网络中心性是对社会行动者在社会网络中权力大小的量化指标。其中，度数中心度是指与某个社会行动者节点直接相连的其他社会行动者节点的个数，其数值越大，表明该行动者节点在社会网络中所享有的权利和影响力越大[1]139。中间中心度是指某个社会行动者节点所掌握的连接其他社会行动者节点最短路径的数量，用于测量社会行动者对资源控制的程度，其数值越大，表明该社会行动者节点对社会网络中其他社会行动者节点的控制能力越强[1]141-142。接近中心度是指某个社会行动者节点与其他所有社会行动者节点的捷径数量之和，是对该社会行动者节点不受其他社会行动者节点控制的测量，其数值越小，表明该社会行动者节点越不容易被其他社会行动者节点控制和影响[1]146。

2019 年 7 月至 2020 年 12 月中国科技政策网络度数中心度（节选）如表 1.4 所示，由于篇幅所限，只节选排名前 30 位的数据。度数中心度大于 100 的发文机构共有 5 个，分别是财政部（148）、科技部（136）、国家发展改革委（133）、工业和信息化部（121）、教育部（120）。整体而言，各发文机构的度数中心度相差较大，表明财政部、科技部、国家发展改革委、工业和信息化部、教育部联合其他部门制定了较多的科技政策，与其他部门开展了较为广泛的合作。值得注意的是，财政部的度数中心度高于科技部的度数中心度，在一定程度上说明财政部十分重视科技发展，加强了财政资金管理，加大了财政资金投入力度，积极参与了基础研究、金融服务改革、科学技术奖励、重大技术装备进口、技术创新中心建设、科技成果转化等科技政策的制定。

表 1.4　2019 年 7 月至 2020 年 12 月中国科技政策网络度数中心度（节选）

序号	部门名称	度数中心度	序号	部门名称	度数中心度
1	财政部	148	16	生态环境部	40
2	科技部	136	17	中科院	37
3	国家发展改革委	133	18	国家能源局	33
4	工业和信息化部	121	19	中国证监会	31
5	教育部	120	20	中央宣传部	31
6	人力资源社会保障部	87	21	文化和旅游部	28
7	市场监管总局	72	22	中国科协	27
8	国家卫生健康委	69	23	中央网信办	26
9	农业农村部	67	24	国家知识产权局	24
10	公安部	66	25	民政部	20
11	商务部	63	26	社科院	20
12	中国银保监会	60	27	中国民用航空局	19
13	自然资源部	60	28	最高人民法院	19
14	交通运输部	49	29	最高人民检察院	19
15	中国人民银行	46	30	工程院	19

2019 年 7 月至 2020 年 12 月中国科技政策网络中间中心度如表 1.5 所示，由于篇幅所限，只节选排名前 30 位的数据。中间中心度大于 100 的发文机构共有 6 个，分别是国家卫生健康委（198.130）、工业和信息化部（191.531）、科技部（144.698）、财政部（142.266）、教育部（138.244）、国家发展改革委（110.015），表明这些部门在政策网络中对其他部门发挥着重要的中介和桥梁作用，能够广泛充分协调其他部门，统筹各方资源，优化科技政策资源配置。值得注意的是，国家卫生健康委的中间中心度最高，说明该部门是重要的政策资源协调者。这一点与新冠肺炎疫情防控有着非常密切的关联，因为国家卫生健康委是疫情防控工作的主要"领导者"与"指挥者"，在特殊时期能够充分调动其他部门参与相关政策制定，共同抗击疫情，保障人民生命健康安全。

表 1.5　2019 年 7 月至 2020 年 12 月中国科技政策网络中间中心度（节选）

序号	部门名称	中间中心度	序号	部门名称	中间中心度
1	国家卫生健康委	198.130	16	生态环境部	15.263
2	工业和信息化部	191.531	17	教育部办公厅	13.619
3	科技部	144.698	18	中国银保监会	13.551
4	财政部	142.266	19	自然资源部	13.398
5	教育部	138.244	20	中央网信办	13.008
6	国家发展改革委	110.015	21	民政部	11.767
7	农业农村部	91.462	22	中央宣传部	11.279
8	市场监管总局	67.123	23	交通运输部	9.926
9	公安部	56.064	24	中国人民银行	6.967
10	人力资源社会保障部	37.391	25	科技部办公厅	6.357
11	商务部	35.449	26	中科院办公厅	6.357
12	中科院	33.715	27	中国证监会	3.744
13	农业农村部办公厅	20.452	28	国家卫生健康委办公厅	3.619
14	国家能源局	18.888	29	中国科协	3.61
15	文化和旅游部	15.825	30	国家发展改革委办公厅	3.262

2019 年 7 月至 2020 年 12 月中国科技政策网络接近中心度（节选）如表 1.6 所示，由于篇幅所限，只节选排名前 30 位的数据。整体而言，部门之间的接近中心度较为接近，为 2363 ~ 2394。其中，国家发展改革委、教育部、财政部、工业和信息化部、国家卫生健康委和科技部的接近中心度相对较小，说明这些部门是政策网络的核心，不易受到其他部门的影响。另外，这些部门的接近中心度排名与中间中心度排名基本一致，在小范围内上下浮动，表明这些部门既具有较强的资源控制能力和影响力，又不易受到其他部门的影响，在政策网络中占据着十分明显的核心位置。

表 1.6　2019 年 7 月至 2020 年 12 月中国科技政策网络接近中心度（节选）

序号	部门名称	接近中心度	序号	部门名称	接近中心度
1	国家发展改革委	2363	16	中国人民银行	2384
2	教育部	2363	17	中科院	2386
3	财政部	2363	18	中国证监会	2387
4	工业和信息化部	2364	19	中央宣传部	2387
5	国家卫生健康委	2366	20	文化和旅游部	2388
6	科技部	2366	21	中国科协	2389
7	市场监管总局	2369	22	最高人民法院	2391
8	公安部	2370	23	最高人民检察院	2391
9	农业农村部	2371	24	中央军委装备发展部	2391
10	人力资源社会保障部	2374	25	中央军委科技委	2391
11	商务部	2380	26	工程院	2391
12	自然资源部	2381	27	自然科学基金委	2391
13	中国银保监会	2382	28	社科院	2391
14	交通运输部	2383	29	国家能源局	2393
15	生态环境部	2383	30	中国国家铁路集团有限公司	2394

　　基于度数中心度（度数中心度 ≥ 11）的发文机构网络结构如图 1.5 所示。财政部、科技部、国家发展改革委、工业和信息化部、教育部、人力资源社会保障部、国家卫生健康委的节点相对较大，这些部门之间的连线较粗，并且与其他部门的连线较多。这表明这些部门在政策网络中发挥着重要的作用，这些部门之间联合制定了多项科技政策，并且也积极与其他部门联合制定科技政策。科技政策的制定主体不再局限于科技部，而是引入了越来越多的相关部门参与到政策制定中，这在一定程度上保障了科技政策的综合性，有利于政策主体间的协调与合作、政策内容上的关联与匹配、政策执行上的衔接与连贯。

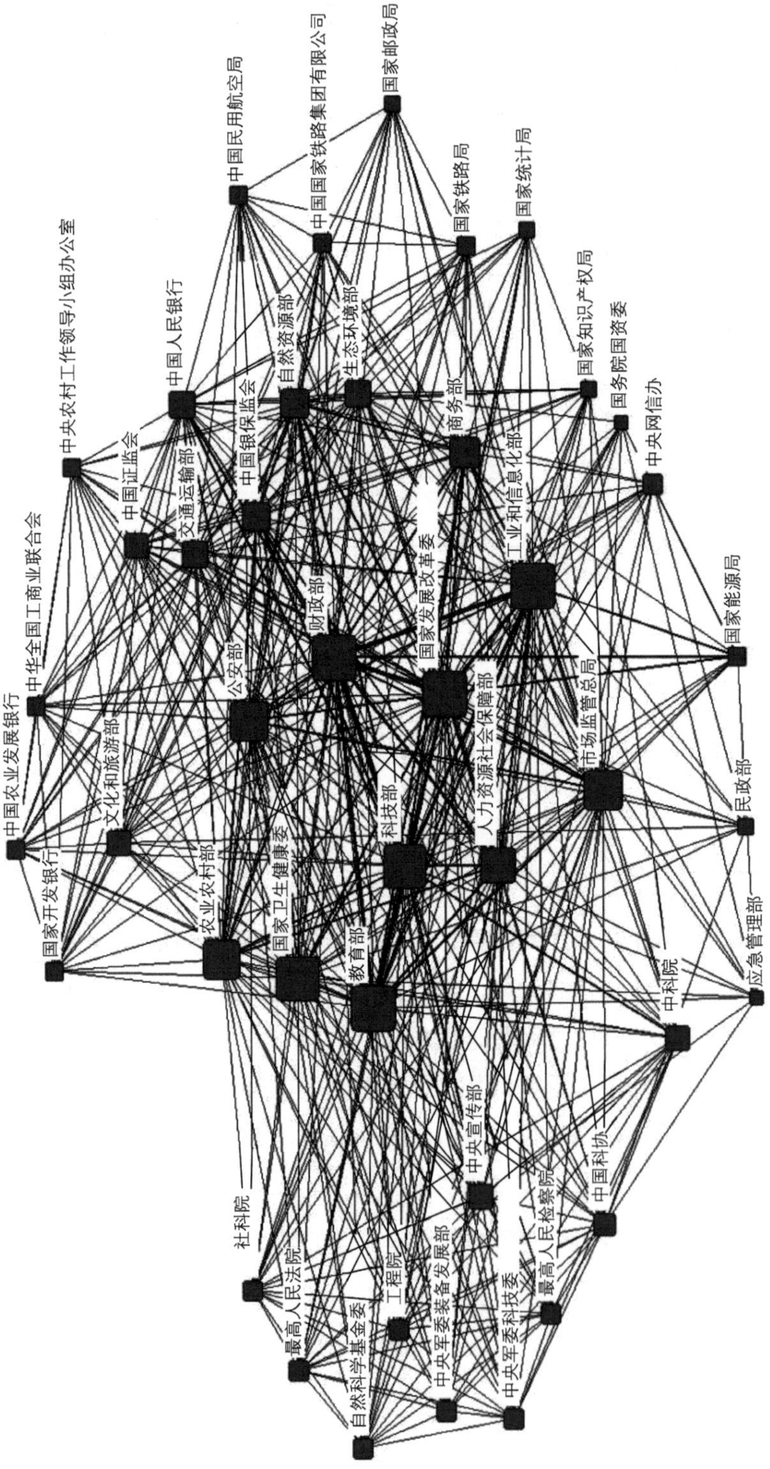

图 1.5 基于度数中心度（度数中心度 ≥ 11）的发文机构网络结构

1.5　科技政策差异性分析

本节侧重于从政策创新扩散角度出发，探讨地方政府与中央政府之间、地方政府间及相同部间的政策差异性。地方政府在科技创新体系中扮演着重要的角色。除了负责落实中央或上级政府的科技创新目标、执行国家重点科技政策及政策试点外，地方政府还可能考虑当地科技发展现状，结合实情进行适当的科技政策创新。本节基于科技政策差异的空间维度，对中国科技政策的差异性进行分析。由于本节涉及的政策类别较多，所以选取中央及各个省份均出台较多的"双创"与科技成果转化类科技政策进行分析。

空间维度上，在政策出台过程中，涉及的相关主体存在差异性，在"双创"与科技成果转化类别中，政策扩散创新模式主要包含层级扩散、部门扩散和区域扩散 3 种。我国的行政组织具有层级化、集权化的特点，纵向层面的政策扩散主体存在领导与被领导关系。上级政府及相关部门可以通过示范、指令、财政激励等多种方式使政策迅速扩散至下级政府并得到贯彻落实。这种自上而下的层级扩散模式在政策中有着明显的体现，政策主要通过强制性机制和学习机制传播扩散。2019 年 9 月 23 日，财政部出台《财政部关于进一步加大授权力度促进科技成果转化的通知》；2019 年 12 月，辽宁出台《关于进一步加大授权力度促进科技成果转化的通知》；2020 年 5 月，河南出台《河南省财政厅关于加大授权力度促进科技成果转化的通知》。以这些政府规章为中心，形成了自上而下的纵向层级政策体系。就其内容而言，财政部出台的政策中明确表示，鼓励地方政府开拓创新，但河南和辽宁出台的政策内容与财政部出台的政策内容大致相同，内容并无创新性。

在我国现有行政体制下，除了层级扩散外，还存在部门扩散。部门扩散的政策更多地结合了本地实际情况，创新性地制定了适合本区域发展的区域政策，以北京为例，2019 年 11 月，北京市人民代表大会常务委员会积极响应国家政策，通过了《北京市促进科技成果转化条例》，该条例是对科技成果转化的一个整体论述和概括，涉及主体较多。2020 年 5 月，北京市教育委员会出台《北京市教育委员会关于进一步提升北京高校专利质量加快促进科技成果转移转化的意见》，从高校角度出发，规定了提升北京高校专利质量的基本原则、建设措施和组织支持，以加快促进科技成果转移转化。该政策是贯彻落实《北京市促进科技成果转化条例》的细化准则及政策创新。

水平方向的政策扩散除了在同级政府职能部门间发生，还会在具有梯度性的不同区域间横向进行。在"双创"与科技成果转化类政策中，就表现出了明显的地缘性特征。

2019 年 9 月，安徽省出台《安徽省专利奖评奖办法》；次月，四川省出台《四川省专利实施与产业化激励办法》；同年 12 月，湖北省出台《湖北专利奖奖励办法》。回归政策文本中，可以看到，政策主体具有效仿邻近区域的惯性，因此它们的政策举措具有高度关联性和趋同性，缺少创新性。

1.6　科技政策的政策力度分析

政策力度是政策权威性的体现，本节借鉴彭纪生的量化标准并结合科技政策的实际情况，得到科技政策的政策力度赋分规则（表 1.7），从政策力度的结构对我国科技政策的力度进行分析。

表 1.7　科技政策的政策力度赋分规则

量化标准	指标	赋值
全国人民代表大会及常务委员会颁布的法律	法律	5
国务院根据宪法和法律而制定的有关行政方面的具有国家强制力的规范性法律文件	行政法规	4
国务院各部委、中国人民银行、审计署和具有行政管理职能的直属机构制定的规章	部门规章	3
省、自治区、直辖市的人民代表大会及其常务委员会根据本行政区域的具体情况和实际需要制定的地方性法规	地方性法规	3
行政机关及法律、法规授权的具有管理公共事务职能的组织制定的规范性文件	规范性文件	2
省、自治区、直辖市和设区的市、自治州的人民政府，根据法律、行政法规和本省、自治区、直辖市的地方性法规制定的规章	地方性政府规章	2
地方除政府规章外，行政机关及法律、法规授权的具有管理公共事务职能的组织制定的行政规范性文件	地方规范性文件	1

2019 年 7 月至 2020 年 12 月中央政府部门颁布的科技政策的政策力度占比统计如图 1.6 所示，在中央政府出台的 155 项科技政策中，以政策力度赋值为 2 的部门规章数量较多，占比高达 83%，而力度较大的法律和行政法规数量较少，二者占比之和仅 9%，说明我国科技政策的政策力度结构明显不合理，低层次的科技政策较多，高层次的科技政策较少，与发达国家科技政策相比，我国的科技政策还需进行法制化建设。

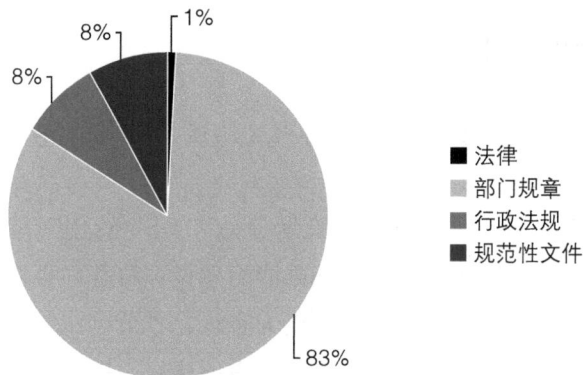

图 1.6　中央政府部门科技政策的政策力度占比统计

　　2019 年 7 月至 2020 年 12 月地方政府部门颁布的科技政策的政策力度占比统计如图 1.7 所示。整体而言，我国 31 个省（自治区、直辖市）[简称"省（区、市）"] 出台的地方规范性文件较多，占比较高，地方科协规范性文件次之；反观政策力度较高的地方性法规和地方性政府规章数量较少，占比较小。可以看到，我国 31 个省（区、市）出台的科技政策的政策力度较小，且结构也不尽合理。其中，天津、陕西、河北、河南和山西政策结构较为合理，出台的科技政策的政策力度不一，地方规范性文件、地方科协规范性文件、地方性法规及地方性政府规章均有涉及，不同力度的政策配合，进行"组合拳"构建，更有利于科技政策的落实。反观新疆、吉林、内蒙古、西藏、广西、四川和贵州，出台的科技政策结构明显不合理，4 类科技政策仅涉及 2 种，甚至 1 种，以地方规范性文件为主，地方科协规范性文件为辅，政策力度使用层次偏低，即政策出台机构涉及较少，虽然这样有利于政策的出台，但在落实过程中由于缺乏权威性，落实难度较大。

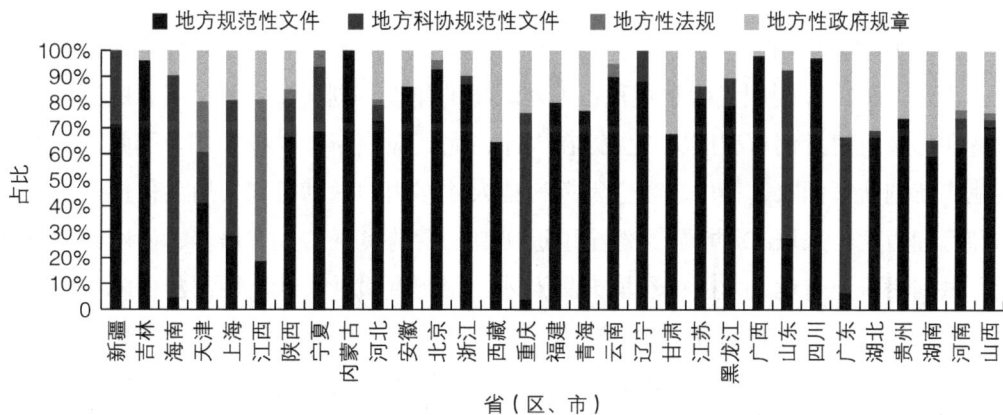

图 1.7　地方政府部门科技政策的政策力度占比统计

1.7 科技政策的回应性

本节侧重于从科技政策的依据和内容两个维度，对中国科技政策的回应性进行分析。

首先，从内容上来看，可将科技政策划分为7类："双创"与科技成果转化、科技创新项目、科技管理体制改革、科技基础能力建设、科普与创新文化、人才队伍建设、战略导向和规划布局。为使分析结果更为直观，本节制定如下分析标准：对于同一层级的政府而言，若某一类别科技政策数量占该层级政府所颁布的科技政策数量总和的比重较大，则表示该层级政府更为重视该类别的科技政策；若某一类别科技政策数量占该层级政府所颁布的科技政策数量总和的比重较小，则表示该层级政府较不重视该类别的科技政策（表1.8）。

表 1.8 中央与地方不同类别科技政策数量占相应层级科技政策总数比重分布

政策类型	中央	地方
"双创"与科技成果转化	5.8%	26.9%
科技创新项目	16.1%	6.3%
科技管理体制改革	6.5%	15.4%
科技基础能力建设	14.2%	22.5%
科普与创新文化	7.1%	6.0%
人才队伍建设	27.0%	13.8%
战略导向和规划布局	23.2%	9.0%

由表1.8可知，在中央政府出台的科技政策中，人才队伍建设类科技政策占比较大，达到16.02%，说明我国重视科技人才队伍的建设，创新型人才是国家民族发展的力量和源泉。建设创新型国家，关键在人才，尤其在创新型科技人才。因此，我国在构建科技创新型国家过程中，建立发挥科技人才作用的激励机制，加大科技人才的培养和管理力度，采取有效措施，健全引进机制，营造良好的人才培养、使用和激励环境，做到用事业造就人才、用环境聚集人才、用制度激励人才、用法规保障人才。在地方政府出台的科技政策中，"双创"与科技成果转化类科技政策占比最高，达到了28.67%，说明地方政府对创新创业和科技成果转化较为重视。科技成果转化是落实"科学技术是第一生产力"的关键，能够在短期内看到可观效益。因此，地方政府将科技

成果转化纳入经济和社会发展规划，统筹推进相关政策创新，加强高校科技成果转化管理，支持企业进行科技成果转化。此外，在中央和地方政府出台的科技政策中，科普与创新文化类科技政策占比较低，习近平总书记曾强调，科技创新、科学普及是实现科技创新发展的两翼，要把科学普及放在与科技创新同等重要的位置。因其既是实施创新驱动发展战略的重要基础，也是持续提高国家综合国力的必要条件。科学普及与创新文化属于文化范畴，其对科技创新的支持是潜移默化的，不能直接体现在效益上，因此无论是中央还是地方政府出台的数量均比较少。这说明我国当前的科技政策在科普基础设施、科普活动、科学精神与素养等方面尚存较大空白。

将代表不同类别科技政策占比的点依次连接，可形成封闭且凹凸不平的不规则平面，用以观测科技政策的单一性和多样性。由图 1.8 可知：①中央政府出台的科技政策与地方政府出台的科技政策中，二者交叉重合的政策较多，说明地方政府是在中央政府的政策环境下，回应国家战略需求，同时因地制宜地制定出适合本地区科技发展的政策，说明地方政府对中央政府的回应性较高。但在充当回应性政府的过程中需要注意的是，并不是每个地方政府都能够进行政策创新，部分政府原搬照抄中央政府政策，中央政府的政策具有普适性，因而照搬到地方后，地方政策便缺少聚焦性，使政策在落地实施的过程中障碍重重，因此需要发挥地方政府的主观能动性，既要充当回应性政府，也要成为创新性政府。②中央政府更侧重于战略导向和规划布局、人才队伍建设，说明中央政府注重顶层设计，坚持高位统筹及营造良好的科技创新氛围。③地方政府更侧重于"双创"与科技成果转化、科技管理体制改革，这两类科技政策可直接作用于科技创新且见效快。④中央政府和地方政府对科普与创新文化、科技创新项目的关注度均不高。

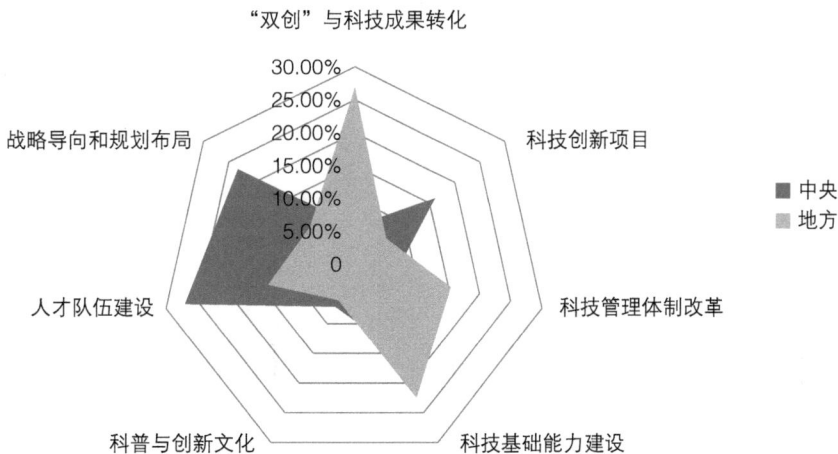

图 1.8　中央与地方政府科技政策类型比重分布

另外，从科技政策依据（一项政策是否将其他政策作为依据）来看，科技政策的回应性可从中央政府各部门间、地方政府对中央政府的政策回应及地方政府间回应情况进行分析。

1）中央政府各部门间科技政策的回应性分析：2019 年 7 月至 2020 年 12 月，搜集并筛选出 155 项中央层面的政策文本。其中，有 50 项政策将其他政策作为依据，占比为 32.3%；其余 105 项政策没有将其他政策作为依据，占比为 67.7%。说明我国在出台科技政策过程中，各部门之间缺少协同性，一项顶层设计的出台，后续每个部门应出台相应的配套政策。

2）地方政府间科技政策的回应性分析：为了能够获取以其他地方政府科技政策为依据的相关信息，需要在政策依据和发文字号中，将筛选条件限定为"省、市、县、乡"中的任一字段。经过筛选，在 862 项地方政策中，共有 149 项政策明确将地方政府科技政策作为依据，占比为 17.3%。

3）地方政府对中央政府科技政策的回应性分析：为了能够获取以中央政府科技政策为依据的地方政府科技政策的相关信息，需要在政策依据和发文字号中，将筛选条件限定为"中央、国、部、委、署、局、院"中的任一字段，对命中的政策文本进行再筛选，去掉仅以"省委""市局"等非中央层面政策为依据的文本。经过多轮筛选，在 862 项地方政策中，共有 216 项政策明确将中央政策作为依据，占比为 25.1%。

值得注意的是，在以中央政府科技政策和该省其他部门科技政策为依据的地方科技政策中，大多数科技政策是对中央及地方政府的双重回应。

第 2 章

国家层面科技政策分析

国家层面的部门共计颁布 155 项科技政策，中共中央、国务院与全国人大合计颁布 12 项，其他各部门合计颁布 143 项。其中，教育部颁布科技政策最多，颁布了 21 项；科技部与工业和信息化部分别颁布 18 项[①]和 17 项，国家发展改革委颁布 15 项，人力资源社会保障部与交通运输部皆颁布 12 项，其他部门则低于 12 项。本章对中共中央、国务院、全国人大，以及教育部、科技部、工业和信息化部、国家发展改革委、人力资源社会保障部、交通运输部的发文情况进行具体的分析（表 2.1）。

表 2.1　2019 年 7 月至 2020 年 12 月国家层面部门颁布科技相关政策一览

部门名称	颁布数量 / 项	部门名称	颁布数量 / 项
中共中央	1	农业农村部	9
国务院	9	中科院	8
全国人大	2	财政部	7
教育部	21	国家卫生健康委	5
科技部	18	国家中医药管理局	4
工业和信息化部	17	国家知识产权局	1
国家发展改革委	15	水利部	1
人力资源社会保障部	12	国家国防科技工业局	1
交通运输部	12	生态环境部	1
中国科协	11		

---

① 此处由科技部牵头出台的 18 项科技政策未包含这一时期修订、试行和暂行的科技政策，因此与后文数据不同。

2.1 中共中央、国务院与全国人大颁布的科技政策

2.1.1 政策外部特征分析

（1）政策数量

中共中央颁布 1 项科技政策，由中共中央办公厅单独颁布；全国人大颁布 2 项科技政策，由全国人大常委会单独颁布；国务院颁布 9 项科技政策，其中有 2 项由国务院单独颁布，另外 7 项由国务院办公厅单独颁布。政策名称、颁布单位如表 2.2 所示。

表 2.2 2019 年 7 月至 2020 年 12 月中共中央、国务院与全国人大颁布政策一览

编号	政策名称	颁布单位
1	关于切实解决老年人运用智能技术困难的实施方案	国务院办公厅
2	国务院办公厅关于推进对外贸易创新发展的实施意见	国务院办公厅
3	新能源汽车产业发展规划（2021—2035 年）	国务院办公厅
4	国家科学技术奖励条例	国务院
5	国务院办公厅关于加快医学教育创新发展的指导意见	国务院办公厅
6	国务院办公厅关于提升大众创业万众创新示范基地带动作用进一步促改革稳就业强动能的实施意见	国务院办公厅
7	国务院关于促进国家高新技术产业开发区高质量发展的若干意见	国务院
8	国务院办公厅关于支持国家级新区深化改革创新加快推动高质量发展的指导意见	国务院办公厅
9	国家政务信息化项目建设管理办法	国务院办公厅
10	关于强化知识产权保护的意见	中共中央办公厅
11	全国人民代表大会常务委员会关于修改《中华人民共和国著作权法》的决定	全国人大常委会
12	全国人民代表大会常务委员会关于修改《中华人民共和国专利法》的决定	全国人大常委会

（2）政策类别

2019 年 7 月至 2020 年 12 月中共中央、国务院与全国人大各类科技相关政策数量如图 2.1 所示，数量较高的有战略导向和规划布局类、"双创"与科技成果转化类、科技创新项目类。其中，战略导向和规划布局类政策颁布数量最多，共 4 项，这些政策主要是各个领域科技发展规划和战略部署，如《新能源汽车产业发展规划（2021—2035 年）》《国家科学技术奖励条例》《国务院办公厅关于加快医学教育创新发展的指导意见》等。科技创新项目类政策共 3 项，包含《国务院办公厅关于推进对外贸易创新发展的实施意见》《国务院办公厅关于提升大众创业万众创新示范基地带动作用进一步促改革稳就业强动能的实施意见》等。"双创"与科技成果转化类政策共 3 项，包含《关于强化知识产权保护的意见》《全国人民代表大会常务委员会关于修改〈中华人民共和国著作权法〉的决定》等。中共中央、国务院与全国人大较少颁布其他种类的文件，科普与创新文化、科技基础能力建设均为 1 项，人才队伍建设类、科技管理体制改革类政策均未颁布。表明中共中央、国务院与全国人大出台的科技政策类别分布广泛，较为重视战略导向和规划布局类、科技创新项目类、"双创"与科技成果转化类政策。

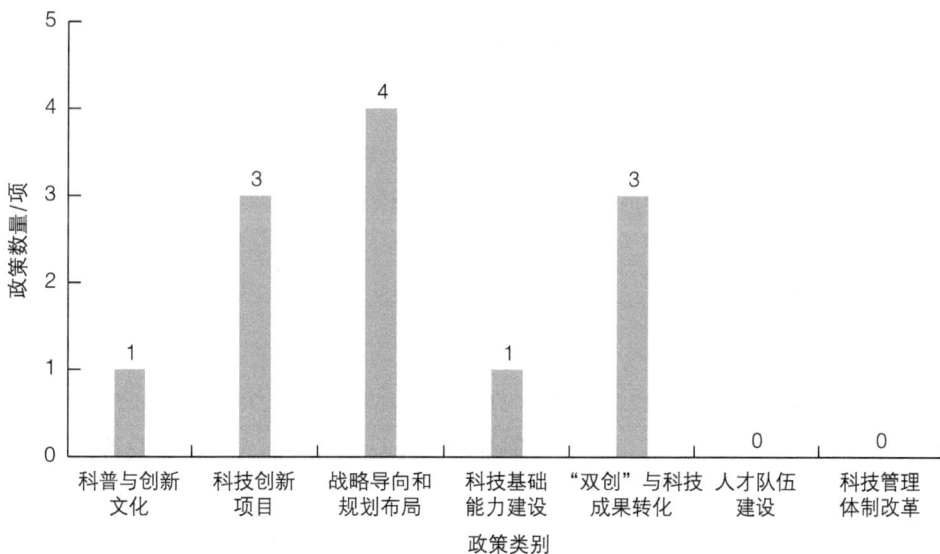

图 2.1　2019 年 7 月至 2020 年 12 月中共中央、国务院与全国人大各类科技政策数量

（3）政策时间

2019 年 7 月至 2020 年 12 月中共中央、国务院与全国人大科技政策时间分布如图 2.2 所示。其中，于 2019 年下半年颁布的科技政策数量为 2 项，于 2020 年颁布的科技政策数量为 10 项。颁布科技政策数量最多的月份是 2020 年 10 月和 11 月，均颁布了 3 项政策；2020 年 7 月颁布了 2 项政策；2019 年 11 月、12 月和 2020 年 1 月、9 月各颁布了 1 项政策；其余几个月均未颁布政策。总体上看，中共中央、国务院与全国人大于 2019 年 7 月至 2020 年 12 月颁布政策波动幅度不大，较为平均。

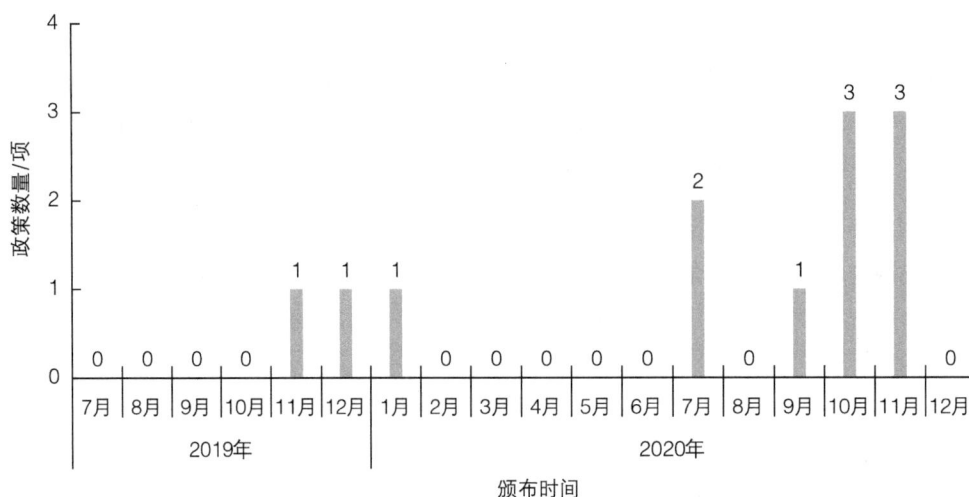

图 2.2　2019 年 7 月至 2020 年 12 月中共中央、国务院与全国人大科技政策时间分布

2.1.2　政策内部特征分析

（1）政策主题

通过 ROST CM6 软件对 12 项中共中央、国务院与全国人大颁布的政策文本进行词频统计，剔除含义过宽的词语，得出中共中央、国务院与全国人大科技政策文本高频词（表 2.3）。

其中，从政策作用对象来看，宏观层面的主题词有"国家""能源"等，而中观层面的有"能力""管理""平台""科学技术"等，微观层面的有"企业""部门"等，说明中共中央、国务院与全国人大颁布的政策既包括宏观层面的政策，又对企业及行政部门进行了有效引导；其他的高频词则主要是正导向的动词，如"发展""建设""创新""加强""推动"等。

表 2.3　高频词一览

主题词	词频/次	主题词	词频/次	主题词	词频/次
发展	285	著作权	129	推进	94
国家	282	申请	126	提升	93
建设	270	机制	121	基地	91
专利	241	保护	118	示范	88
创新	241	知识	112	开展	86
服务	222	汽车	111	完善	83
技术	191	创业	105	鼓励	79
企业	190	产权	102	发明	78
加强	178	能源	102	水平	76
作品	165	建立	101	行政部门	74
管理	149	权利	100	能力	73
部门	148	推动	99	加快	72
项目	144	科学技术	99	质量	66
国务院	137	平台	97	智能	63
专利权	134	改革	97		

在高词频的基础上，建立 44×44 的共词矩阵，删除 7 个与其他高频词联系微弱的词语，对所得的 37×37 的共词矩阵进行相关系数转化并得到相异系数矩阵，运用 SPSS 软件中的聚类分析功能，依照高频词的组间连接和欧氏距离进行聚类，得到高频词聚类分析谱系图（图 2.3）。同时，运用 SPSS 软件对高频词进行多维尺度分析，通过观察不同高频词之间的距离远近、密度大小，判断它们是否属于同一个类别，高频词多维尺度分析如图 2.4 所示。

使用平均连接（组间）的树状图
重新调整的距离聚类合并

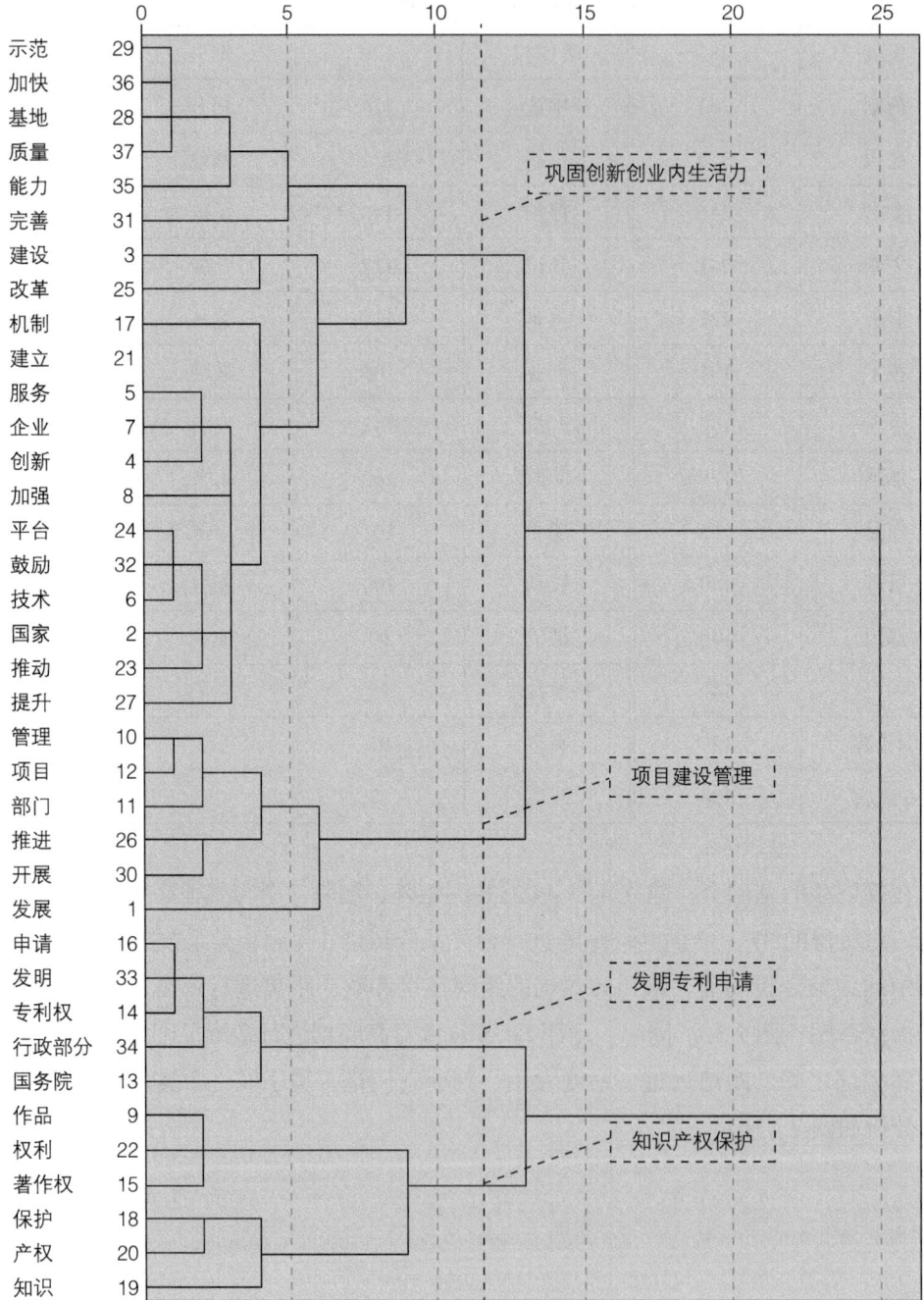

示范	29
加快	36
基地	28
质量	37
能力	35
完善	31
建设	3
改革	25
机制	17
建立	21
服务	5
企业	7
创新	4
加强	8
平台	24
鼓励	32
技术	6
国家	2
推动	23
提升	27
管理	10
项目	12
部门	11
推进	26
开展	30
发展	1
申请	16
发明	33
专利权	14
行政部分	34
国务院	13
作品	9
权利	22
著作权	15
保护	18
产权	20
知识	19

巩固创新创业内生活力

项目建设管理

发明专利申请

知识产权保护

图 2.3　高频词聚类分析谱系图

衍生刺激配置
欧氏距离模型

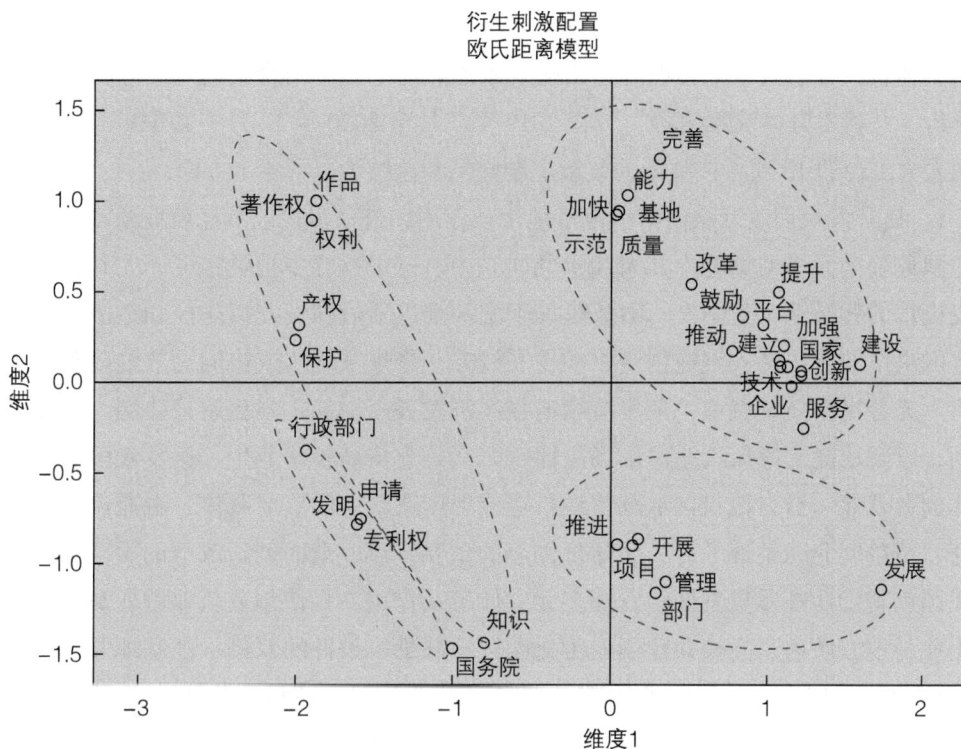

图 2.4 高频词多维尺度分析图

结合图 2.3 和图 2.4，可将 37 个政策高频词划分为 4 个词团，这些词团在科技政策的语境下可以体现政策的主题内容。①示范、加快、基地、质量、能力、完善、建设、改革、机制、建立、服务、企业、创新、加强、平台、鼓励、技术、国家、推动、提升，将该词团命名为"巩固创新创业内生活力"；②管理、项目、部门、推进、开展、发展，将该词团命名为"加强组织管理"；③申请、发明、专利权、国务院、行政部门，将该词团命名为"发明专利申请"；④作品、权利、著作权、保护、产权、知识，将该词团命名为"知识产权保护"（表 2.4）。

表 2.4 高频词及词团名称

高频词	词团名称
示范、加快、基地、质量、能力、完善、建设、改革、机制、建立、服务、企业、创新、加强、平台、鼓励、技术、国家、推动、提升	巩固创新创业内生活力
管理、项目、部门、推进、开展、发展	加强组织管理
申请、发明、专利权、国务院、行政部门	发明专利申请
作品、权利、著作权、保护、产权、知识	知识产权保护

　　将 37 个高频词放回至 12 项政策文本的具体语境中，分析每个词团及其包含高频词的具体含义，以及政策文本传达出的政策焦点与主题。结合共词聚类分析和多维尺度分析，并参考具体政策内容，可将 2019 年 7 月至 2020 年 12 月中共中央、国务院与全国人大出台的 12 项科技政策的政策主题归纳和总结为以下 4 个方面。

　　1）提升大众创业万众创新示范基地带动作用，进一步促改革稳就业强动能。党中央、国务院全面贯彻党的十九大和十九届二中、三中、四中全会精神，尤其是在新冠肺炎疫情的背景下，党中央、国务院关于统筹推进新冠肺炎疫情防控和经济社会发展工作的决策部署，深入实施创新驱动发展战略，聚焦系统集成协同高效的改革创新，聚焦更充分更高质量就业，聚焦持续增强经济发展新动能，强化政策协同，增强发展后劲，以新动能支撑保就业保市场主体，尤其是支持高校毕业生、返乡农民工等重点群体创业就业，努力把双创示范基地打造成为创业就业的重要载体、融通创新的引领标杆、精益创业的集聚平台、全球化创业的重要节点、全面创新改革的示范样本，推动我国创新创业高质量发展；发挥多元主体带动作用，打造创业就业重要载体，支持大企业与地方政府、高校共建创业孵化园区，鼓励有条件的双创示范基地开展产教融合型企业建设试点；鼓励企业示范基地结合产业优势，建设大中小企业融通发展平台，向中小企业开放资源、开放场景、开放应用、开放创新需求，支持将中小企业首创高科技产品纳入大企业采购体系；深化金融服务创新创业示范，完善创新创业创投生态链；深化对外开放合作，构筑全球化创业重要节点；推进全面创新改革试点，激发创新创业创造动力。

　　2）完善项目建设管理。规范国家政务信息化建设管理，推动政务信息系统跨部门跨层级互联互通、信息共享和业务协同，强化政务信息系统应用绩效考核；强调国家政务信息化建设管理应当坚持统筹规划、共建共享、业务协同、安全可靠的原则；要求国家发展改革委负责牵头编制国家政务信息化建设规划，对各部门审批的国家政务信息化项目进行备案管理。财政部负责国家政务信息化项目预算管理和政府采购管理，各有关部门按照职责分工，负责国家政务信息化项目审批、建设、运行和安全监管等相关工作，并按照"以统为主、统分结合、注重实效"的要求，加强对政务信息化项目的并联管理；国家发展改革委会同中央网信办、国务院办公厅、财政部建立国家政务信息化建设管理的协商机制，做好统筹协调，开展督促检查和评估评价，推广经验成果，形成工作合力。

　　3）规范发明专利申请、审查和批准原则。规定了申请发明或实用新型专利的，应当提交请求书、说明书及其摘要和权利要求书等文件；申请外观设计专利的，应当提交请求书、该外观设计的图片或照片及对该外观设计的简要说明等文件；申请人要求发明、实用新型专利优先权的，应当在申请的时候提出书面声明，并且在第一次提出申请之日起 16 个月内，提交第一次提出申请的专利申请文件的副本；一件发明或实用新型专利申请应当限于一项发明或实用新型。属于一个总的发明构思的两项以上发明或实用新型专利，可以作为一项申请提出；申请人可以对其专利申请文件进行修改，但是对发明和实用新型专利申请文件的修改不得超出原说明书和权利要求书记载的范围，对外观设计专利申请文件的修改不得超出原图片或照片表示的范围；发明专利申请自申请之日起 3 年内，国务院专利行政部门可以根据申请人提出的请求，对其申请进行实质审查；申请人无正当理由逾期不请求实质审查的，该申请被视为撤回；发明专利申请经申请人陈述意见或进行修改后，国务院专利行政部门仍然认为不符合本法规定的，应当予以驳回等。

4）加强知识产权保护，修订《中华人民共和国著作权法》。规定了著作权人及其权利，包括 17 项人身权和财产权；规定了著作权归属，权利的保护期、权利的限制；规定了著作权许可使用和转让合同相关问题；规定了与著作权有关的权利相关问题，包括图书、报刊的出版、表演、录音录像、广播电台、电视台播放；针对著作权和与著作权有关的权利的保护制定了细则。

与《中国科技政策蓝皮书 2020》相比，2019 年 7 月至 2020 年 12 月中共中央、国务院与全国人大的科技政策依旧较为重视相关部门管理工作，且对知识产权保护和创新创业活力方面高度关注。

（2）政策效力

政策测量是政策内容分析的重要方式之一。通过借鉴彭纪生等[4]、王帮俊等[5]、徐美宵等[6]、郭本海等[7]的研究成果，构建了科技政策量化指标体系，该指标体系围绕"政策力度—政策目标—政策工具"3 个一级指标，分别设置若干个二级指标，并对每个二级指标进行赋值，科技政策量化指标赋值如表 2.5 所示。其中，政策力度的赋值层次为 5、4、3、2、1、0，政策目标和政策工具的赋值层次为 5、3、1、0。操作者以科技政策量化指标赋分表为依据，通过研读和对照每份科技政策的政策内容，根据相应的量化标准，给该政策相应指标打分，最后根据计算公式算出每项科技政策的政策效力成绩，从而得出各部分政策效力结果。

表 2.5 科技政策量化指标赋值

一级指标	二级指标	赋值层次
政策力度	法律	5/0
	行政法规	4/0
	地方性法规、自治条例和单行条例	3/0
	部门规章	2/0
	地方性政府规章	2/0
	其他地方政府部门规范性文件	1/0
政策目标	政治功能	5/3/1/0
	科技进步	5/3/1/0
	经济效益	5/3/1/0
	社会发展	5/3/1/0
	生态进化	5/3/1/0
政策工具	基础设施建设（供给型）	5/3/1/0
	科技信息支持（供给型）	5/3/1/0
	人力资源管理（供给型）	5/3/1/0
	公共财政支持（供给型）	5/3/1/0
	公共科技服务（供给型）	5/3/1/0
	金融支持（环境型）	5/3/1/0
	法规管制（环境型）	5/3/1/0
	目标规划（环境型）	5/3/1/0
	税收优惠（环境型）	5/3/1/0
	国际交流合作（需求型）	5/3/1/0
	贸易管制（需求型）	5/3/1/0
	示范工程（需求型）	5/3/1/0
	政府采购（需求型）	5/3/1/0

政策效力的计算公式：

$$PE = (pg_j + pt_j) pe_j, \tag{2.1}$$

$$TPE_i = \sum_{j=1}^{n} (pg_j + pt_j) pe_j, \tag{2.2}$$

$$APE_i = \frac{\sum_{j=1}^{n} (pg_j + pt_j) pe_j}{n}。 \tag{2.3}$$

其中，i 表示年份；j 表示第 i 年的第 j 项政策；n 表示政策数量最大值；PE（Policy Effectiveness）表示单项政策效力；TPE_i（Total Policy Effectiveness）表示第 i 年的政策效力之和；APE_i（Average Policy Effectiveness）表示年均政策效力；pg_j（Policy Goal）表示第 j 项政策的政策目标得分；pt_j（Policy Tool）表示第 j 项政策的政策工具得分；pe_j（Policy Effect）表示第 j 项政策的政策力度得分。

对 2019 年 7 月至 2020 年 12 月中共中央、国务院与全国人大出台的 12 项科技政策的政策力度、政策目标、政策工具进行评价和打分，并得出政策效力的评分结果（表 2.6）。由表 2.6 可知，2019 年 7 月至 2020 年 12 月中共中央、国务院与全国人大科技政策效力总得分为 1414 分，政策效力均值为 117.83 分，单项政策的政策效力得分最大值为 192 分、最小值为 55 分。其中，政策力度总得分为 50 分，均值为 4.17 分，单项政策的政策力度得分最大值为 5 分、最小值为 4 分；政策目标总得分为 94 分，均值为 7.83 分，单项政策的政策目标得分最大值为 17 分、最小值为 1 分；政策工具总得分为 254 分，均值为 21.17 分，单项政策的政策工具得分最大值为 33 分、最小值为 10 分。用单项满分与各项得分均值及单项政策在各项的得分最大值与最小值进行比较，可以看出 2019 年 7 月至 2020 年 12 月中共中央、国务院与全国人大科技政策效力得分属于中等水平。其中，政策工具、政策目标和政策力度得分均属于中等水平。

表 2.6　2019 年 7 月至 2020 年 12 月中共中央、国务院与全国人大科技政策效力评分

单位：分

项目	总得分	均值	单项政策		单项满分
			最大值	最小值	
政策力度	50	4.17	5	4	5
政策目标	94	7.83	17	1	25
政策工具	254	21.17	33	10	65
政策效力	1414	117.83	192	55	450

首先，通过政策效力的评分结果可以看出，中共中央、国务院与全国人大各项政策的政策力度得分为 4 分和 5 分。由此看出，中共中央、国务院与全国人大颁布的科技政策的政策力度较为一致，主要以宏观性较强的行政法规和法律为主，政策效力较高。

其次，就政策目标而言，不同政策目标各子目标的得分有所差异。图 2.5 为各政策目标的子目标得分占总体政策目标得分的比重情况。由该图可知，政治功能占比最高，为 34.04%，其次为社会发展和科技进步，分别为 25.53% 和 19.15%，而经济效益和生态进化较少，分别为 12.77% 和 8.51%。由此可见，中共中央、国务院与全国人大

的科技政策注重实现其政治功能目标，并重点关注政策在社会发展和科技进步方面的作用，而对经济效益和生态进化的关注度较低。

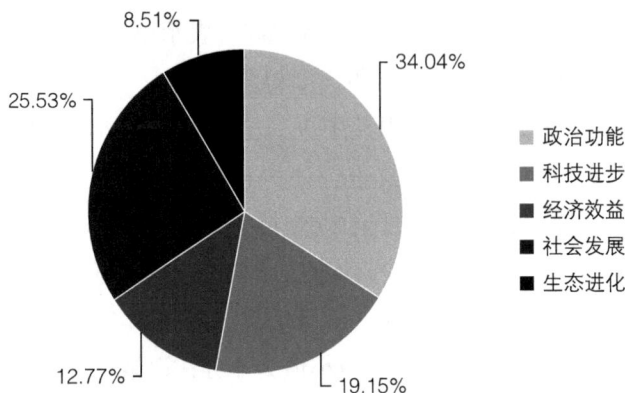

图 2.5　中共中央、国务院与全国人大政策目标子目标得分占比

再次，就政策工具而言，各子工具所占比重体现了政策的侧重点。图 2.6 为中共中央、国务院与全国人大政策工具子工具得分占政策工具总体得分的比重，其中供给型政策得分占比为 52.76%，超过一半，环境型和需求型政策得分占比分别为 30.31% 和 16.93%。可以看出，中共中央、国务院与全国人大颁布的科技政策主要为供给型政策，以提供基础设施、科技信息、人力资源、公共财政和科技服务等直接支持，并通过部分的国际交流合作、贸易管制、示范工程和政府采购等方式促进需求，同时运用金融支持、法规管制、目标规划和税收优惠等手段为科技发展营造良好的氛围。

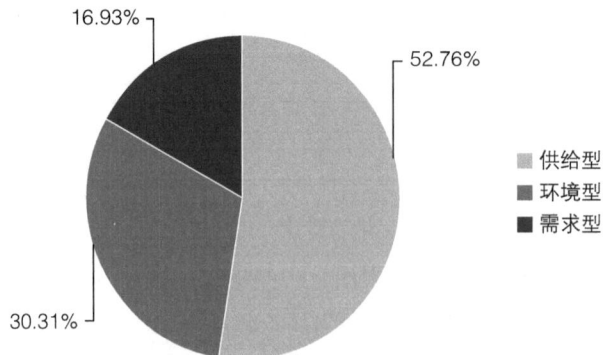

图 2.6　中共中央、国务院与全国人大政策工具子工具得分占比

最后，由于中共中央、国务院与全国人大分别颁布了科技政策，并在数量和内容上都存在着差异（中共中央 1 项、国务院 9 项、全国人大 2 项），因此分别计算出中共

中央、国务院与全国人大的政策目标均值、政策工具均值、政策力度均值和政策效力均值，从而对三者的科技政策效力评估指标进行对比（图 2.7）。

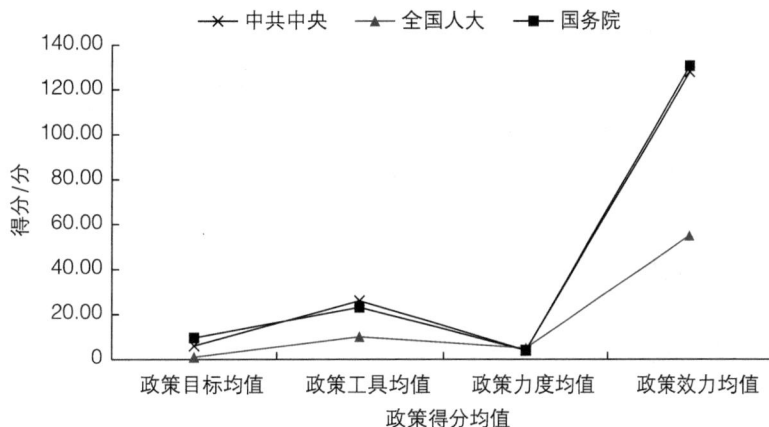

图 2.7　中共中央、国务院与全国人大政策得分均值

由图 2.7 可知，全国人大科技政策的政策目标均值、政策效力均值等较低，而中共中央、国务院科技政策的政策目标均值、政策效力平均值较高，三者的政策力度均值相近。由此可以看出，中共中央、国务院出台的科技政策效力整体优于全国人大。这是因为全国人大颁布的科技政策多为法律的修改，其内容较有针对性；中共中央、国务院颁布的科技政策则多为某一领域的具体措施和管理办法，其内容较为全面。

综上所述，就 2019 年 7 月至 2020 年 12 月中共中央、国务院与全国人大科技政策效力评分结果可以得出以下结论。

第一，中共中央、国务院与全国人大出台的科技政策效力在政策目标、政策工具维度上表现为中等水平，从而导致整体政策效力也处于中等水平。

第二，中共中央、国务院与全国人大在设定政策目标上，兼顾了政治功能、科技进步、经济效益、社会发展和生态进化 5 个方面，对政策目标进行了一定的细化分解，并提出了部分明确、具体、可衡量的科技发展目标。但是，中共中央、国务院与全国人大对 5 个方面政策目标的关注度不均衡，最为关注政治功能目标，也较为重视社会发展和科技进步目标，而对经济效益和生态进化目标有所忽视。

第三，在运用政策工具方面，中共中央、国务院与全国人大采取了较为全面的措施，主要在基础设施、科技信息、人力资源、公共财政和科技服务等方面提供支持，同时通过国际交流合作、贸易管制、示范工程和政府采购促进需求，运用金融支持、法规管制、目标规划和税收优惠等措施为科技发展营造良好的氛围。

第四，政策数量对政策效力得分有一定影响，政策效力均值反映了政策效力的整体水平。由上文可知，全国人大科技政策的政策目标均值、政策效力均值等较低，而中共中央、国务院科技政策的政策目标均值、政策效力均值较高，三者政策力度均值相近，中共中央、国务院的科技政策效力整体优于全国人大。

与《中国科技政策蓝皮书 2020》中的中共中央、国务院与全国人大科技政策的政策效力均值相比较，2019 年 7 月至 2020 年 12 月中共中央、国务院与全国人大的科技政策在政策效力、政策力度、政策工具方面均有了较大的提升，政策目标则提升较小。

2.2 国家各部委颁布科技政策的总体分析

2.2.1 政策外部特征分析

（1）政策数量

2019 年 7 月至 2020 年 12 月国家各部委共计颁布 124 项科技政策，其中，教育部颁布科技政策最多，颁布了 21 项；科技部、工业和信息化部、国家发展改革委分别颁布了 18 项、17 项、15 项；交通运输部和人力资源社会保障部皆颁布了 12 项，其他部委的颁布数量则少于 10 项（表 2.7）。

表 2.7　2019 年 7 月至 2020 年 12 月国家各部委颁布科技政策一览

部门名称	颁布数量/项	部门名称	颁布数量/项
教育部	21	财政部	7
科技部	18	国家卫生健康委	5
工业和信息化部	17	国家中医药管理局	4
国家发展改革委	15	国家国防科技工业局	1
交通运输部	12	生态环境部	1
人力资源社会保障部	12	水利部	1
农业农村部	9	国家知识产权局	1

（2）政策类别

国家各部委于 2019 年 7 月至 2020 年 12 月颁布的各类科技政策数量如图 2.8 所示，颁布的政策类别共有 7 类，分别是"双创"与科技成果转化类（5 项）、科技创新项目类（22 项）、科技管理体制改革类（8 项）、科技基础能力建设类（18 项）、科普与创新文化类（2 项）、人才队伍建设类（38 项）、战略导向和规划布局类（31 项）。其中人才队伍建设类政策占比最高，占总数的 30.65%，之后是战略导向和规划布局类及科技创新项目类，分别占总数的 25.00% 和 17.74%，科技基础能力建设类占总数的 14.52%，科技管理体制改革类、"双创"与科技成果转化类和科普与创新文化类占比都比较少，分别为 6.45%、4.03% 和 1.61%。表明国家各部委发布的科技政策类别分布广泛，较为重视人才队伍建设类、战略导向和规划布局类、科技创新项目类政策，而对科技管理体制改革类、"双创"与科技成果转化类、科普与创新文化类政策关注较少。

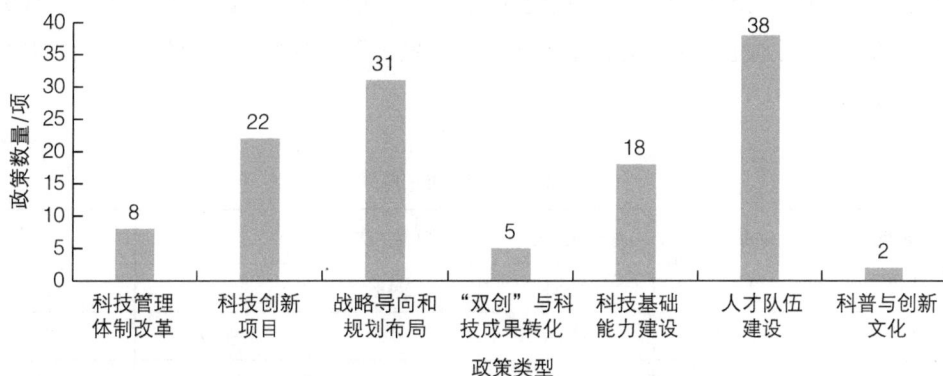

图 2.8　2019 年 7 月至 2020 年 12 月国家各部委各类科技政策数量

3．政策时间

2019 年 7 月至 2020 年 12 月国家各部委每个月颁布的科技政策数量如图 2.9 所示，颁布科技政策数量最多的月份是 2020 年 12 月，该月国家各部委共颁布 14 项科技政策。2019 年 12 月和 2020 年 2 月国家各部委都颁布了 13 项科技政策，其余月份颁布的科技政策都不足 10 项，2020 年 8 月国家各部委颁布的科技政策数量最少，仅有 1 项。

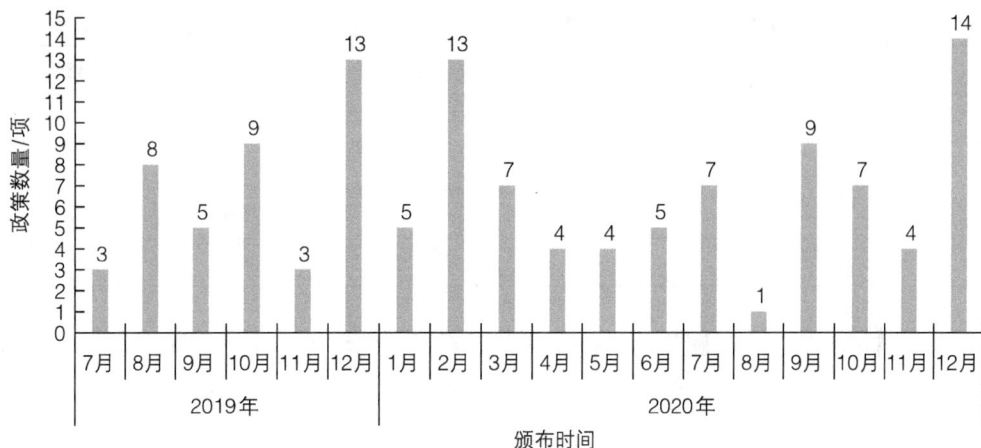

图 2.9　2019 年 7 月至 2020 年 12 月各部委每个月颁布的科技政策数量

2.2.2　政策内部特征分析

通过 ROST CM6 软件对 124 项国家各部委颁布的政策文本进行词频统计，剔除含义过宽的词语，得出国家各部委科技政策文本高频词（表 2.8）。其中，从政策作用对象来看，宏观层面的主题词有"国家""机制""资源"等，而中观层面的有"能力""管理""平台""技术"等，微观层面的是"企业""部门""农村""单位"等，说明国家各部委颁布的政策既包括宏观层面的政策，又对企业及科研机构进行了有效引导；其他的主题词则主要是正导向的动词，如"发展""建设""创新""加强""提升""加快"等。

表 2.8　高频词一览

主题词	词频/次	主题词	词频/次	主题词	词频/次
建设	2021	科研	948	改革	620
技术	2011	应用	916	领域	583
服务	1993	机制	820	提升	569
发展	1989	资源	801	鼓励	537
创新	1787	平台	788	健康	525
科技	1588	推动	784	融合	519
国家	1511	体系	748	质量	516
企业	1464	建立	719	加快	504
管理	1380	推进	708	培养	445
人才	1356	成果	676	促进	394
农业	1160	能力	676	科学院	356
加强	1107	组织	663	卫生	356
单位	1042	基础	658	作用	338
机构	1001	社会	645	农村	335
开展	1001	保障	628	发挥	328
部门	977	完善	624	主管	252

在高词频的基础上，删除与其他高频词联系微弱的词语，建立了 48×48 的共词矩阵，对得到的共词矩阵进行相关系数转化并得到相异系数矩阵，运用 SPSS 软件中的聚类分析功能，依照高频词的组间连接和欧氏距离进行聚类，得出高频词聚类分析谱系图（图 2.10）。

使用平均连接（组间）的树状图
重新调整的距离聚类合并

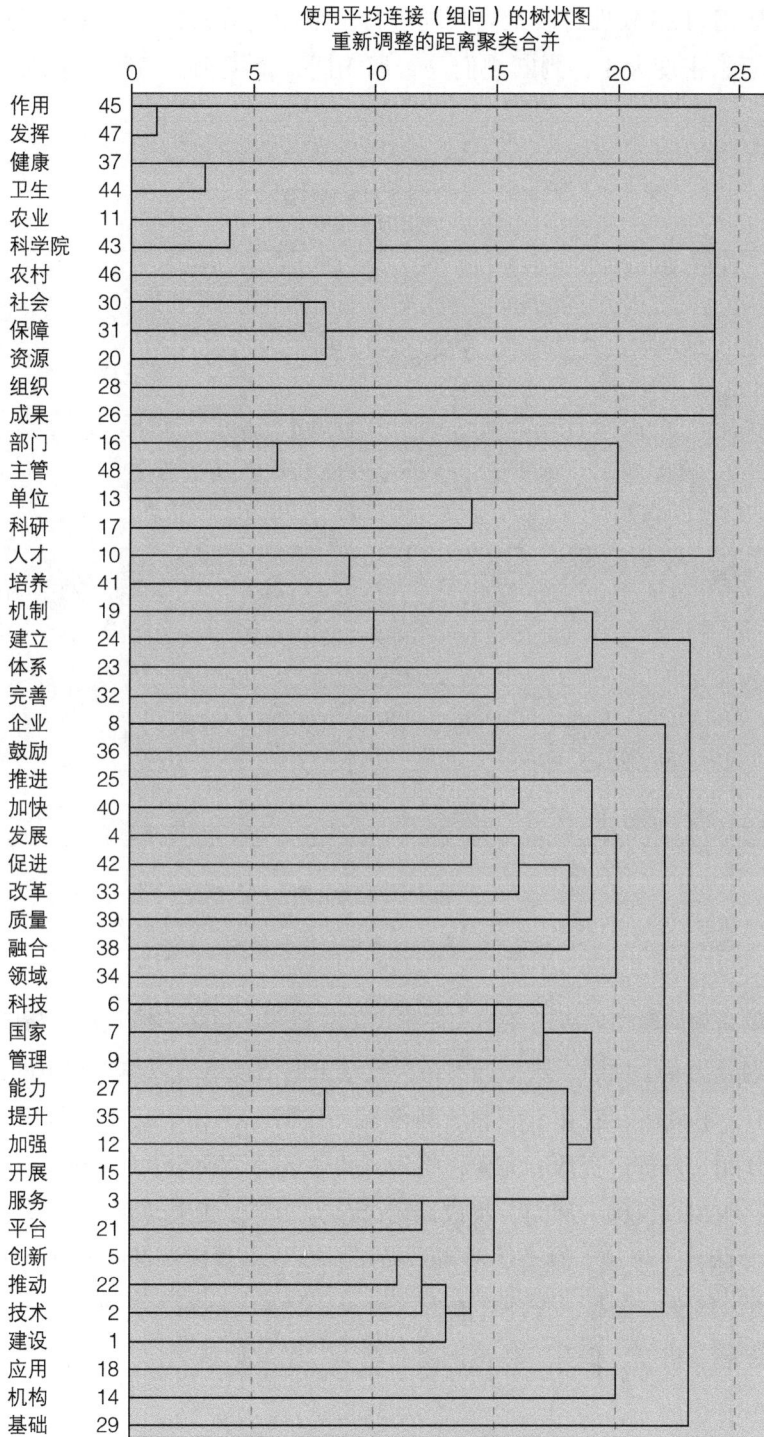

图 2.10　高频词聚类分析谱系图

同时，运用 SPSS 软件对政策高频词进行多维尺度分析，通过观察不同高频词之间的距离远近、密度大小，判断它们是否属于同一个类别，高频词多维尺度分析如图 2.11 所示。

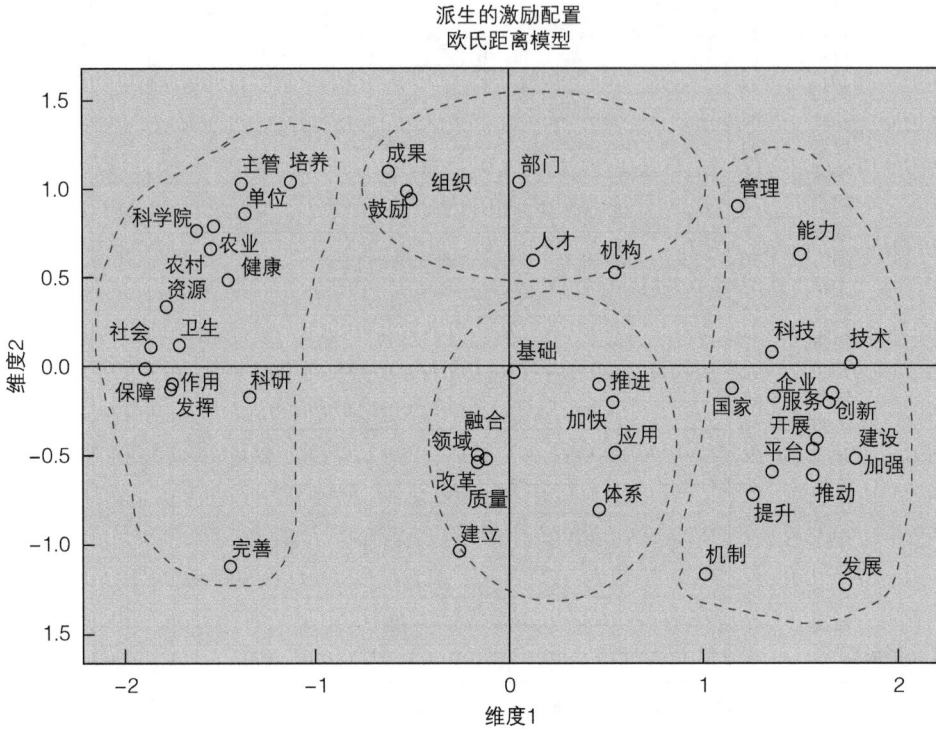

图 2.11　高频词多维尺度分析图

结合政策高频词聚类分析谱系图和多维尺度分析图，可将多维尺度分析图中的 47 个政策高频词划分为 4 个词团，这些词团在科技政策的语境下可以体现政策的主题内容，如表 2.9 所示。①科研、农业、农村、科学院、主管、单位、培养、健康、社会、卫生、保障、作用、发挥、资源、完善，将该词团命名为"科研助力农村发展"；②人才、成果、鼓励、组织、机构、部门，将该词团命名为"科技成果转化"；③基础、推进、加快、应用、体系、领域、融合、改革、质量、建立，将该词团命名为"基础领域改革"；④科技、国家、企业、管理、能力、技术、服务、创新、开展、平台、建设、加强、推动、发展、机制、提升，将该词团命名为"国家创新平台"。

表 2.9　高频词及词团名称

高频词	词团名称
科研、农业、农村、科学院、主管、单位、培养、健康、社会、卫生、保障、作用、发挥、资源、完善	科研助力农村发展
人才、成果、鼓励、组织、机构、部门	科技成果转化
基础、推进、加快、应用、体系、领域、融合、改革、质量、建立	基础领域改革
科技、国家、企业、管理、能力、技术、服务、创新、开展、平台、建设、加强、推动、发展、机制、提升	国家创新平台

将 48 个高频词放回 124 项政策文本的具体语境中，分析每个词团及其包含高频词的具体含义，以及政策文本传达出的政策焦点与主题。结合共词聚类分析和多维尺度分析，并参考具体政策内容，可将国家各部委于 2019 年 7 月至 2020 年 12 月出台的 124 项科技政策的政策主题归纳和总结为以下 4 个方面。

1）科研助力农村发展包括：第一，着力强化科技扶贫，包括持续加大产业技术专家帮扶力度、切实提升贫困地区农技服务实效、大力提高脱贫致富培训针对性。第二，着力提高科技创新的产业贡献度，包括加强基础前沿储备、加力关键技术攻关、夯实农业科技创新条件基础、加强农业转基因生物安全监管。第三，着力加快农业科技机制创新与制度建设，包括打造产业科技战略力量、推进产学研深度融合、深化农业科技体制改革、加强农业科研人才队伍建设。第四，着力提升农技推广服务效能，包括完善农技推广服务工作机制、加强农技推广队伍能力建设、打造农业科技转化示范样板。第五，着力办好农民满意的教育培训，包括推进农民培训提质增效、促进高素质农民学历提升、扩展高素质农民发展路径。第六，着力加强农业生态环境保护，包括全面强化耕地土壤污染防治、深入实施秸秆综合利用行动、加快推进农膜回收行动、大力发展农村可再生能源、加强农业生物多样性保护。国家各部委颁布了《2020 年农业农村科教环能工作要点》《农业农村部 2020 年人才工作要点》《农业农村部办公厅关于国家农业科技创新联盟建设的指导意见》《农业农村部办公厅关于进一步推动科技助力产业扶贫的通知》等科技政策来促进农业农村发展。

2）科技成果转化包括：第一，加快推动国家科技成果转移转化示范区建设发展。具体表现：以创新促进科技成果转化机制模式为重点，进一步加大先行先试力度；以强化科技成果转化全链条服务为重点，提高成果转化专业化服务能力；以示范区主导产业为重点，加快推进重大科技成果转化应用；以集聚创新资源为重点，促进技术要素的市场化配置。第二，进一步支持和鼓励事业单位科研人员创新创业。具体表现：支持和鼓励科研人员离岗创办企业，支持和鼓励科研人员兼职创新、在职创办企业，支持和鼓励事业单位选派科研人员到企业工作或参与项目合作，支持和鼓励事业单位设置创新型岗位。国家各部委颁布了《科技部办公厅关于加快推动国家科技成果转移转化示范区建设发展的通知》《人力资源社会保障部关于进一步支持和鼓励事业单位科研人员创新创业的指导意见》《财政部关于进一步加大授权力度促进科技成果转化的通知》等政策来促进科技成果转化。

3）基础领域改革包括：为深入贯彻落实《国务院办公厅关于促进"互联网＋医疗健康"发展的意见》，工业和信息化部从扩大网络覆盖、提高网络能力、推广网络应用、加强组织保障4个方面提出了进一步加强远程医疗网络能力建设的意见。为深入实施创新驱动发展战略，加快建设知识产权强国，加强和规范在华技术与创新支持中心建设，提升创新创造水平，依据《中国国家知识产权局和世界知识产权组织关于在华建设技术与创新支持中心的谅解备忘录》，国家知识产权局印发了《技术与创新支持中心（TISC）建设实施办法》。为指导中医药传承创新工程重点中医医院更好地推进中医经典病房建设与管理，提升中医药防治重大疑难疾病能力，国家中医药管理局组织制定了《中医药传承创新工程重点中医医院中医经典病房建设与管理指南》，供各级中医药主管部门、中医药传承创新工程重点中医医院在中医经典病房建设组织实施和运行管理中参考使用。

4）国家创新平台包括：为深入贯彻落实习近平总书记关于推动国家技术创新中心建设的重要讲话精神，加强国家技术创新中心建设布局的顶层设计，有序指导推进国家技术创新中心建设工作，科技部、财政部联合制定了《关于推进国家技术创新中心建设的总体方案（暂行）》，从总体要求、功能定位、建设布局、体制机制、保障措施等多个角度，为区域和产业发展提供源头技术供给，为科技型中小企业孵化、培育和发展提供创新服务，为支撑产业向中高端迈进、实现高质量发展发挥战略引领作用。

2.3　政府各主要职能部门颁布科技政策分析

2.3.1　教育部颁布的科技政策

2.3.1.1　政策外部特征

（1）政策数量

2019 年 7 月至 2020 年 12 月教育部共计牵头颁布 21 项科技政策（表 2.10）。其中，教育部单独颁布的科技政策数量为 15 项，教育部与其他部门联合颁布的科技政策数量为 6 项。

表 2.10　2019 年 7 月至 2020 年 12 月教育部牵头颁布的科技相关政策一览

序号	政策名称	颁布单位
1	关于"双一流"建设高校促进学科融合 加快人工智能领域研究生培养的若干意见	教育部、国家发展改革委、财政部
2	储能技术专业学科发展行动计划（2020—2024 年）	教育部、国家发展改革委、国家能源局
3	教育部 国家知识产权局 科技部关于提升高等学校专利质量促进转化运用的若干意见	教育部、国家知识产权局、科技部
4	关于规范高等学校 SCI 论文相关指标使用树立正确评价导向的若干意见	教育部、科技部
5	教育部办公厅等七部门关于教育支持社会服务产业发展 提高紧缺人才培养培训质量的意见	教育部办公厅、国家发展改革委办公厅、民政部办公厅、商务部办公厅、国家卫生健康委办公厅、国家中医药局办公室、全国妇联办公厅
6	教育部等八部门关于引导规范教育移动互联网应用有序健康发展的意见	教育部、中央网信办、工业和信息化部、公安部、民政部、市场监管总局、国家新闻出版署、全国"扫黄打非"工作小组办公室
7	教育部关于 2019—2021 年基础学科拔尖学生培养基地建设工作的通知	教育部
8	教育部关于加强和规范普通本科高校实习管理工作的意见	教育部
9	教育部关于加强新时代教育科学研究工作的意见	教育部

续表

序号	政策名称	颁布单位
10	教育部关于深化本科教育教学改革全面提高人才培养质量的意见	教育部
11	教育部关于一流本科课程建设的实施意见	教育部
12	本科毕业论文（设计）抽检办法（试行）	教育部
13	高等学校国家重大科技基础设施建设管理办法（暂行）	教育部
14	高等学校科学研究优秀成果奖（科学技术）奖励办法	教育部
15	高等学校区块链技术创新行动计划	教育部
16	教育部科学技术委员会章程	教育部
17	前沿科学中心建设管理办法	教育部
18	教育部关于在部分高校开展基础学科招生改革试点工作的意见	教育部
19	教育部社科司关于启动教育部哲学社会科学重点实验室试点建设工作的通知	教育部
20	关于破除高校哲学社会科学研究评价中"唯论文"不良导向的若干意见	教育部
21	关于正确认识和规范使用高校人才称号的若干意见	教育部

（2）政策类别

2019 年 7 月至 2020 年 12 月，教育部颁布的科技政策中都是关于人才队伍建设的，这些政策主要涉及高等院校的科技成果转化、研究生教育发展、世界一流大学和一流学科建设等方面，表明教育部比较重视人才培养（图 2.12）。

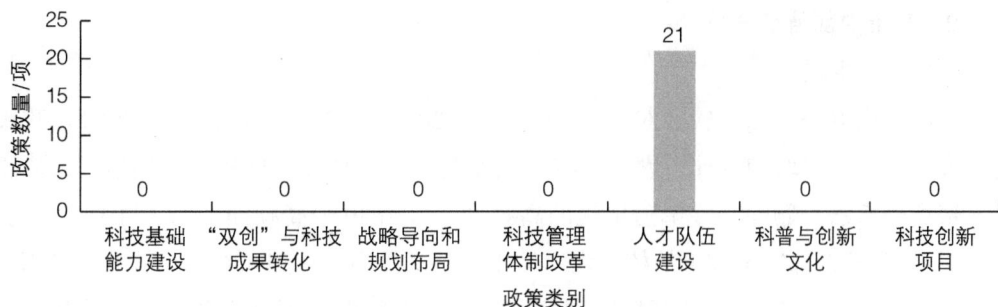

图 2.12　2019 年 7 月至 2020 年 12 月教育部各类科技相关政策数量

（3）政策时间

2019 年 7 月至 2020 年 12 月教育部每个月颁布的科技政策数量如图 2.13 所示，颁布科技政策最多的月份是 2020 年 12 月，该月教育部共颁布政策 4 项，其中 2 项与高校教育有关，例如，《关于破除高校哲学社会科学研究评价中"唯论文"不良导向的若干意见》《本科毕业论文（设计）抽检办法（试行）》，还有两项分别是《教育部科学技术委员会章程》。此外，2019 年的 8 月、10 月和 2020 年 1 月都颁布了 3 项政策。其次，2019 年 9 月和 2020 年 2 月都颁布了 2 项政策。2019 年的 7 月、11 月，2020 年 4 月和 11 月都只有 1 项政策颁布。2019 年 12 月，2020 年 3 月、5 月、6 月、7 月、8 月、9 月、10 月都无科技政策颁布。

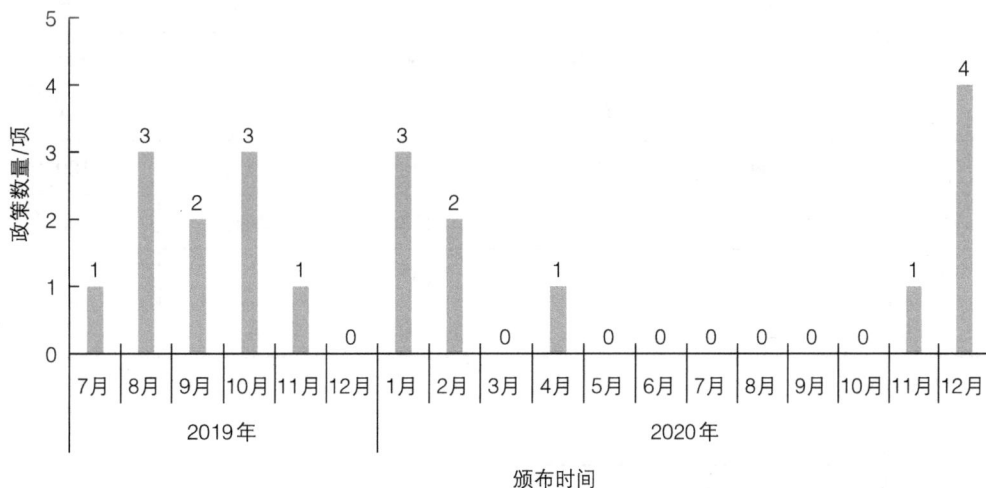

图 2.13　2019 年 7 月至 2020 年 12 月教育部各月颁布的科技政策数量

2.3.1.2 政策内部特征分析

（1）政策主题

通过使用 ROST CM6 软件对 2019 年 7 月至 2020 年 12 月教育部的 21 项科技政策文本进行高频词提取和统计，剔除一些含义宽泛或与科技关联性较弱的词语后，使用共词聚类分析法，删除一些单独出现的高频词，得到 39 个高频词（表 2.11）。其中，"教育"作为教育部制定政策的核心内容，出现频次最高，达到 486 次。从政策作用的主体看，关键词有"国家""高校""行政部门""教育部""社会"等。从政策的关注对象看，"人才""学科""体系""科技""创新""机制"等多次被提及。从政策实施动词上看，政策文件多采用"研究""管理""培养""发展""应用""加强""改革"等提法。

表 2.11　高频词一览

主题词	词频/次	主题词	词频/次	主题词	词频/次
教育	486	学科	193	组织	126
建设	463	教育部	181	改革	115
人才	387	开展	173	水平	115
高校	384	加强	169	中心	109
研究	338	科学	168	一流	108
技术	310	服务	166	建立	104
创新	263	国家	155	重大	101
管理	260	体系	138	推动	100
培养	256	社会	133	基础	100
发展	247	质量	132	平台	99
应用	208	科技	129	落实	95
课程	200	领域	127	能力	94
教学	197	机制	127	行政部门	55

在词频分析的基础上，对 39 个高频词建立 39×39 的共词矩阵，进行相关系数转化，得到相异系数矩阵。采用 SPSS 软件的组间连接和欧氏距离方法，对高频词进行了聚类分析，得到高频词聚类分析谱系图（图 2.14）。

使用平均连接（组间）的树状图
重新调整的距离聚类合并

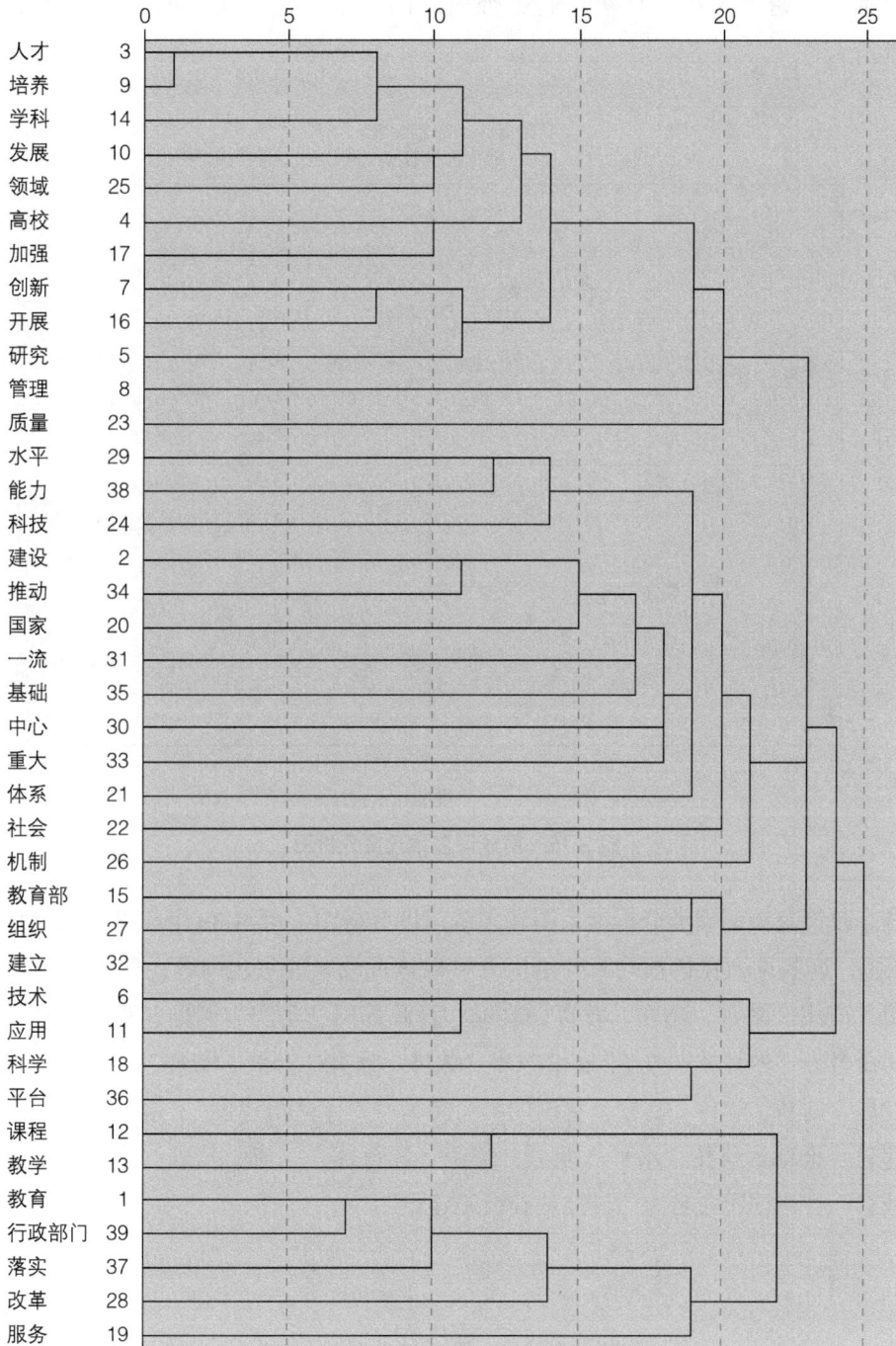

0	5	10	15	20	25	

人才　　3
培养　　9
学科　14
发展　10
领域　25
高校　　4
加强　17
创新　　7
开展　16
研究　　5
管理　　8
质量　23
水平　29
能力　38
科技　24
建设　　2
推动　34
国家　20
一流　31
基础　35
中心　30
重大　33
体系　21
社会　22
机制　26
教育部　15
组织　27
建立　32
技术　　6
应用　11
科学　18
平台　36
课程　12
教学　13
教育　　1
行政部门　39
落实　37
改革　28
服务　19

图 2.14　高频词聚类分析谱系图

同时，运用 SPSS 软件对高频词进行多维尺度分析，通过观察不同高频词之间的距离远近、密度大小，判断它们是否属于同一个类别，高频词多维尺度分析如图 2.15 所示。

派生的激励配置
欧氏距离模型

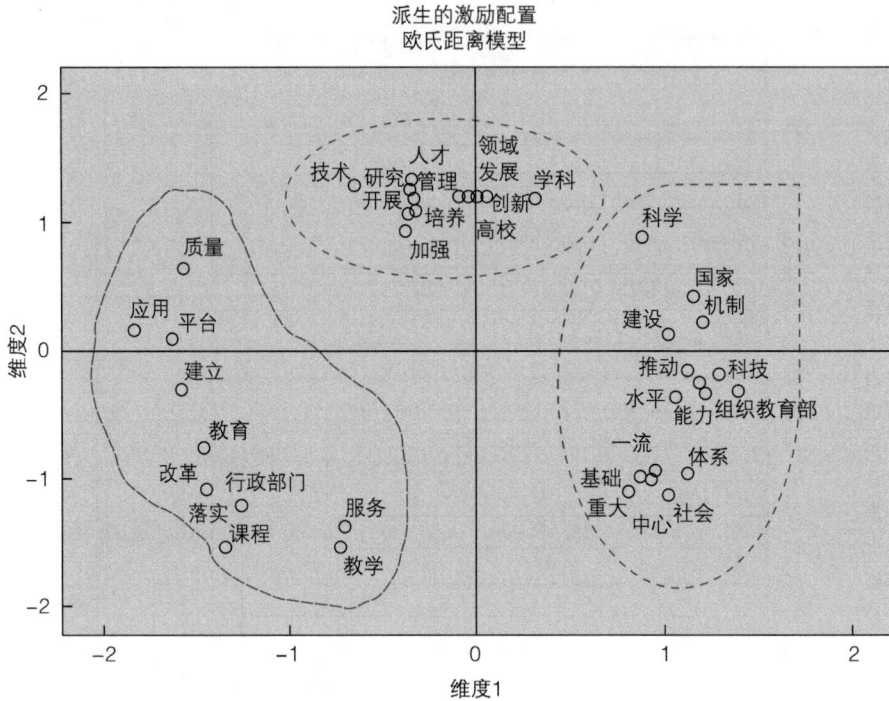

图 2.15　高频词多维尺度分析图

结合政策高频词聚类分析谱系图和多维尺度分析图，可将 39 个政策高频词划分为 3 个词团，这些词团在科技政策的语境下可以体现政策的主题内容，如表 2.12 所示。①质量、应用、平台、建立、教育、改革、行政部门、落实、课程、服务、教学，将该词团命名为"教育教学改革"；②技术、人才、研究、开展、管理、培养、加强、领域、发展、创新、学科、高校，将该词团命名为"人才队伍建设"；③科学、国家、机制、建设、推动、科技、水平、能力、组织、教育部、一流、基础、体系、重大、中心、社会，将该词团命名为"科技基础设施建设"。

表 2.12　高频词及词团名称

高频词	词团名称
质量、应用、平台、建立、教育、改革、行政部门、落实、课程、服务、教学	教育教学改革
技术、人才、研究、开展、管理、培养、加强、领域、发展、创新、学科、高校	人才队伍建设
科学、国家、机制、建设、推动、科技、水平、能力、组织、教育部、一流、基础、体系、重大、中心、社会	科技基础设施建设

将 39 个高频词放回至 21 项政策文本的具体语境中，分析每个词团及其包含高频词的具体含义，分析政策文本传达出的政策焦点与主题。结合共词聚类分析和多维尺度分析，并参考具体政策内容，可将 2019 年 7 月至 2020 年 12 月教育部的 21 项科技政策的政策主题归纳和总结为以下 3 个方面。

1）教育教学改革：为深入贯彻全国教育大会精神和《中国教育现代化 2035》，全面落实新时代全国高等学校本科教育工作会议和直属高校工作咨询委员会第二十八次全体会议精神，坚持立德树人，围绕学生忙起来、教师强起来、管理严起来、效果实起来，深化本科教育教学改革，培养德智体美劳全面发展的社会主义建设者和接班人。教育部提出要严格教育教学管理，全面提高课程建设质量，深化创新创业教育改革，推动科研反哺教学，完善过程性考核与结果性考核有机结合的学业考评制度，健全学士学位管理制度，严格学士学位标准和授权管理，严把学位授予关。完善人才需求预测预警机制，推动本科高校形成招生计划、人才培养和就业联动机制，建立健全高校本科专业动态调整机制，支持高校实施联合学士学位培养项目，发挥不同特色高校优势，协同提升人才培养质量。完善教师培训与激励体系，加强师德师风建设，将师德考核贯穿于教育教学全过程。围绕目标的实现及主要任务的落实，提出有针对性的保障措施，主要包括：加强党对高校教育教学工作的全面领导，地方党委教育工作部门、高校各级党组织要坚持以习近平新时代中国特色社会主义思想为指导，全面贯彻党的教育方针，坚定社会主义办学方向；完善提高人才培养质量的保障机制。各地教育行政部门要加大对教育教学改革的投入力度，要进一步落实高校建设主体责任和办学自主权，提升高校治理能力和治理水平。

2）人才队伍建设：为深入学习贯彻习近平新时代中国特色社会主义思想和党的十九大精神，大力实施科教兴国战略、人才强国战略和创新驱动发展战略，促进高等学校科技创新，支撑高质量人才培养，教育部对 2015 年 2 月印发的《高等学校科学研究优秀成果奖（科学技术）奖励办法》进行了修订，包括总则、申请与提名推荐条件、推荐办法、评审标准、评审和授予、异议处理、罚则 7 个方面。同时，为了全面贯彻落实全国教育大会精神和《深化新时代教育评价改革总体方案》要求，深化人才发展体制机制改革，激发人才创新活力，切实扭转高校"唯帽子"倾向，提升教育治理体系和治理能力现代化水平，教育部制定了《关于正确认识和规范使用高校人才称号的若干意见》，激励和引导高校人才队伍坚守初心使命、矢志爱国奉献、勇于创新创造，正确认识和规范使用高校人才称号。

3）科技基础设施建设：为深入学习习近平新时代中国特色社会主义思想和党的十九大精神，贯彻落实全国教育大会精神，规范和加强高等学校重大科技基础设施的建设和管理，进一步提高建设质量和水平，教育部研究制定了《高等学校国家重大科技基础设施建设管理办法（暂行）》，从总则、管理体制、开展项目预研、提出项目建议、可行性研究、初步设计和投资概算、开工准备、工程建设、竣工验收和运行管理、附则 10 个部分进行了规定，从而加快建设、完善重大科技基础设施体系，全面提升设施建设水平和运行效率，为我国科技长远发展和创新型国家建设提供有力支撑。

教育部 2019 年 7 月至 2020 年 12 月的科技政策主题与 2018 年 1 月至 2019 年 6 月的科技政策主题相比，"教育"出现的频次都是最高的，分别为 486 次和 926 次，说明"教育"是教育部制定政策的核心内容。同时，教育部 2019 年 7 月至 2020 年 12 月的科技政策主题高频词与 2018 年 1 月至 2019 年 6 月的科技政策主题高频词都有"建设""培养""创新""发展""人才""高校""教学""技术""加强""管理""国家""研究""学科""服务""能力""机制""改革""水平""体系""开展""科技""推动""质量""组织""重大""课程""建立""基础""领域""社会"，说明教育部倾向于颁布微观层面的政策，重视人才队伍建设，同时教育部很多政策是关于高校教育教学改革的，其出台相关政策，促进高校探索更加合理有效的管理机制，并针对出现的问题对学校管理进行改革。教育部 2019 年 7 月至 2020 年 12 月的科技政策主题与 2018 年 1 月至 2019 年 6 月的科技政策主题相比，更加重视科技基础设施建设，为完善科技基础设施体系和提高科技基础设施的运行效率提供了政策支撑。

（2）政策效力

通过借鉴彭纪生等[4]、王帮俊等[5]、徐美宵等[6]、郭本海等[7]的研究成果，对 2019 年 7 月至 2020 年 12 月教育部的 21 项科技政策进行政策力度、政策目标、政策工具的评价和打分，并得出政策效力的评分结果（表 2.13）。由表 2.13 可知，2019 年 7

月至 2020 年 12 月教育部的科技政策效力总得分为 992 分，政策效力均值为 47.24 分，单项政策的政策效力得分最大值为 74 分、最小值为 20 分。其中，政策力度总得分为 44 分，均值为 2 分，单项政策的政策力度得分最大值为 2 分、最小值为 2 分；政策目标总得分为 190 分，均值为 9.05 分，单项政策的政策目标得分最大值为 14 分、最小值为 3 分；政策工具总得分为 306 分，均值为 14.58 分，单项政策的政策工具得分最大值为 26 分、最小值为 3 分。用单项满分与各项得分均值和单项政策得分的最大值与最小值进行比较，可以看出 2019 年 7 月至 2020 年 12 月教育部科技政策效力得分为中下水平。其中，政策工具、政策目标和政策力度得分均为中下水平。

表 2.13　2019 年 7 月至 2020 年 12 月教育部科技政策效力评分结果

单位：分

项目	总得分	均值	单项政策		单项满分
			最大值	最小值	
政策力度	44	2	2	2	5
政策目标	190	9.05	14	3	25
政策工具	306	14.58	26	3	65
政策效力	992	47.24	74	20	450

首先，通过政策效力的评分结果可以看出，教育部各项科技政策的政策力度得分均为 2 分。由此看出，教育部颁布的科技政策的政策力度较为一致，主要以宏观性较强的通知、意见等部门规章为主，缺乏政策效力较高的行政法规等。

其次，就政策目标而言，不同科技政策目标各子目标的得分有所差异。图 2.16 为各科技政策目标子目标得分占总体科技政策目标得分的比重情况。由图 2.16 可知，政治功能占比最多，为 37%，其次为社会发展和科技进步，均为 27%，而经济效益和生态进化较少，分别为 9% 和 0%。由此可见，教育部注重实现其政治功能目标，并重点关注科技政策在社会发展和科技进步方面的作用，而对经济效益和生态进化的关注度较低。

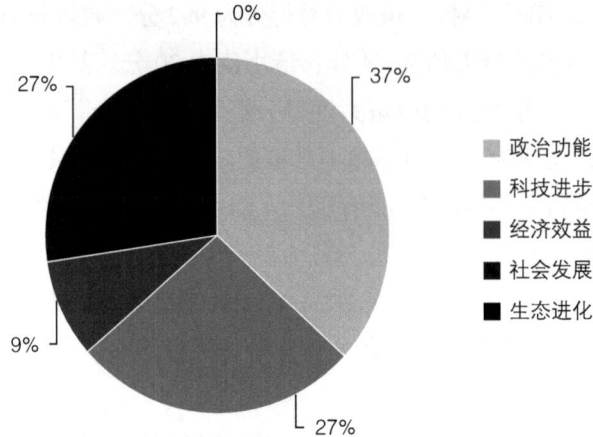

0%

27%

37%

■ 政治功能
■ 科技进步
■ 经济效益
■ 社会发展
■ 生态进化

9%

27%

图 2.16   教育部科技政策目标子目标得分占比

再次，就政策工具而言，各子工具所占比重体现了政策的侧重点。图 2.17 为教育部各科技政策工具子工具得分占政策工具总体得分的比重情况。其中，供给型科技政策得分占比最多，为 64.31%，超过一半，环境型科技政策得分占比为 28.94%，需求型科技政策得分占比最少，为 6.75%。可以看出，教育部的科技政策主要采用供给型科技政策以提供基础设施、科技信息、人力资源、公共财政和科技服务等直接支持，并运用金融支持、法规管制、目标规划和税收优惠等手段为科技发展营造良好的氛围，同时通过部分国际交流合作、贸易管制、示范工程和政府采购等方式促进需求。

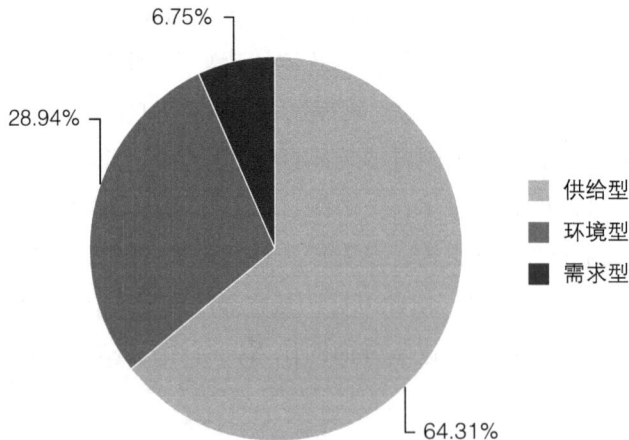

6.75%

28.94%

■ 供给型
■ 环境型
■ 需求型

64.31%

图 2.17   教育部科技政策工具子工具得分占比

综上所述，就 2019 年 7 月至 2020 年 12 月教育部科技政策效力评分结果，可以得出以下结论。

第一，教育部的科技政策效力在政策工具、政策目标和政策力度 3 个维度上均表现为中下水平，导致整体政策效力偏低。

第二，教育部科技政策的政策力度较低。其中，教育部科技政策主要以宏观性较强的通知、意见和决定等为主，同时其颁布的科技政策均属于部门规章，缺乏政策效力较高的行政法规等，进而影响了整体的政策效力水平。

第三，教育部在设定政策目标上，兼顾了政治功能、科技进步、经济效益、社会发展 4 个方面，根据部门职能特点、科技发展现状和需求战略将政策目标细化分解，并提出了部分明确、具体、可衡量的科技发展目标。但是，教育部对 5 个方面政策目标的关注度不均衡，最为关注其政治功能目标，较为重视科技进步、经济效益、社会发展目标，而对生态进化目标有所忽视。

第四，在运用政策工具方面，教育部采取了较为全面的措施，主要在基础设施、科技信息、人力资源、公共财政和科技服务等方面提供支持，同时通过国际交流合作、贸易管制、示范工程和政府采购来促进需求，运用金融支持、法规管制、目标规划和税收优惠等措施为科技发展营造良好的氛围。

2019 年 7 月至 2020 年 12 月教育部科技政策效力评分和 2018 年 1 月至 2019 年 6 月的相比，政策力度是一致的，说明教育部颁布科技政策力度较为一致，主要以宏观性较强的通知、意见和决定等部门规章为主。而政策目标和政策工具的差别很大，2019 年 7 月至 2020 年 12 月的政策目标、政策工具的均值分别为 9.05 分和 14.58 分，而 2018 年 1 月至 2019 年 6 月的得分分别为 13.38 分和 26.42 分，说明 2019 年 7 月至 2020 年 12 月教育部的科技政策目标和政策工具都出现了大幅下降，进而导致了 2019 年 7 月至 2020 年 12 月教育部的科技政策效力较低。同时，就政策目标而言，2019 年 7 月至 2020 年 12 月和 2018 年 1 月至 2019 年 6 月的教育部科技政策目标都重点关注政策在政治功能和科技进步方面的作用，2019 年 7 月至 2020 年 12 月教育部科技政策目标对社会发展的关注有所提高，而对经济效益和生态进化的关注有所下降。就政策工具而言，二者都是以供给型为主，其次是环境型，需求型占比最少。

2.3.2 科技部颁布的科技政策

2.3.2.1 政策外部特征

（1）政策数量

2019 年 7 月至 2020 年 12 月科技部共计牵头颁布 27 项科技政策，政策的名称、颁布单位如表 2.14 所示。

表 2.14 2019 年 7 月至 2020 年 12 月科技部牵头颁布政策一览

序号	政策名称	颁布单位
1	赋予科研人员职务科技成果所有权或长期使用权试点实施方案	科技部、国家发展改革委、教育部、工业和信息化部、财政部、人力资源社会保障部、商务部、知识产权局、中科院
2	关于促进文化和科技深度融合的指导意见	科技部、中央宣传部、中央网信办、财政部、文化和旅游部、广播电视总局
3	关于促进新型研发机构发展的指导意见	科技部
4	科技部办公厅关于加快推动国家科技成果转移转化示范区建设发展的通知	科技部办公厅
5	关于加强农业科技社会化服务体系建设的若干意见	科技部、农业农村部、教育部、财政部、人力资源社会保障部、中国银保监会、中华全国供销合作总社
6	关于进一步推进高等学校专业化技术转移机构建设发展的实施意见	科技部、教育部
7	关于科技创新支撑复工复产和经济平稳运行的若干措施	科技部
8	关于扩大高校和科研院所科研相关自主权的若干意见	科技部、教育部、国家发展改革委、财政部、人力资源社会保障、中科院
9	关于破除科技评价中"唯论文"不良导向的若干措施（试行）	科技部
10	关于推进国家技术创新中心建设的总体方案（暂行）	科技部、财政部
11	关于新时期支持科技型中小企业加快创新发展的若干政策措施	科技部
12	国家农业科技园区管理办法	科技部、农业农村部、水利部、国家林业和草原局、中科院、中国农业银行
13	国家新一代人工智能创新发展试验区建设工作指引（修订版）	科技部
14	科学技术活动评审工作中请托行为处理规定（试行）	科技部
15	科研诚信案件调查处理规则（试行）	科技部、中央宣传部、最高人民法院、最高人民检察院、国家发展改革委、教育部、工业和信息化部、公安部、财政部、人力资源社会保障部、农业农村部、国家卫生健康委、市场监管总局、中科院、社科院、工程院、自然科学基金委、中国科协、中央军委装备发展部、中央军委科技委

序号	政策名称	颁布单位
16	新形势下加强基础研究若干重点举措	科技部办公厅、财政部办公厅、教育部办公厅、中科院办公厅、工程院办公厅、自然科学基金委办公室
17	长三角科技创新共同体建设发展规划	科技部
18	中央财政科技计划（专项、基金等）绩效评估规范（试行）	科技部、财政部、国家发展改革委
19	关于加强数学科学研究工作方案	科技部办公厅、教育部办公厅、中科院办公厅、自然科学基金委办公室
20	自贸区实验动物许可"证照分离"改革工作实施方案	科技部
21	加强"从 0 到 1"基础研究工作方案	科技部、国家发展改革委、教育部、中科院、自然科学基金委
22	科技部火炬中心印发《关于疫情防控期间进一步为各类科技企业提供便利化服务的通知》	科技部火炬中心
23	科技部 自然科学基金委关于进一步压实国家科技计划（专项、基金等）任务承担单位科研作风学风和科研诚信主体责任的通知	科技部、自然科学基金委
24	科技部 教育部 人力资源社会保障部 财政部 中科院 自然科学基金委关于鼓励科研项目开发科研助理岗位吸纳高校毕业生就业的通知	科技部、教育部、人力资源社会保障部、财政部、中科院、自然科学基金委
25	长三角 G60 科创走廊建设方案	科技部、国家发展改革委、工业和信息化部、中国人民银行、中国银保监会、中国证监会
26	科技部 财政部 教育部 中科院关于持续开展减轻科研人员负担 – 激发创新活力专项行动的通知	科技部、财政部、教育部、中科院
27	关于加强科技创新 促进新时代西部大开发形成新格局的实施意见	科技部

（2）政策类别

如图 2.18 所示，2019 年 7 月至 2020 年 12 月科技部颁布的科技政策中，数量较多的有科技管理体制改革类政策、战略导向和规划布局类政策、科技基础能力建设类政策。其中，科技管理体制改革类政策颁布数量最多，共 7 项，主要涉及各个领域的管理办法或改革措施，如市场导向企业主体改革、政府职能转变、科技计划管理改革、评价制度改革等若干方面，如《关于扩大高校和科研院所科研相关自主权的若干意见》《关于破除科技评价中"唯论文"不良导向的若干措施（试行）》《科学技术活动评审工作中请托行为处理规定》《科研诚信案件调查处理规则（试行）》《国家农业科技园区管理办法》《自贸区实验动物许可"证照分离"改革工作实施方案》《科技部 自然科学基金委关于进一步压实国家科技计划（专项、基金等）任务承担单位科研作风学风和科研诚信主体责任的通知》等。战略导向和规划布局类政策共 6 项，这些政策主要涉及技术领域战略引导、区域创新战略、国际创新战略等各个领域的创新战略，如《关于促进文化和科技深度融合的指导意见》《关于促进新型研发机构发展的指导意见》《关于推进国家技术创新中心建设的总体方案（暂行）》《国家新一代人工智能创新发展试验区建设工作指引（修订版）》《长三角科技创新共同体建设发展规划》《关于加强科技创新 促进新时代西部大开发形成新格局的实施意见》等。科技基础能力建设类政策共 5 项，包含《关于加强农业科技社会化服务体系建设的若干意见》《中央财政科技计划（专项、基金等）绩效评估规范（试行）》《新形势下加强基础研究若干重点举措》《关于加强数学科学研究工作方案》《加强"从 0 到 1"基础研究工作方案》。科技创新项目类政策、"双创"与科技成果转化类政策、人才队伍建设类政策和科普与创新文化类政策颁布数量相对较少。其中，科技创新项目类政策共 4 项，包含《长三角 G60 科创走廊建设方案》《关于科技创新支撑复工复产和经济平稳运行的若干措施》《关于新时期支持科技型中小企业加快创新发展的若干政策措施》《科技部火炬中心印发〈关于疫情防控期间进一步为各类科技企业提供便利化服务的通知〉》等。"双创"与科技成果转化类政策共 3 项，包含《赋予科研人员职务科技成果所有权或长期使用权试点实施方案》《科技部办公厅关于加快推动国家科技成果转移转化示范区建设发展的通知》《关于进一步推进高等学校专业化技术转移机构建设发展的实施意见》等。人才队伍建设类政策仅有 2 项，为《科技部 教育部 人力资源社会保障部 财政部 中科院 自然科学基金委关于鼓励科研项目开发科研助理岗位吸纳高校毕业生就业的通知》《科技部 财政部 教育部 中科院关于持续开展减轻科研人员负担 激发创新活力专项行动的通知》。2019 年 7 月至 2020 年 12 月科技部没有颁布科普与创新文化类政策。

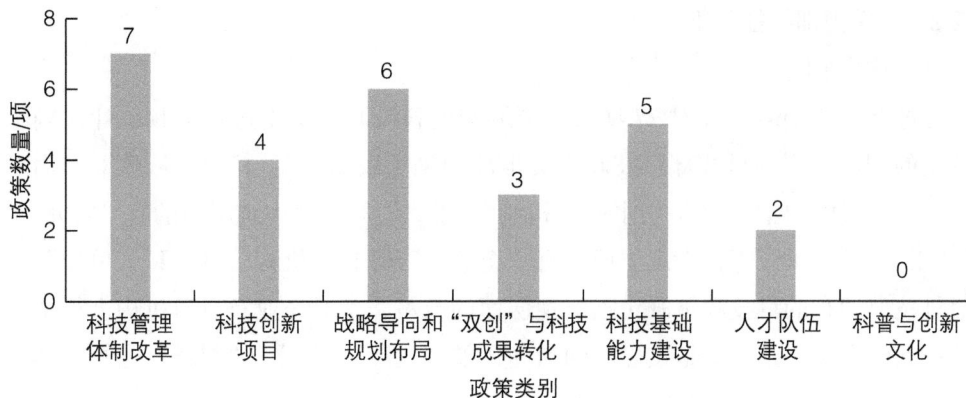

图 2.18　2019 年 7 月至 2020 年 12 月科技部各类科技相关政策数量

（3）政策时间

2019 年 7 月至 2020 年 12 月科技部于颁布科技政策的时间分布如图 2.19 所示。其中，于 2019 年下半年颁布的科技政策数量为 7 项，于 2020 年颁布的科技政策数量为 20 项。科技政策数量整体分布比较均衡，2020 年 5 月、7 月颁布的政策较多，各颁布 4 项政策；2019 年 8 月和 2020 年 10 月、12 月各颁布了 3 项政策；2020 年 2 月颁布了 2 项政策；其余几个月颁布政策较少，为 0 项或 1 项。总体上看，科技部于 2019 年 7 月到 2020 年 12 月颁布的科技政策年份差异与月份差异都波动幅度不大，呈现稳定态势。

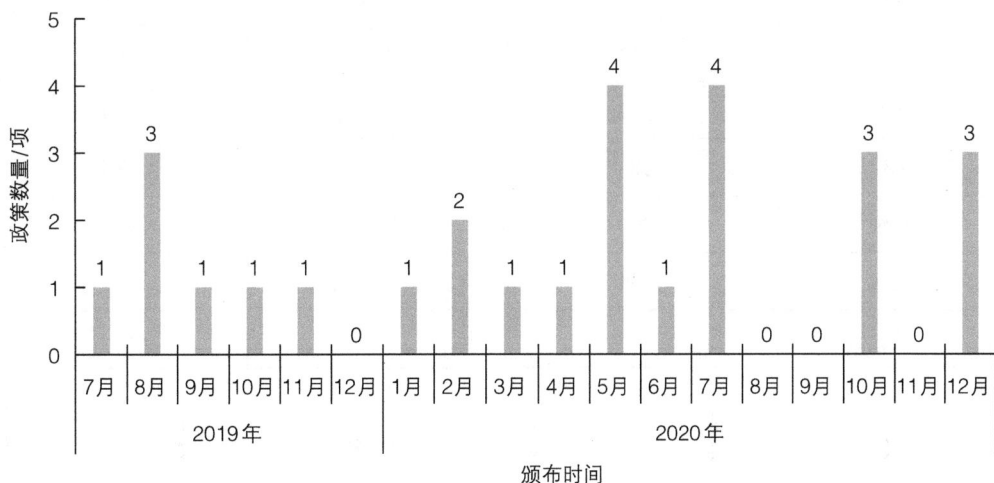

图 2.19　2019 年 7 月至 2020 年 12 月科技部颁布科技政策的时间分布

2.3.2.2　政策内部特征分析

（1）政策主题

通过 ROST CM6 软件对 27 项科技部颁布的科技政策文本进行词频统计，剔除含义过宽的词语，得到科技部科技政策文本高频词（表 2.15）。其中，从政策作用对象来看，宏观层面的主题词有"国家""机制""重大"等，而中观层面的有"研究""管理""服务""技术"等，微观层面的有"企业""部门""机构""项目""单位"等，说明科技部颁布的科技政策既包括宏观层面的政策，又对企业及科研机构进行了有效引导；其他主题词则主要是正导向的动词，如"发展""建设""创新""加强"等。

表 2.15　高频词一览

主题词	词频/次	主题词	词频/次
科技	678	管理	248
创新	525	企业	242
科研	459	处理	227
发展	425	开展	225
国家	393	基础	219
建设	393	机制	209
技术	351	调查	204
服务	314	重大	197
研究	292	部门	190
单位	283	研发	186
加强	263	推动	186
机构	259	科技创新	178
项目	253		

在高词频的基础上，建立 43×43 的共词矩阵，删除 18 个与其他高频词联系微弱的词语，对所得的 25×25 的共词矩阵进行相关系数转化并得到相异系数矩阵，运用 SPSS 软件中的聚类分析功能，依照高频词的组间连接和欧氏距离进行聚类，得到高频词聚类分析谱系图（图 2.20）。

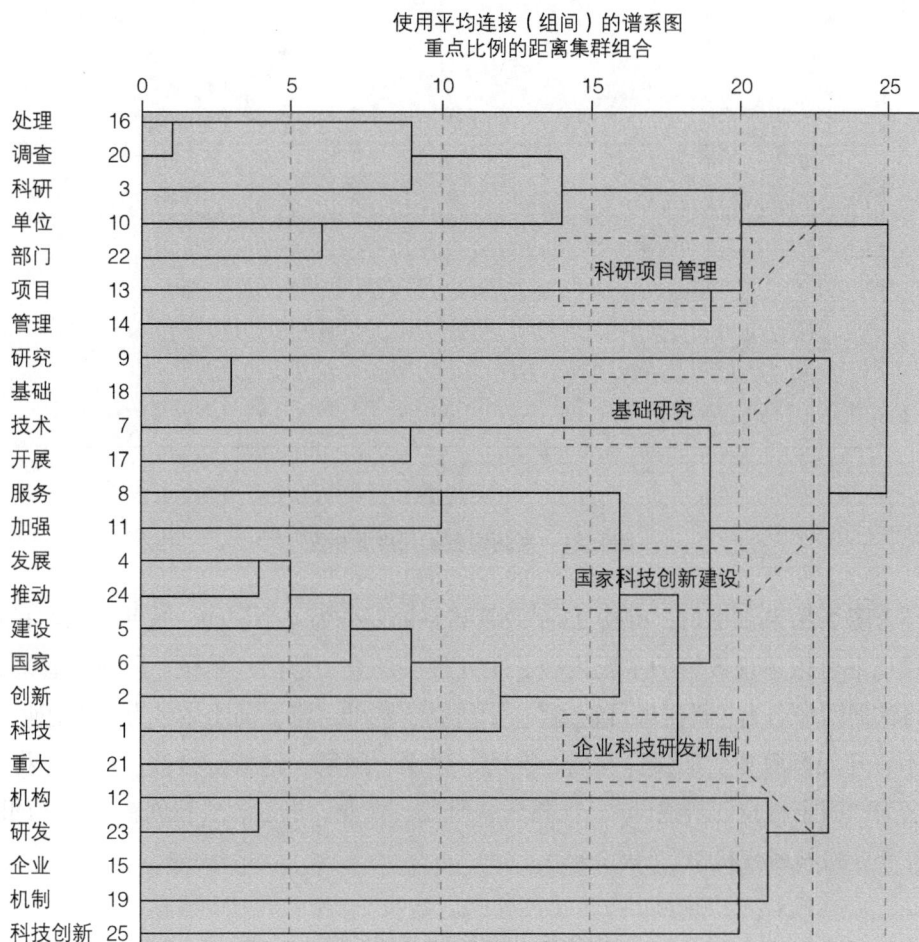

图 2.20 高频词聚类分析谱系图

同时，运用 SPSS 软件对政策高频词进行多维尺度分析，通过观察不同高频词之间的距离远近、密度大小，判断它们是否属于同一个类别，高频词多维尺度分析如图 2.21 所示。

派生激励配置
欧氏距离模型

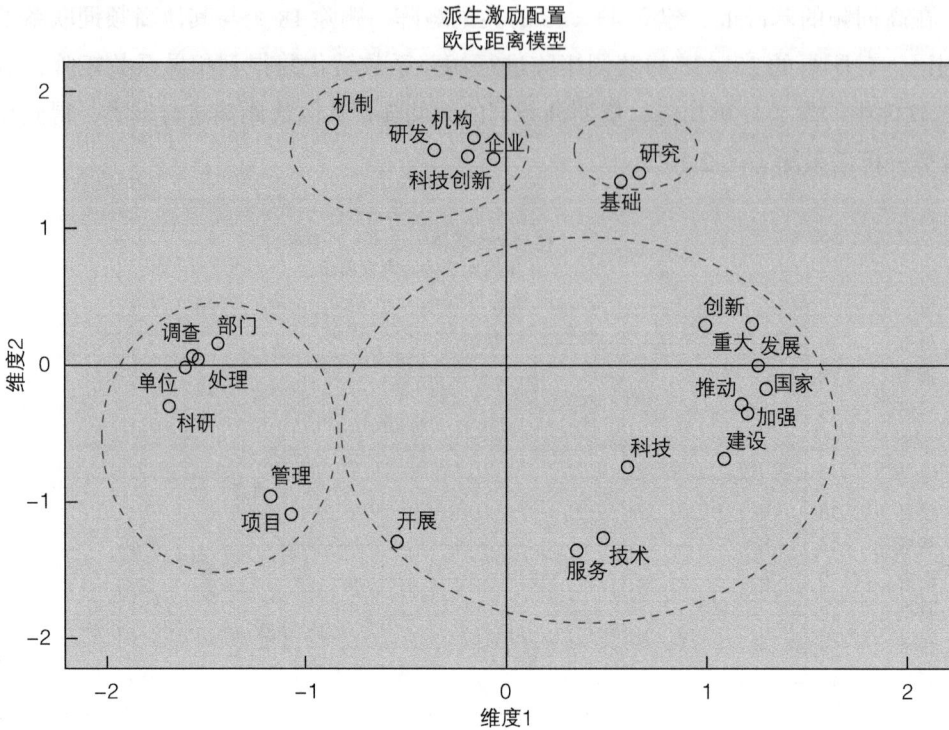

图 2.21　高频词多维尺度分析图

　　结合图 2.20 和图 2.21，可将 25 个政策高频词划分为 4 个词团，这些词团在科技政策的语境下可以体现政策的主题内容。①处理、调查、部门、单位、科研、管理、项目，将该词团命名为"科研项目管理"；②研究、基础，将该词团命名为"基础研究"；③技术、开展、服务、加强、发展、推动、建设、国家、创新、科技、重大，将该词团命名为"国家科技创新建设"；④机构、研发、企业、机制、科技创新，将该词团命名为"企业科技研发机制"（表 2.16）。

表 2.16　高频词及词团名称

高频词	词团名称
处理、调查、部门、单位、科研、管理、项目	科研项目管理
研究、基础	基础研究
技术、开展、服务、加强、发展、推动、建设、国家、创新、科技、重大	国家科技创新建设
机构、研发、企业、机制、科技创新	企业科技研发机制

将 25 个高频词放回 27 项政策文本的具体语境中，分析每个词团及其包含高频词的具体含义，分析政策文本传达出的政策焦点与主题。结合共词聚类分析和多维尺度分析，并参考具体政策内容，可将科技部 2019 年 1 月至 2020 年 12 月 27 项科技政策的政策主题归纳和总结为以下 4 个方面。

1）进一步改进科研评价体系，加强科研作风学风建设，推进科研项目管理科学化发展。科技部根据习近平总书记关于科研作风学风建设的重要指示精神，根据中共中央办公厅、国务院办公厅《关于进一步弘扬科学家精神加强作风和学风建设的意见》《关于进一步加强科研诚信建设的若干意见》的部署要求，针对科研项目中的作风学风问题进行深入要求，尤其是在科研诚信方面。科技部提出不断加强国家科技计划（专项、基金等）任务承担单位的主体责任，从事科研活动的各类科研院所、高校、企业、社会组织等作为科研作风学风和科研诚信建设第一责任主体，应当将科研作风学风和科研诚信建设工作摆上重要日程，不断加强制度建设，开展常态化主体。严格执行信息报送制度，相关调查处理情况及结果须按要求报送所在地省级科技行政管理部门。不断加强日常引导，并加强对单位拟公布成果审核把关。科技部等部门出台《科研诚信案件调查处理规则（试行）》，将科研诚信管理制度化、规范化，规则中明晰职责分工，针对举报和受理、调查和处理等环节进行了明确规定。针对科技评价问题，科技部落实党的十九届四中全会"改进科技评价体系"精神和《中共中央办公厅 国务院办公厅印发〈关于深化项目评审、人才评价、机构评估改革的意见〉》要求，从评估工作程序、评估内容和方法、保障和监督等方面针对中央财政科技计划（专项、基金等）绩效评估工作进行了规定，严肃处理科学技术活动评审工作中"打招呼""走关系"等请托行为，并按照分类评价、注重实效的原则，提出破除科技评价中"唯论文"不良导向的若干措施。

2）不断加强基础研究，提升我国基础研究和科技创新能力。基础研究是整个科学体系的源头，也是所有技术问题的总开关，为落实《国务院关于全面加强基础科学研究的若干意见》的要求，进一步推进我国基础研究原创性发展，科技部从优化原始创新环境、强化国家科技计划原创导向、加强基础研究人才培养、创新科学研究方法手段、强化国家重点实验室原始创新、提升企业自主创新能力、加强管理服务等方面加强我国基础研究建设。科技部尤其强调数学在基础研究中的重要地位，通过稳定支持数学研究、支持高校和科研院所建设基础数学中心、加大支持应用数学研究等手段，打好我国科技创新基石。采取加强基础研究统筹布局、完善国家科技计划体系、切实把尊重科研人员的科研活动主体地位落到实处、支持企业和新型研发机构加强基础研究、改革项目形成机制、改进项目实施管理、改进基础研究评价、推动科技资源开放共享、加大对基础研究的稳定支持、完善基础研究多元化投入体系等措施加强基础研究，实现前瞻性基础研究、引领性原创成果重大突破，努力攀登世界科学高峰，为创新型国家和世界科技强国建设提供强大支撑。

3）加强我国科技创新建设，推动创新驱动发展战略进一步实施。以习近平新时代中国特色社会主义思想为指导，深入贯彻落实党的十九届四中、五中全会精神，按照党中央、国务院的决策部署，统筹推进"五位一体"总体布局，协调推进"四个全面"战略布局，坚持新发展理念，坚定实施创新驱动发展战略和人才强国战略，科技部从科技成果转化、科技社会化服务体系建设、人工智能领域科技和产业化等方面进一步深化供给侧结构性改革，激发市场活力，促进科技与文化深度融合，发展智能社会建设新路径，并不断推动创新推动科技成果转化机制的部署走向新阶段。科技部配合国家区域发展战略总体布局，为长三角地区和西部地区的科技创新发展提供实施方案和建设意见。针对长三角地区，从加强区域联动发展、加强区域联动创新、聚焦产业和城市一体化发展、着眼深化改革和优化服务和加强保障措施等方面打造长三角科技走廊，推动长三角地区一体化发展。针对西部地区，科技部出台了科技创新促进新时代西部大开发形成新格局的实施方案，提出打造各具特色的创新高地，加快提升企业创新能力，实施西部地区现代农业与民生保障科技创新行动和构建多层次科技合作平台等措施，推动西部地区加快实施创新驱动发展战略，大幅提升区域和地方科技创新效能，支撑新时代西部大开发形成新格局。同时，科技部贯彻落实习近平总书记关于推动国家技术创新中心建设的重要讲话精神，提升我国重点区域和关键领域技术创新能力，支撑高质量发展，针对推进国家技术创新中心建设制定相关方案。

4）促进创新研发机构发展，提升国家创新体系整体效能。企业、高校和研发机构是培育发展新动能，推动高质量发展的重要力量，也是国家科技创新的重要主体。推动企业和研发机构增强技术创新能力，是国家创驱动发展战略的必然需求。针对企业研发机构，科技部以培育壮大科技型中小企业主体规模、提升科技型中小企业创新能力为主要着力点，通过完善科技创新政策，加强创新服务供给，激发创新创业活力，促进以国际科技合作等方式引导科技型中小企业加大研发投入，完善技术创新体系，增强以科技创新为核心的企业竞争力。新冠肺炎疫情期间，科技部推行技术合同认定登记"无纸化"、推进高新技术企业认定工作便利化、坚持科技型中小企业评价工作全流程网上办理等，为企业科技创新发展提供便利化保障。高校是科技创新的重要主体。为贯彻落实《中共中央 国务院关于构建更加完善的要素市场化配置体制机制的意见》和《国家技术转移体系建设方案》要求，创新促进科技成果转化机制，进一步提升高校科技成果转移转化能力，科技部以技术转移机构建设发展为突破口，进一步完善高校科技成果转化体系，强化高校科技成果转移转化能力建设，促进科技成果高水平创造和高效率转化。并且进一步扩大高校科研自主权，加快"双一流"建设，提升高校服务经济社会发展的能力，为高质量发展提供科技支撑。新型研究机构是聚焦科技创新需求，从事科学研究、技术创新和研发服务的重要机构，具有投资主体多元化、管理制度现代化、运行机制市场化等特点。科技部提出通过推进体制机制创新、强化政策引导保障、注重激励约束并举、调动社会各方参与等方式，进一步优化科研力量布局，强化产业技术供给，促进科技成果转移转化，推动科技创新和经济社会发展深度融合。同时，科技部尝试赋予科研人员职务科技成果所有权或长期使用权，并进一步减轻科研人员负担，增强创新活力。

（2）政策效力

通过借鉴彭纪生等[4]、王帮俊等[5]、徐美宵等[6]、郭本海等[7]的研究成果，对科技部 2019 年 7 月至 2020 年 12 月的 27 项科技政策进行政策力度、政策目标、政策工具的评价和打分，并得出政策效力的评分结果（表 2.17）。由该表可知，2019 年 7 月至 2020 年 12 月科技部科技政策的政策效力总得分为 844 分，均值为 31.26 分，单项政策的政策效力得分最大值为 74 分、最小值为 4 分。其中，政策力度总得分为 54 分，均值为 2 分，单项政策的政策力度得分最大值为 2 分、最小值为 2 分；政策目标总得分为 179 分，均值为 6.63 分，单项政策的政策目标得分最大值为 17 分、最小值为 0 分；政策工具总得分为 243 分，均值为 9.00 分，单项政策的政策工具得分最大值为 20 分、最小值为 1 分。用单项满分与各项得分均值、单项政策的最大值与最小值进行比较，可以看出 2019 年 7 月至 2020 年 12 月科技部科技政策效力得分为中下水平。其中，政策力度、政策目标和政策工具得分均为中下水平。与 2018 年相比，受到新冠肺炎疫情影响，政策效力总得分有所下降，政策力度与政策工具得分较去年均有所下降，政策目标得分有所上升。

表 2.17　2019 年 7 月至 2020 年 12 月科技部科技政策效力评分结果

单位：分

项目	总得分	均值	单项政策		单项满分
			最大值	最小值	
政策力度	54	2	2	2	5
政策目标	179	6.63	17	0	25
政策工具	243	9.00	20	1	65
政策效力	844	31.26	74	4	450

首先，通过政策效力的评分结果可以看出，科技部各项政策的政策力度得分均为 2 分。由此看出，科技部颁布的科技政策力度较为一致，主要以宏观性较强的通知、意见和决定等部门规章为主，缺乏政策效力较高的行政法规等。

其次，就政策目标而言，不同政策目标各子目标的得分有所差异。图 2.22 为计算各政策目标子目标得分占总体政策目标得分的比重。其中，政治功能占比最多，为 45.81%，其次为经济效益和社会发展，分别为 25.70% 和 15.64%，而科技进步和生态进化较少，分别为 7.26% 和 5.59%。由此可见，科技部的科技政策注重实现其政治功能，并重点关注政策在经济效益和社会发展方面的作用，而对科技进步和生态进化的关注度较低。2019 年 7 月至 2020 年 12 月，科技部发布科技政策的目标比重结构在一定程度上有所调整，与 2018 年相比更为均衡；社会发展比重有所增加，表明科技部更加注重科技政策在社会发展方面的运用，科技进步比重下降较多，表明科技部较少发布实现科技进步目标的科技政策。

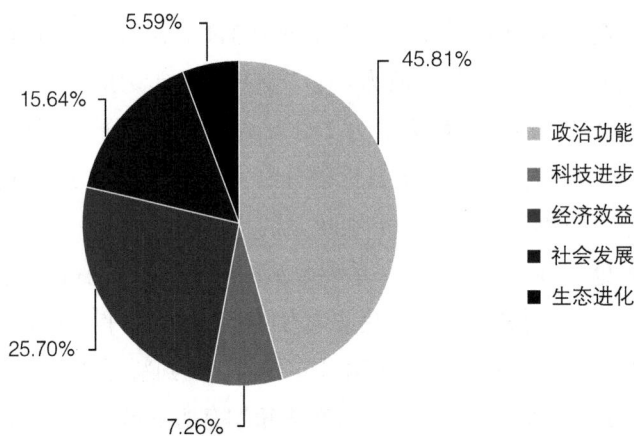

图 2.22　科技部政策目标子目标得分占比

最后，就政策工具而言，各子工具所占比重体现了政策的侧重点。图 2.23 为各政策工具子工具得分占政策工具总体得分的比重情况。其中，供给型政策得分占比为 51.03%，接近一半，环境型政策和需求型政策得分占比相近，分别为 21.40% 和 25.76%。可以看出，科技部的科技政策主要为供给型政策，以提供基础设施、科技信息、人力资源、公共财政和科技服务等直接支持，并通过部分国际交流合作、贸易管制、示范工程和政府采购等方式促进需求，同时运用金融支持、法规管制、目标规划和税收优惠等手段为科技发展营造良好的氛围。

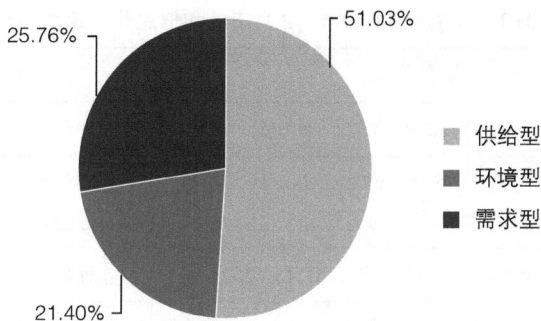

图 2.23　科技部政策工具子工具得分

综上所述，就 2019 年 7 月至 2020 年 12 月科技部科技政策效力评分结果，可以得出以下结论。

第一，科技部的科技政策效力在政策目标、政策工具和政策力度 3 个维度上均表现为中下水平，从而导致整体政策效力偏低。

第二，科技部的政策力度较低。其中，科技部政策主要以宏观性较强的通知、意见和决定等为主，发文种类单一。科技部颁布的科技政策的政策力度均属于部门规章，缺乏政策效力较高的行政法规等，进而影响了整体政策效力水平。

第三，科技部在设定政策目标上，兼顾了政治功能、科技进步、经济效益、社会发展和生态进化多个方面，根据部门职能特点、科技发展现状和需求战略对政策目标进行了一定的细化分解，并提出了部分明确、具体、可衡量的科技发展目标。但是，科技部对各政策目标的关注度不均衡，最为关注政治功能，与 2018 年相比，科技部较为重视经济效益和社会发展，而对科技进步和生态进化有所忽视。

第四，在运用政策工具方面，科技部采取了较为全面的措施，主要在基础设施、科技信息、人力资源、公共财政和科技服务等方面提供支持，同时通过国际交流合作、贸易管制、示范工程和政府采购促进需求，运用金融支持、法规管制、目标规划和税收优惠等手段为科技发展营造良好的氛围。

2.3.3　工业和信息化部颁布的科技政策

2.3.3.1　政策外部特征

（1）政策数量

2019 年 7 月至 2020 年 12 月工业和信息化部共计牵头颁布 17 项科技政策。颁布政策的具体名称、颁布单位如表 2.18 所示。

表 2.18　2019 年 7 月至 2020 年 12 月工业和信息化部牵头颁布政策一览

序号	政策名称	颁布单位
1	互联网应用适老化及无障碍改造专项行动方案	工业和信息化部
2	工业和信息化部办公厅 国家卫生健康委办公厅关于进一步加强远程医疗网络能力建设的通知	工业和信息化部办公厅、国家卫生健康委办公厅
3	"工业互联网＋安全生产"行动计划（2021—2023 年）	工业和信息化部应急管理部
4	建材工业智能制造数字转型行动计划（2021—2023 年）	工业和信息化部办公厅
5	两部门关于推进信息无障碍的指导意见	工业和信息化部、中国残疾人联合会
6	重大技术装备进口税收政策管理办法实施细则	工业和信息化部、财政部、海关总署、税务总局、能源局
7	十五部门关于进一步促进服务型制造发展的指导意见	工业和信息化部、国家发展改革委、教育部、科技部、财政部、人力资源社会保障部、自然资源部、生态环境部、商务部、中国人民银行、市场监督管理总局、国家统计局、中国银保监会、中国证监会、国家知识产权局
8	工业和信息化部办公厅关于深入推进移动物联网全面发展的通知	工业和信息化部办公厅
9	工业和信息化部关于工业大数据发展的指导意见	工业和信息化部
10	工业和信息化部关于推动 5G 加快发展的通知	工业和信息化部
11	中小企业数字化赋能专项行动方案	工业和信息化部办公厅
12	工业和信息化部办公厅关于推动工业互联网加快发展的通知	工业和信息化部办公厅
13	工业和信息化部办公厅关于运用新一代信息技术支撑服务疫情防控和复工复产工作的通知	工业和信息化部办公厅
14	工业和信息化部关于加快培育共享制造新模式新业态促进制造业高质量发展的指导意见	工业和信息化部
15	加强工业互联网安全工作的指导意见	工业和信息化部、教育部、人力资源社会保障部、生态环境部、国家卫生健康委、应急管理部、国务院国资委、市场监管总局、国家能源局、国家国防科技工业局

序号	政策名称	颁布单位
16	产业人才需求预测工作实施方案（2020—2022 年）	工业和信息化部办公厅
17	船舶总装建造智能化标准体系建设指南（2020 版）	工业和信息化部办公厅

（2）政策类别

2019 年 7 月至 2020 年 12 月，工业和信息化部颁布的科技政策中，数量较多的是战略导向和规划布局类政策、科技基础能力建设类政策（图 2.24）。其中，战略导向和规划布局类政策共 9 项，这些政策主要涉及技术领域战略引导、区域创新战略、国际创新战略等各个领域的创新战略，如《"工业互联网＋安全生产"行动计划（2021—2023 年）》《建材工业智能制造数字转型行动计划（2021—2023 年）》《工业和信息化部办公厅关于深入推进移动物联网全面发展的通知》《工业和信息化部关于工业大数据发展的指导意见》《工业和信息化部办公厅关于推动工业互联网加快发展的通知》《工业和信息化部关于加快培育共享制造新模式新业态 促进制造业高质量发展的指导意见》《十五部门关于进一步促进服务型制造发展的指导意见》《加强工业互联网安全工作的指导意见》《两部门关于推进信息无障碍的指导意见》等。科技基础能力建设类政策共 5 项，包含《工业和信息化部办公厅关于运用新一代信息技术支撑服务疫情防控和复工复产工作的通知》《互联网应用适老化及无障碍改造专项行动方案》《工业和信息化部办公厅 国家卫生健康委办公厅关于进一步加强远程医疗网络能力建设的通知》《工业和信息化部关于推动 5G 加快发展的通知》《中小企业数字化赋能专项行动方案》。科技管理体制改革类政策、科技项目创新类政策、"双创"与科技成果转化类政策、人才队伍建设类政策和科普与创新文化类政策颁布数量相对较少。科技管理体制改革类政策共 2 项，主要涉及各个领域的管理办法或改革措施，如市场导向企业主体改革、政府职能转变、科技计划管理改革、评价制度改革等若干方面，如《重大技术装备进口税收政策管理办法实施细则》《船舶总装建造智能化标准体系建设指南（2020 版）》等。人才队伍建设类政策仅有 1 项，为《产业人才需求预测工作实施方案（2020—2022 年）》。2019 年 7 月至 2020 年 12 月未颁布科技项目创新类政策、"双创"与科技成果转化类政策、科普与创新文化类政策。

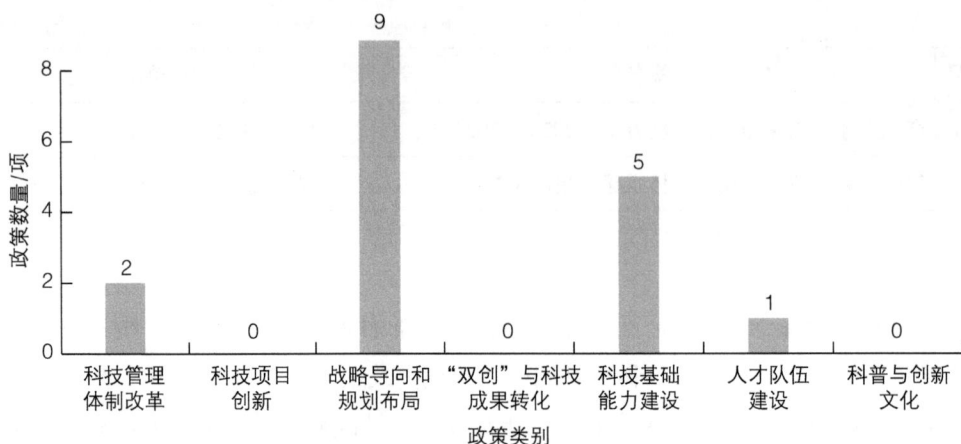

图 2.24　2019 年 7 月至 2020 年 12 月工业和信息化部各类科技相关政策数量

（3）政策时间

2019 年 7 月至 2020 年 12 月工业和信息化部颁布科技政策的时间分布如图 2.25 所示。其中，于 2019 年下半年颁布的科技政策数量为 2 项，于 2020 年颁布的科技政策数量为 15 项。颁布科技政策数量整体分布比较均衡：2020 年 3 月、4 月各颁布 3 项政策；2020 年 9 月、10 月各颁布了 2 项政策；其余几个月颁布政策较少，为 0 项或 1 项。总体上看，工业和信息化部于 2019 年 7 月至 2020 年 12 月颁布的科技政策年份差异与月份差异的波动幅度都不大，呈现稳定态势。

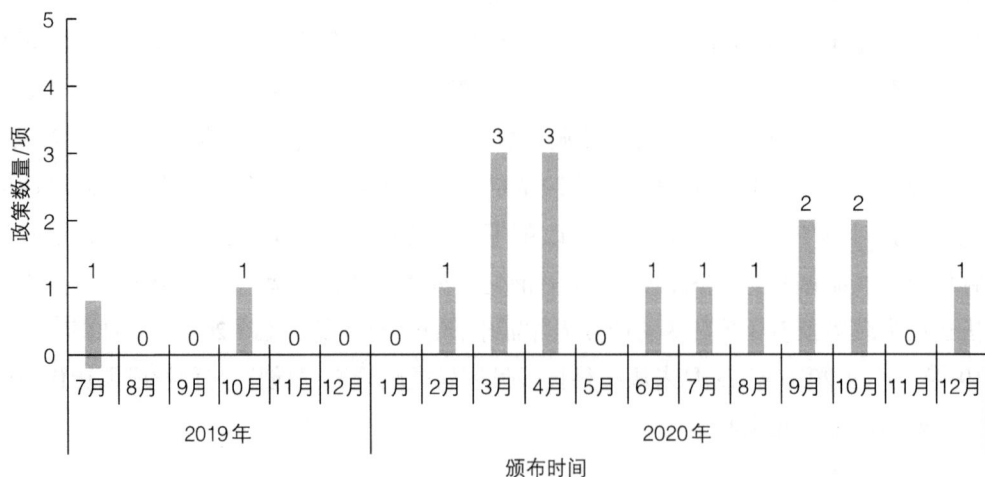

图 2.25　2019 年 7 月至 2020 年 12 月工业和信息化部颁布科技政策的时间分布

2.3.3.2　政策内部特征分析

（1）政策主题

通过 ROST CM6 软件对 17 项工业和信息化部颁布的政策文本进行词频统计，剔除含义过宽的词语，得到工业和信息化部科技政策文本高频词（表 2.19）。其中，从政策作用对象来看，宏观层面的主题词有"工业""体系""系统"等，而中观层面的有"应用""数据""技术"等，微观层面的是"企业""无障碍""能力"等，说明工业和信息化部颁布的政策既包括宏观层面的政策，又对企业进行了有效引导，政策对象较为多元。在工业和信息化部科技政策文本中多次出现"无障碍""信息化""互联网"等词，充分结合信息时代特点，与国家发展战略紧密相连。其他的主题词则主要是正导向的动词，如"发展""服务""创新""提升"等。

表 2.19　高频词一览（节选）

主题词	词频/次	主题词	词频/次
工业	510	推动	153
企业	386	信息化	153
安全	337	管理	150
互联网	305	无障碍	143
应用	291	创新	142
发展	277	加强	135
服务	269	体系	134
制造	257	开展	131
技术	237	共享	130
建设	232	提升	128
数据	184	加快	115
平台	182	系统	112
能力	163	鼓励	109

在高频词的基础上，建立 43×43 的共词矩阵，删除与其他高频词联系微弱的词语，对所得的共词矩阵进行相关系数转化并得到相异系数矩阵，运用 SPSS 软件中的聚

类分析功能，依照高频词的组间连接和欧氏距离进行聚类分析，得到高频词聚类分析谱系图（图2.26）。

使用平均连接（组间）的谱系图
重定比例的距离集群组合

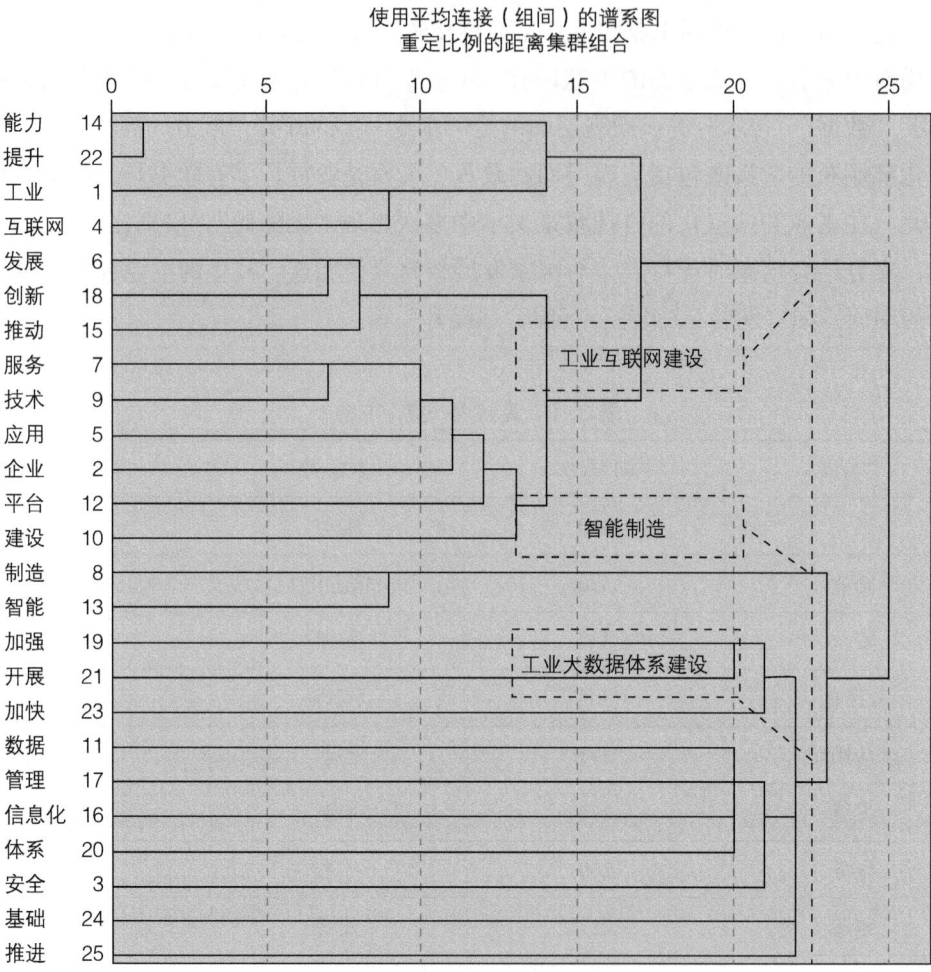

图2.26　高频词聚类分析谱系图

同时，运用SPSS软件对政策高频词进行多维尺度分析，通过观察不同高频词之间的距离远近、密度大小，判断它们是否属于同一个类别，高频词多维尺度分析图如图2.27所示。

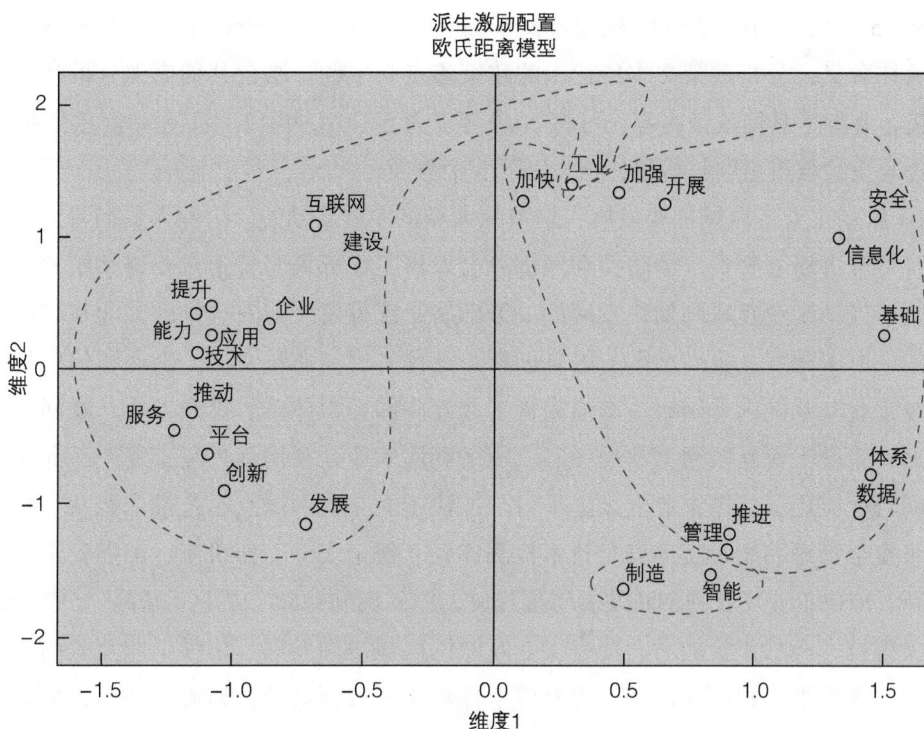

图 2.27 高频词多维尺度分析图

结合图 2.26 和图 2.27，可将 25 个政策高频词划分为 3 个词团，这些词团在科技政策的语境下可以体现政策的主题内容，如表 2.20 所示。①能力、提升、互联网、工业、创新、发展、推动、服务、技术、应用、企业、平台、建设，将该词团命名为"工业互联网建设"；②智能、制造，将该词团命名为"智能制造"；③加强、开展、加快、数据、管理、信息化、体系、安全、基础、推进，将该词团命名为"工业大数据体系建设"。

表 2.20 高频词及词团名称

高频词	词团名称
能力、提升、互联网、工业、创新、发展、推动、服务、技术、应用、企业、平台、建设	工业互联网建设
智能、制造	智能制造
加强、开展、加快、数据、管理、信息化、体系、安全、基础、推进	工业大数据体系建设

将 25 个高频词放回至 17 项政策文本的具体语境中，分析每个词团及其包含高频词的具体含义，分析政策文本传达出的政策焦点与主题。结合共词聚类分析和多维尺度分析，并参考具体政策内容，可将 2019 年 7 月至 2020 年 12 月工业和信息化部的 17 项科技政策的政策主题归纳和总结为以下 3 个方面。

1）推动工业互联网加快发展，培植壮大经济发展新动能。为深入贯彻习近平总书记在统筹推进新冠肺炎疫情防控和经济社会发展工作部署会议上重要讲话精神，落实中央关于推动工业互联网加快发展的决策部署，统筹发展与安全推动工业互联网在更广范围、更深程度、更高水平上融合创新，支撑实现高质量发展，工业和信息化部改造升级工业互联网内外网络、增强完善工业互联网标识体系、提升工业互联网平台核心能力、建设工业互联网大数据中心、积极利用工业互联网促进复工复产、深化工业互联网行业应用、促进企业上云上平台、加快工业互联网试点示范推广普及、建立企业分级安全管理制度、完善安全技术检测体系、健全安全工作机制、加强安全技术产品创新、加快工业互联网创新发展工程建设、深入实施"5G+ 工业互联网"512 工程、增强关键技术产品供给能力、促进工业互联网区域协同发展、增强工业互联网产业集群能力、高水平组织产业活动、提升要素保障水平及开展产业监测评估。为贯彻落实党中央、国务院关于加快 5G、物联网等新型基础设施建设和应用的决策部署，加速传统产业数字化转型，有力支撑制造强国和网络强国建设，工业和信息化部针对推动移动物联网深入发展提出新举措，从加快移动物联网网络建设、加强移动物联网网络标准和技术研究、提升移动物联网的深度和广度、构建高质量产业发展体系、建立健全移动物联网安全保障体系等方面推进移动物联网建设。同时，为移动物联网建设提供指定发展路线图、开展发展水平评估、加强基础设施规划、营造良好有序市场环境、加大宣传推广力度等方面的基础保障。

2）推进工业智能制造，提升智能制造关键技术创新能力。以习近平新时代中国特色社会主义思想为指导，全面贯彻党的十九大和十九大二中、三中、四中全会精神，坚持新发展理念，以供给侧结构性改革为主线，工业和信息化部为加快新一代信息技术在建材工业推广应用，从建材工业信息化生态体系构建行动、建材工业智能制造技术创新活动、建材工业智能制造推广应用行动等方面着手，促进建材工业全产业链价值链与工业互联网深度融合，同时促进网络化协同、规模化定制、服务化延伸，夯实建材工业信息化支撑基础，提升智能制造关键技术创新能力，实现生产方式和企业形态根本性变革，引领建材工业迈向高质量发展，并通过加强组织领导、加大政策支持、强化人才保障、营造良好环境等方式提供保障。智能制造在全球范围内快速发展，已成为制造业重要发展趋势，尤其在船舶制造方面。为贯彻落实党中央、国务院关于建设制造强国和海洋强国的决策部署，加快新一代信息通信技术与先进造船技术深度融合，工业和信息化部针对船舶总装建造智能化标准体系建设进行系统规划，通过对标准体系结构和框架、基础共性标准、关键技术标准等进行一系列规定，构建船舶智能化制造体系。工业和信息化部强调，各部门要通过加强统筹协调、加快标准研制、加强宣贯培训、推动融合发展等，加快推进船舶总装建造智能化转型，构建满足产业发展需要、先进适用的船舶总装建造智能化标准体系，充分发挥标准在船舶设计、制造、管理等全过程中的支撑和引领作用。

3）加快工业大数据产业发展，完善共享信息化发展体系，不断维护制造环境安全。工业大数据是工业领域产品和服务全生命周期数据的总称，包括工业企业在研发设计、生产制造、经营管理、运维服务等环节中生成和使用的数据，以及工业互联网平台中的数据等。为贯彻落实国家大数据发展战略，促进工业数字化转型，激发工业数据资源要素潜力，加快工业大数据产业发展，工业和信息化部坚持以习近平新时代中国特色社会主义思想为指导，深入贯彻党的十九大和十九届二中、三中、四中全会精神，牢固树立新发展理念，按照高质量发展要求，促进工业数据汇聚共享、深化数据融合创新、提升数据治理能力、加强数据安全管理，着力打造资源富集、应用繁荣、产业进步、治理有序的工业大数据生态体系。同时，工业和信息化部积极培育发展共享制造平台，深化创新应用，推进制造、创新、服务等资源共享，加强示范引领和政策支持，完善共享制造发展环境，发展共享制造新模式新业态，充分激发创新活力、挖掘发展潜力、释放转型动力，推动制造业高质量发展。在环境建设方面，工业和信息化部深入贯彻落实习近平总书记关于推动 5G 网络加快发展的重要讲话精神，全力推进 5G 网络建设、应用推广、技术发展和安全保障，充分发挥 5G 新型基础设施的规模效应和带动作用，支撑经济高质量发展。工业和信息化部聚焦老年人、残疾人、偏远地区居民、文化差异人群等信息无障碍重点受益群体，着重消除信息消费资费、终端设备、服务与应用 3 个方面的障碍，增强产品服务供给，补齐信息普惠短板，使各类社会群体都能平等方便地获取、使用信息，切实增强人民群众的幸福感、获得感和安全感。针对几类信息无障碍重点受益群体，工业和信息化部提出开展互联网网站与移动互联网应用（APP）适老化及无障碍改造、开展适老化及无障碍改造水平评测并纳入"企业信用评价"和授予信息无障碍标识及公示工作等重点工作内容，以着力解决老年人、残疾人等特殊群体在使用互联网等智能技术时遇到的困难，推动充分兼顾其需求的信息化社会建设。

（2）政策效力

通过借鉴彭纪生等[4]、王帮俊等[5]、徐美宵等[6]、郭本海等[7]等学者的研究成果，对 2019 年 7 月至 2020 年 12 月工业和信息化部的 17 项科技政策进行政策力度、政策目标、政策工具评价和打分，并得出政策效力的评分结果，如表 2.21 所示。由表 2.21 可知，2019 年 7 月至 2020 年 12 月工业和信息化部政策效力总得分为 588 分，均值为 34.59 分，单项政策的政策效力得分最大值为 60 分、最小值为 10 分。其中，政策力度总得分为 34 分，均值为 2 分，单项政策的政策力度得分最大值为 2 分、最小值为 2 分；政策目标总得分为 105 分，均值为 6.17 分，单项政策的政策目标得分最大值为 10 分、最小值为 0 分；政策工具总得分为 189 分，均值为 11.12 分，单项政策的政策工具得分最大值为 20 分、最小值为 2 分。用单项满分与各项均值及单项政策得分最大值与最小值进行比较，可以看出 2019 年 7 月至 2020 年 12 月工业和信息化部政策效力得分为中下水平。其中，政策工具、政策目标、政策力度得分均为中下水平，与 2018 年 1 月至 2019 年 6 月相比，科技政策数量出台较少，分值结构变动不大。

表 2.21　2019 年 7 月至 2020 年 12 月工业和信息化部科技政策效力评分结果

单位：分

项目	总得分	均值	单项政策		单项满分
			最大值	最小值	
政策力度	34	2	2	2	5
政策目标	105	6.17	10	0	25
政策工具	189	11.12	20	2	65
政策效力	588	34.59	60	10	450

首先，通过政策效力的评分结果可以看出，工业和信息化部各项科技政策的政策力度均值为 2 分。由此看出，工业和信息化部颁布的科技政策力度较为一致，主要以宏观性较强的通知、意见和决定等部门规章为主，缺乏政策效力较高的行政法规等。

其次，就政策目标而言，不同政策目标各子目标的得分有所差异。图 2.28 为各政策目标子目标得分占总体政策目标得分的比重。其中，政治功能占比最多，为 51.43%，其次为经济效益和科技进步，分别为 25.71% 和 18.10%，而社会发展和生态进化较少，分别为 1.90% 和 2.86%。由此可见，工业和信息化部的科技政策注重实现政治功能，并重点关注政策在经济效益和科技进步方面的作用，而对社会发展和生态进化的关注度较低。与 2018 年相比，工业和信息化部总体科技政策目标结构变动不大，呈现较为稳定但过度注重政治功能而忽略社会发展与生态进化的特点。

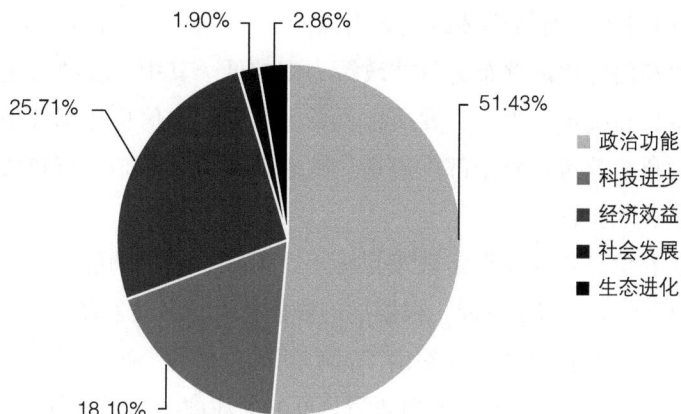

图 2.28　工业和信息化部政策目标子目标得分占比

最后，就政策工具而言，各子工具所占比重体现了政策的侧重点。图 2.29 为工业和信息化部各政策工具子工具得分占政策工具总体得分的比重。其中供给型政策得分占比为 52%，接近一半，环境型政策和需求型政策得分占比相近，分别为 25% 和 23%。可以看出，工业和信息化部的科技政策主要为供给型政策，以提供基础设施、科技信息、人力资源、公共财政和科技服务等直接支持，并通过部分国际交流合作、贸易管制、示范工程和政府采购等方式促进需求，同时运用金融支持、法规管制、目标规划和税收优惠等手段为科技发展营造良好的氛围。

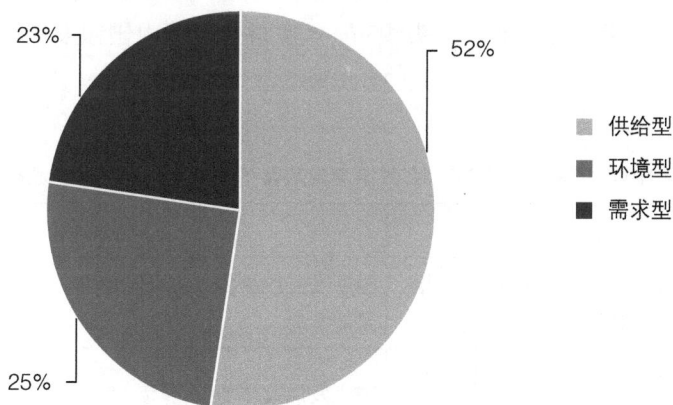

图 2.29　工业和信息化部政策工具子工具得分占比

综上所述，就 2019 年 7 月至 2020 年 12 月工业和信息化部科技政策效力评分结果来看，可以得出以下结论。

第一，工业和信息化部的科技政策效力在政策力度、政策目标和政策工具 3 个维度上均表现为中下水平，导致整体政策效力偏低。

第二，工业和信息化部颁布的科技政策力度较低。其中，科技政策主要以宏观性较强的通知、意见和决定等为主，发文种类单一。工业和信息化部及中共工业和信息化部党组颁布的科技政策均属于部门规章，缺乏政策效力较高的行政法规等，进而影响了整体的政策效力水平。

第三，工业和信息化部在设定政策目标上，兼顾了政治功能、科技进步、经济效益、社会发展和生态进化多个方面，根据部门职能特点、科技发展现状和需求战略对政策目标进行了一定的细化分解，并提出了部分明确、具体、可衡量的科技发展目标。但是，工业和信息化部对以上5个方面政策目标的关注度不均衡，最为关注政治功能，也较为重视经济效益和科技进步，而对社会发展和生态进化有所忽视。

第四，在运用政策工具方面，工业和信息化部采取了较为全面的措施，主要在基础设施、科技信息、人力资源、公共财政和科技服务等方面提供支持，同时通过国际交流合作、贸易管制、示范工程和政府采购促进需求，运用金融支持、法规管制、目标规划和税收优惠等手段为科技发展营造良好的氛围。

2.3.4 国家发展改革委颁布的科技政策

2.3.4.1 政策外部特征

（1）政策数量

2019年7月至2020年12月国家发展改革委共计牵头颁布15项科技政策，其中，11项科技政策由国家发展改革委牵头颁布，4项科技政策由国家发展改革委办公厅牵头颁布。政策名称、颁布单位，如表2.22所示。

表2.22　2019年7月至2020年12月国家发展改革委及其办公厅牵头颁布政策一览

序号	政策名称	颁布单位
1	关于加快构建全国一体化大数据中心 协同创新体系的指导意见	国家发展改革委、中央网信办、工业和信息化部、国家能源局
2	部分地方深化公共资源交易平台整合共享工作典型做法	国家发展改革委办公厅
3	关于支持民营企业加快改革发展与转型升级的实施意见	国家发展改革委、科技部、工业和信息化部、财政部、人力资源社会保障部、中国人民银行

序号	政策名称	颁布单位
4	国家发展改革委办公厅关于加快落实新型城镇化建设补短板强弱项工作 有序推进县城智慧化改造的通知	国家发展改革委办公厅
5	关于扩大战略性新兴产业投资培育壮大新增长点增长极的指导意见	国家发展改革委、科技部、工业和信息化部、财政部
6	推动物流业制造业深度融合创新发展实施方案	国家发展改革委、工业和信息化部、公安部、财政部、自然资源部、交通运输部、农业农村部、商务部、市场监管总局、中国银保监会、国家铁路局、民航局、国家邮政局、中国国家铁路集团有限公司
7	关于推进"上云用数赋智"行动培育新经济发展实施方案	国家发展改革委、中央网信办
8	关于发挥国家农村产业融合发展示范园带动作用进一步做好促生产稳就业工作的通知	国家发展改革委办公厅、工业和信息化部办公厅、农业农村部办公厅、商务部办公厅、文化和旅游部办公厅
9	关于加快煤矿智能化发展的指导意见	国家发展改革委、国家能源局、应急部、国家煤矿安监局、工业和信息化部、财政部、科技部、教育部
10	智能汽车创新发展战略	国家发展改革委、中央网信办、科技部、工业和信息化部、公安部、财政部、自然资源部、住房城乡建设部、交通运输部、商务部、市场监管总局
11	国家城乡融合发展试验区改革方案	国家发展改革委、中央农村工作领导小组办公室、农业农村部、公安部、自然资源部、财政部、教育部、国家卫生健康委、科技部、交通运输部、文化和旅游部、生态环境部、中国人民银行、中国银保监会、中国证监会、全国工商联、国家开发银行、中国农业发展银行
12	关于促进"互联网＋社会服务"发展的意见	国家发展改革委、教育部、民政部、商务部、文化和旅游部、卫生健康委、体育总局
13	长三角生态绿色一体化发展示范区总体方案	国家发展改革委
14	试点建设培育国家产教融合型企业工作方案	国家发展改革委办公厅、教育部办公厅
15	国家产教融合建设试点实施方案	国家发展改革委、教育部、工业和信息化部、财政部、人力资源社会保障部、国资委

（2）政策类别

2019 年 7 月至 2020 年 12 月国家发展改革委及其办公厅颁布的科技政策中，政策文本发文主题类别呈现出侧重性强、分布不均衡的特点（图 2.30）。其中，战略导向和规划布局类政策颁布数量最多，共 10 项。这些政策主要为各个领域的发展的方案或指导意见，如《关于加快构建全国一体化大数据中心 协同创新体系的指导意见》《关于支持民营企业加快改革发展与转型升级的实施意见》《关于扩大战略性新兴产业投资培育壮大新增长点增长极的指导意见》《推动物流业制造业深度融合创新发展实施方案》《关于推进"上云用数赋智"行动培育新经济发展实施方案》《关于加快煤矿智能化发展的指导意见》《智能汽车创新发展战略》等。科技基础能力建设类政策的数量虽紧随其后，但远少于战略导向和规划布局类政策，仅 2 项，分别是《部分地方深化公共资源交易平台整合共享工作典型做法》和《国家发展改革委办公厅关于加快落实新型城镇化建设补短板强弱项工作 有序推进县城智慧化改造的通知》。国家发展改革委颁布的其他种类文件较少，其中科技管理体制改革、科技创新项目、科普创新与文化分别颁布 1 项，依次为《关于发挥国家农村产业融合发展示范园带动作用进一步做好促生产稳就业工作的通知》《试点建设培育国家产教融合型企业工作方案》《关于促进"互联网 + 社会服务"发展的意见》。从发文主题类别看，国家发展改革委科技政策的出台聚焦于自身部门的发展规划职能，着重关注战略导向和规划布局，对于"双创"与科技成果转化和人才队伍建设有所忽视，未出台相关主题政策。

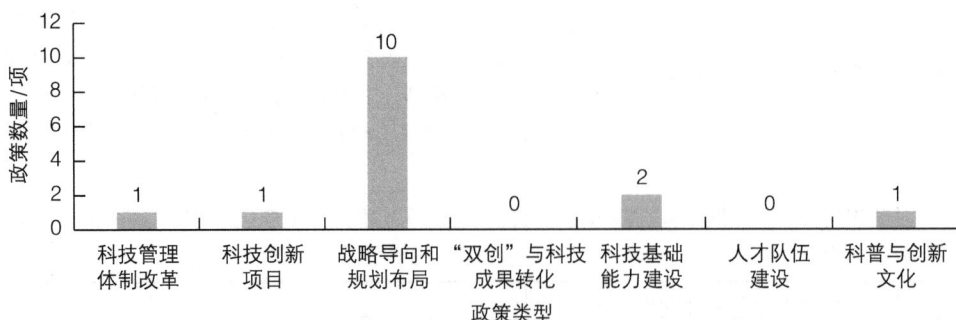

图 2.30　2019 年下半年至 2020 年国家发展改革委及其办公厅各类科技相关政策数量

（3）政策时间

2019 年 7 月至 2020 年 12 月国家发展改革委及其办公厅颁布科技政策的时间分布如图 2.31 所示。其中，于 2019 年下半年颁布的科技政策数量为 5 项，于 2020 年颁布的科技政策数量为 10 项。颁布的科技政策数量整体分布比较均衡，2019 年 10 月、12 月，2020 年 2 月、9 月、12 月各颁布了 2 项政策，其余几个月颁布的政策较少，为 0 项或 1 项。总体上看，国家发展改革委及其办公厅于 2019 年 7 月至 2020 年 12 月颁布的科技政策年份差异与月份差异的波动幅度都不大，呈现稳定态势。

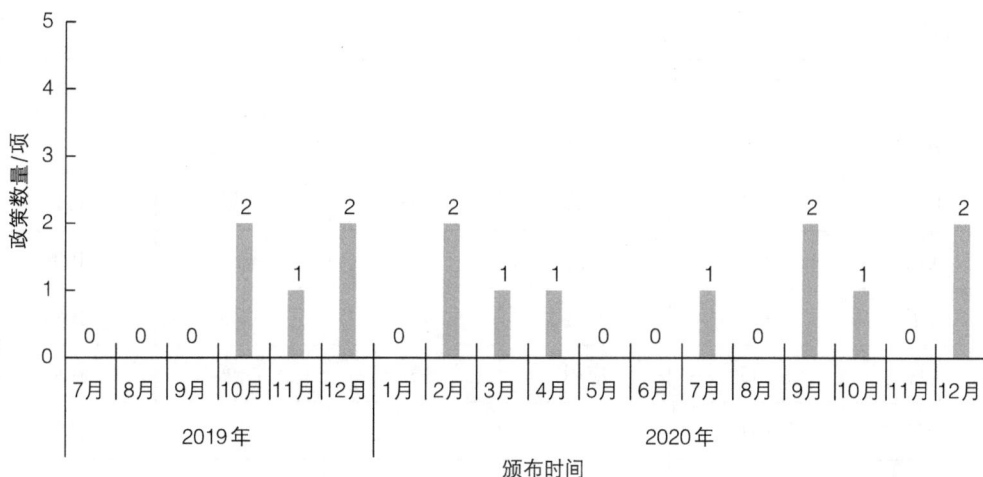

图 2.31　2019 年 7 月至 2020 年 12 月国家发展改革委及其办公厅颁布科技政策的时间分布

2.3.4.2　政策内部特征分析

（1）政策主题

通过 ROST CM6 软件对 15 项国家发展改革委及其办公厅颁布的政策文本进行词频统计，剔除含义过宽的词语，得到国家发展改革委及其办公厅科技政策文本高频词（表 2.23）。其中，从政策作用对象来看，宏观层面的主题词有"机制""体系""市场""系统"等，而中观层面的有"平台""项目""技术"等，微观层面的有"企业""部门"等。这说明国家发展改革委及其办公厅颁布的政策既包括宏观层面的政策，又囊括微观层面的政策，政策对象呈现出多层次、广范围的特点，能够有效引导企业和科研机构。其他主题词则主要是正导向的动词，如"发展""建设""创新""建立""鼓励""实现"等。值得注意的是，在国家发展改革委及其办公厅颁布的科技政策文本中，"探索""试点"等具有试验性的动词字眼频频出现，与国家发展改革委的部门发展战略规划职能紧密相连。

表 2.23 高频词一览

主题词	词频 / 次	主题词	词频 / 次	主题词	词频 / 次
发展	562	建立	153	体系	123
企业	525	物流	145	鼓励	120
建设	387	项目	142	实现	118
服务	365	机制	140	探索	117
创新	245	基础	139	中心	116
融合	239	管理	138	一体化	112
平台	235	公共	133	市场	111
数据	235	部门	133	系统	109
改革	217	开展	133	领域	108
资源	195	应用	133	汽车	108
交易	194	加快	132	煤矿	107
技术	190	试点	131	生态	105
国家	186	加强	127	政策	104
推进	171	社会	127	促进	100
智能	165	智能化	126		

在高词频的基础上，建立 44×44 的共词矩阵，删除 16 个与其他高频词联系微弱的词语，对所得的 28×28 的共词矩阵进行相关系数转化并得到相异系数矩阵，运用 SPSS 软件中的聚类分析功能，依照高频词的组间连接和欧氏距离进行聚类分析，得出聚类分析谱系（图 2.32）。

使用平均边接（组间）的谱系图
重新标度的距离聚类组合

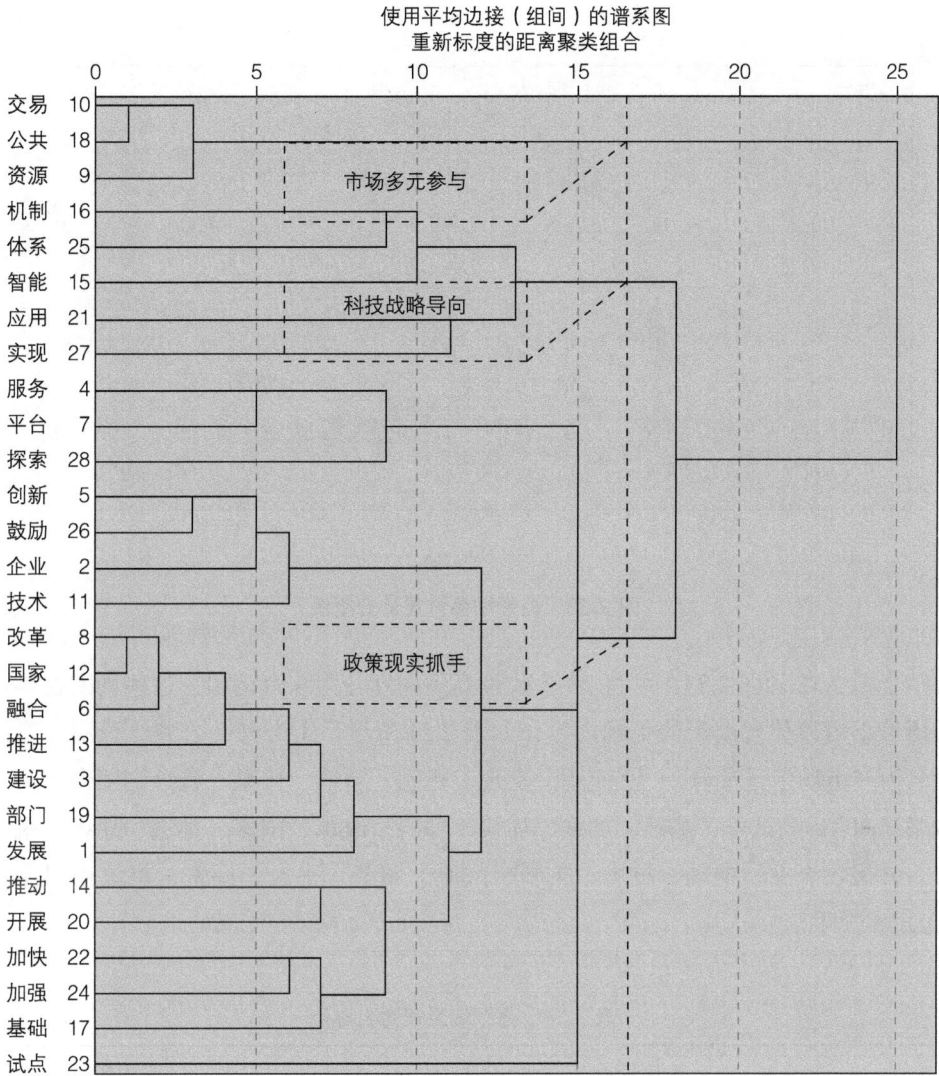

图 2.32　高频词聚类分析谱系图

同时，运用 SPSS 软件对政策高频词进行多维尺度分析，通过观察不同高频词之间的距离远近、密度大小，判断它们是否属于同一个类别。高频词多维尺度分析如图 2.33 所示。

派生激励配置
欧氏距离模型

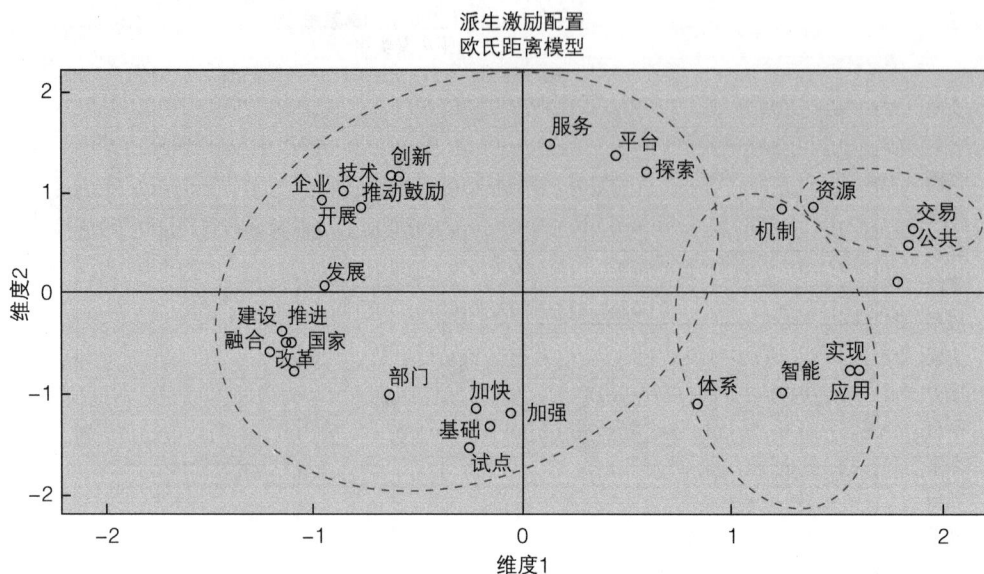

图 2.33　高频词多维尺度分析图

结合图 2.32 和图 2.33，可将 28 个政策高频词划分为 3 个词团，这些词团在科技政策的语境下可以体现政策的主题内容，如表 2.24 所示。①交易、公共、资源，将该词团命名为"市场多元参与"；②应用、实现、机制、智能、体系，将该词团命名为"科技战略导向"；③试点、基础、加强、加快、部门、改革、国家、推进、建设、融合、发展、开展、企业、推动、技术、创新、鼓励、服务、平台、探索，将该词团命名为"政策现实抓手"。

表 2.24　高频词及词团名称

高频词	词团名称
交易、公共、资源	市场多元参与
应用、实现、机制、智能、体系	科技战略导向
试点、基础、加强、加快、部门、改革、国家、推进、建设、融合、发展、开展、企业、推动、技术、创新、鼓励、服务、平台、探索	政策现实抓手

将 28 个高频词放回 15 项政策文本的具体语境中，分析每个词团及其包含的高频词的具体含义，以及政策文本传达出的政策焦点与主题。结合共词聚类分析和多维尺度分析，并参考具体政策内容，可将国家发展改革委及其办公厅于 2019 年 7 月至 2020 年 12 月颁布的 15 项科技政策的政策主题归纳和总结为以下 3 个方面。

1）强调市场在科技创新发展中的重要地位，以推动社会主义市场经济体制的深化改革，激发科技创新活力。党的十九大以来，党中央、国务院大力布局以企业为主体、以市场为导向、产学研深度融合的科技创新体系，充分发挥市场在资源配置中的决定性作用，破除科技市场体制发展的不利要素。为深入贯彻落实党的十九大精神和《中华人民共和国中小企业促进法》《中华人民共和国促进科技成果转化法》等重要文件，国家发展改革委及其办公厅全面布局。宏观上，加强市场经济体制的深化改革，推出一系列深化公共资源领域"放管服"的改革创新，如精简公共资源交易服务事项的办事环节、优化服务流程、统一服务标准等，放宽市场准入，引导各类要素有序进入社会服务市场。中观上，积极推进产业建设与融合，以产促研。一方面，积极推动国家产教融合建设点建设工作；另一方面，扩大战略性新兴产业投资，引导市场资本为新兴产业助力。微观上，充分发挥企业的创新主体地位，为民营企业发展创造公平竞争的环境，激发民营企业的活力和创造力。

2）明确科技发展战略导向，推动科技体制机制的建设完善，提出科技创新发展的新方向。为贯彻《国家创新驱动发展战略纲要》《国家"十三五"时期文化发展改革规划纲要》等重要文件，国家发展改革委以瞄准科技体制机制与产业发展方向为主要路径促进科技发展。一方面，着手科技机制的建设与完善，如科技人员的激励机制、科技市场准入、科技项目监管机制等，以制度完善促科技发展；另一方面，积极推动新兴产业的建设，聚焦重点产业的提质增效，强调绿色产业的大方向，形成了有层级、主次分明、方向明确的科技创新发展方向引领体系。

3）建立健全科技创新政策的抓手，以政策目标全面性与针对性并存、政策手段复合化促进科技创新发展。合理的政策工具是政策得以实施并见效的重要条件。在国家发展改革委制定的科技政策中，政策目标主体囊括国家、市场、企业、地方政府、高校等多维度目标主体。同时，国家发展改革委侧重通过"示范园""试点建设"等方式对科技政策进行评估与完善，为国家各个地区提供建设性、开创性的模板，以此助力全国各个地区的科技创新发展。

与 2018 年 1 月至 2019 年 6 月该部门出台的科技政策相比，2019 年 7 月至 2020 年 12 月出台的科技政策呈现不同特性。宏观上，更加关注推动科技市场体制的建设与引导，凸显市场在资源配置中的决定性作用。大力破除市场体制机制障碍，激发科技作为第一生产力的巨大潜能。大力推动科技成果转化，促进产研结合，激发科技创新的动力。中观上，更加关注新兴产业的蓬勃发展建设，切实把握数字化、网络化、智能化融合发展契机，着眼于一批战略性新兴产业集群的建设，积极成为新兴领域的"领跑者"。微观上，政策进一步秉持了以"示范园""试点地区"为突破口、试验田、展示窗的重要策略，对民营企业进行有力的政策支持。

（2）政策效力

通过借鉴彭纪生等[4]、王帮俊等[5]、徐美宵等[6]、郭本海等[7]等学者的研究成果，本书对 2019 年 7 月至 2020 年 12 月国家发展改革委及其办公厅出台的 15 项科技政策进行政策力度、政策目标、政策工具评价和打分，并得出政策效力评分结果，如表 2.25 所示。由表 2.25 可知，2019 年 7 月至 2020 年 12 月国家发展改革委及其办公厅的政策效力总得分为 673 分，均值为 44.87 分，单项政策的政策效力得分最大值为 68 分、最小值为 22 分。其中，政策力度总得分为 31 分，均值为 2.07 分，单项政策的政策力度得分最大值为 3 分、最小值为 2 分；政策目标总得分为 105 分，均值为 7.00 分，单项政策的政策目标得分最大值为 13 分、最小值为 1 分；政策工具总得分为 223 分，均值为 14.87 分，单项政策的政策工具得分最大值为 26 分、最小值为 7 分。用单项满分与各项均值和单项政策得分最大值与最小值进行比较，可以看出国家发展改革委及其办公厅科技政策效力得分为中下水平。其中，政策工具、政策目标和政策力度得分均为中下水平。从整体均值得分情况来看，与该部门 2018 年至 2019 年上半年的科技政策水平大致相同，但由于 2019 年 7 月至 2020 年 12 月出台的科技政策数量较少，在总得分情况上表现欠佳。

表 2.25　2019 年 7 月至 2020 年 12 月国家发展改革委及其办公厅科技政策效力评分结果

单位：分

项目	总得分	均值	单项政策		单项满分
			最大值	最小值	
政策力度	31	2.07	3	2	5
政策目标	105	7.00	13	1	25
政策工具	223	14.87	26	7	65
政策效力	673	44.87	68	22	450

首先，通过政策效力的评分结果可以看出，国家发展改革委及其办公厅政策力度均值为 2.07 分。由此看出，国家发展改革委及其办公厅颁布的科技政策力度较为一致，既有宏观性较强的通知、意见和决定等部门规章，也有政策力度较高的行政法规等。

其次，就政策目标而言，不同政策目标各子目标的得分有所不同。图 2.34 为各政策目标子目标得分占总体政策目标得分的比重情况。其中，政治功能占比最多，为

42%；其次为经济效益，占比 29%；科技进步与生态进化方面较少，分别为 16% 和 13%，社会发展方面则呈现缺失状态。由此可见，国家发展改革委及其办公厅的科技政策注重实现其政治功能目标，并重点关注了政策在经济效益方面的作用，而对科技进步、生态进化和社会发展的关注度较低。同时，与该部门 2018 年 1 月至 2019 年 6 月的科技政策相比，经济效益目标的占比大幅提高，科技进步目标同样也获得了更多的关注，这代表国家发展改革委及其办公厅在制定科技政策中越来越强调发展的经济属性与科技属性，保障发展的质和量。

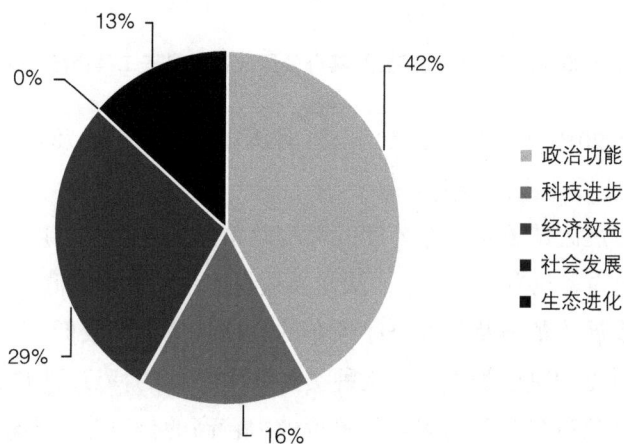

图 2.34　国家发展改革委及其办公厅政策目标子目标得分占比

　　最后，就政策工具而言，各子工具所占比重体现了政策的侧重点。图 2.35 为各政策工具子工具得分占总体政策工具得分的比重情况。其中，供给型政策得分占比为 51%，环境型政策和需求型政策得分占比分别为 30% 和 19%。可以看出，国家发展改革委及其办公厅的科技政策主要为供给型政策，以提供基础设施、科技信息、人力资源、公共财政和科技服务等直接支持，并通过部分国际交流合作、贸易管制、示范工程和政府采购等方式以促进需求，同时运用金融支持、法规管制、目标规划和税收优惠等手段为科技发展营造良好的氛围。值得一提的是，与该部门 2018 年 1 月至 2019 年 6 月的科技政策相比，环境型政策工具使用比例大幅上升，需求型政策工具比例呈现明显的下降趋势，反映了国家发展改革委及其办公厅制定科技政策的策略的战略性转变。

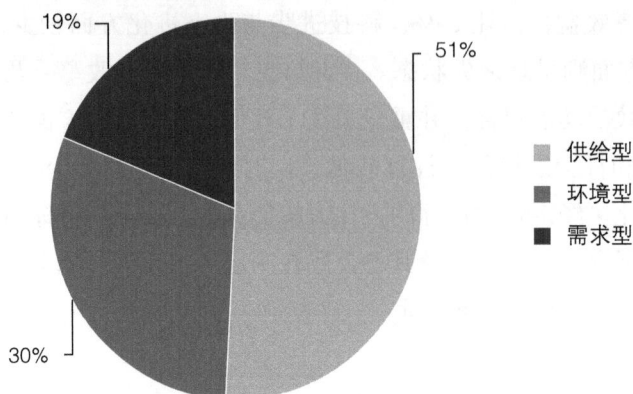

图 2.35　国家发展改革委及其办公厅政策工具子工具得分占比

综上所述，从 2019 年 7 月至 2020 年 12 月国家发展改革委及其办公厅科技政策效力评估的结果，可以得出以下结论。

第一，国家发展改革委及其办公厅的科技政策效力在政策力度、政策目标和政策工具这 3 个维度上均表现为中下水平，从而导致整体政策效力偏低。

第二，国家发展改革委及其办公厅颁布的科技政策力度较低。其政策主要以宏观性较强的通知、意见和决定为主，发文种类呈现单一化的特点。国家发展改革委及其办公厅颁布的科技政策多为部门规章，政策效力较高的行政法规等较少，进而影响整体的政策效力水平。

第三，国家发展改革委及其办公厅在设定政策目标上，兼顾了政治功能、科技进步、经济效益、生态进化等多个方面，根据部门职能特点、科技发展现状对政策目标进行了细化分解，并提出了部分明确、具体、可衡量的科技发展目标。但是，国家发展改革委及其办公厅对各方面关注度不均衡：最为关注政治功能，较为重视经济效益、科技进步和生态进化，对社会发展有所忽视。

第四，在运用政策工具方面，国家发展改革委及其办公厅采取了较为全面的措施，主要在基础设施、科技信息、人力资源、公共财政和科技服务等方面提供支持，同时通过国际交流合作、贸易管制、示范工程和政府采购促进需求，运用金融支持、法规管制、目标规划和税收优惠等手段，为科技发展营造良好氛围。

2.3.5　人力资源社会保障部颁布的科技政策

2.3.5.1　政策外部特征

（1）政策数量

2019 年 7 月至 2020 年 12 月人力资源社会保障部共牵头颁布 12 项科技政策。其中，有 10 项由人力资源社会保障部牵头颁布，2 项由人力资源社会保障部办公厅颁布。政策多由人力资源社会保障部独立颁布，部分由人力资源社会保障部与文件所针对人才领域的管辖部门联合颁布。政策名称、颁布单位如表 2.26 所示。

表 2.26　2019 年 7 月至 2020 年 12 月人力资源社会保障部牵头颁布政策一览

序号	政策名称	颁布单位
1	人才市场管理规定	人力资源社会保障部
2	人力资源社会保障部 财政部印发关于实施职业技能提升行动"互联网＋职业技能培训计划"的通知	人力资源社会保障部、财政部
3	人力资源社会保障部 交通运输部关于深化船舶专业技术人员职称制度改革的指导意见	人力资源社会保障部、交通运输部
4	人力资源社会保障部 农业农村部 关于深化农业技术人员职称制度改革的指导意见	人力资源社会保障部、农业农村部
5	人力资源社会保障部 中国社会科学院 关于深化哲学社会科学研究人员职称制度改革的指导意见	人力资源社会保障部、社科院
6	人力资源社会保障部办公厅关于支持企业大力开展技能人才评价工作的通知	人力资源社会保障部办公厅
7	人力资源社会保障部办公厅关于做好新冠肺炎疫情防控一线专业技术人员职称工作的通知	人力资源社会保障部办公厅
8	人力资源社会保障部关于改革完善技能人才评价制度的意见	人力资源社会保障部
9	人力资源社会保障部关于进一步加强高技能人才与专业技术人才职业发展贯通的实施意见	人力资源社会保障部
10	人力资源社会保障部关于进一步支持和鼓励事业单位科研人员创新创业的指导意见	人力资源社会保障部

序号	政策名称	颁布单位
11	关于进一步优化人社公共服务切实解决老年人运用智能技术困难的实施方案	人力资源社会保障部
12	外商投资人才中介机构管理暂行规定	人力资源社会保障部

（2）政策类别

2019 年 7 月至 2020 年 12 月人力资源社会保障部颁布的科技政策中，政策文本发文主题类别呈现出专一化与专业化的特点，重点围绕科技人才工作出台相关政策。因此，人力资源社会保障部出台的政策类别都为人才队伍建设，共计 12 项（图 2.36）。其中，人力资源社会保障部出台了较多人才队伍建设主题中解决人才评价问题的政策文件，如《人力资源社会保障部 交通运输部关于深化船舶专业技术人员职称制度改革的指导意见》《人力资源社会保障部 农业农村部 关于深化农业技术人员职称制度改革的指导意见》《人力资源社会保障部 中国社会科学院 关于深化哲学社会科学研究人员职称制度改革的指导意见》《人力资源社会保障部办公厅关于支持企业大力开展技能人才评价工作的通知》《人力资源社会保障部办公厅关于做好新冠肺炎疫情防控一线专业技术人员职称工作的通知》《人力资源社会保障部关于改革完善技能人才评价制度的意见》等。

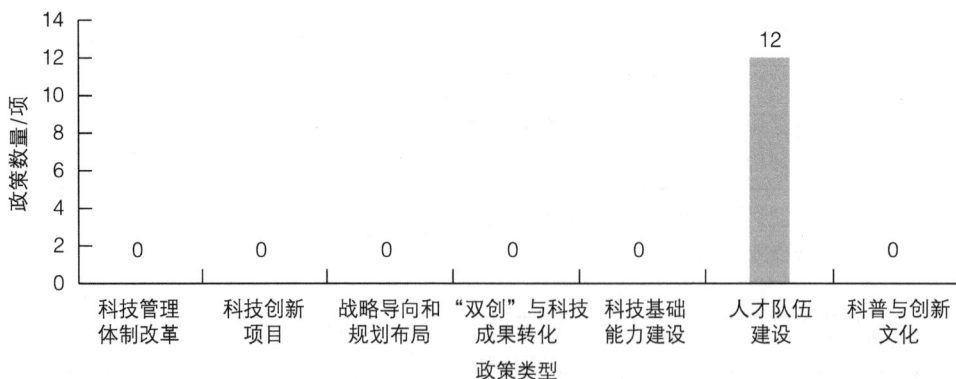

图 2.36 2019 年 7 月至 2020 年 12 月人力资源社会保障部颁布的科技相关政策数量

同时，人力资源社会保障部也积极推动人才队伍的规范管理，出台了《人才市场管理规定》《外商投资人才中介机构管理暂行规定》等进一步规范人才市场。此外，人力资源社会保障部也强调了人才队伍建设工作中的人才培育工作，颁布了《人力资

源社会保障部　财政部印发关于实施职业技能提升行动"互联网＋职业技能培训计划"
的通知》《人力资源社会保障部关于进一步加强高技能人才与专业技术人才职业发展贯
通的实施意见》《人力资源社会保障部关于进一步支持和鼓励事业单位科研人员创新创
业的指导意见》等文件。

　　综上所述，人力资源社会保障部发文主要集中在人才队伍建设方面。这主要是由
于人力资源社会保障部的管理领域集中于人才建设方面，在职责与职能的规范下着重
加强科技人才队伍建设，进而推动科技发展。

　　（3）政策时间

　　2019 年 7 月至 2020 年 12 月人力资源和社会保障部颁布科技政策的时间分布如图
2.37 所示。其中，于 2019 年下半年颁布的科技政策有 9 项，于 2020 年颁布的科技政
策仅有 3 项，可以发现，人力资源社会保障部颁布科技政策数量分布波动较大。颁布
科技政策数量最多的是 2019 年 12 月，共 5 项，远多于其他月份。2019 年 10 月颁布了
2 项科技政策，2019 年 8 月、11 月，2020 年 2 月、3 月、6 月各颁布了 1 项科技政策。
其余几个月未颁布科技政策。总体上看，人力资源社会保障部于 2019 年 7 月至 2020
年 12 月颁布科技政策的年份差异与月份差异较大，数量不稳定，且呈现出一定下降趋
势，2020 年 6 月以后未出台科技政策。

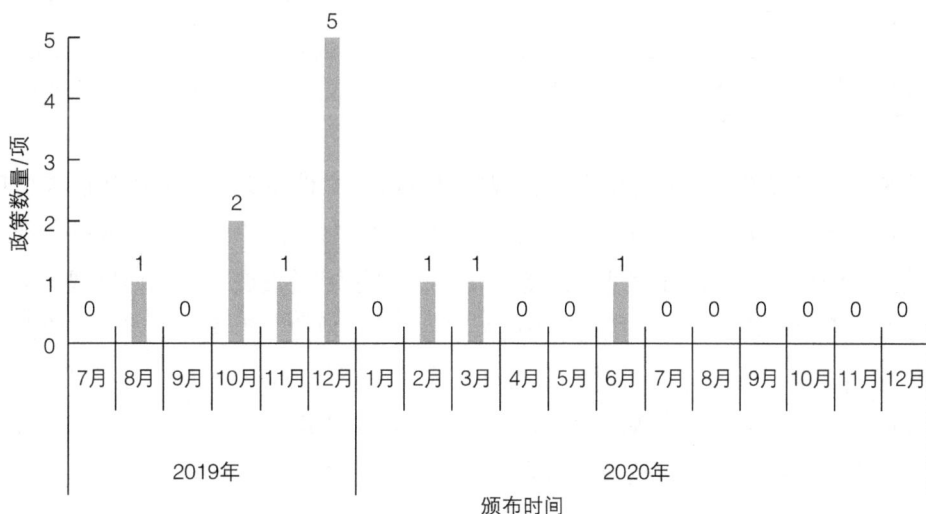

图 2.37　2019 年 7 月至 2020 年 12 月人力资源社会保障部颁布科技政策的时间分布

2.3.5.2 政策内部特征分析

（1）政策主题

通过 ROST CM6 软件对 12 项人力资源社会保障部颁布的政策文本进行词频统计，剔除含义过宽的词语，得到人力资源社会保障部科技政策文本高频词（表 2.27）。

表 2.27 高频词一览

主题词	词频/次	主题词	词频/次	主题词	词频/次
技术	398	机构	144	培训	109
人才	300	评审	140	部门	107
人员	281	社会	137	农业	102
服务	278	管理	135	国家	98
职称	245	企业	127	人力	94
评价	230	资源	116	规定	93
职业	199	岗位	114	研究	91
技能	196	标准	113	制度	89
船舶	180	发展	111	能力	85
单位	168	保障	111	取得	83

从高频词可以发现，人力资源社会保障部的政策文件注重人才队伍建设各个环节的工作：关注科技人才的评价工作，可通过"职称""评价""评审"等词语体现；关注科技人才的培养工作，可通过"技能""培训""能力""发展"等词语体现；重视科技人才的用人单位管理，如"机构""企业""部门""单位"等词语说明人力资源社会保障部对用人单位的关注；同时，强调对人才队伍建设方向的引领，如"船舶""农业"等词语、反映了人力资源社会保障部重点关注人才建设方向领域。总体来看，人力资源社会保障部出台的科技政策重点围绕科技人才各个环节的建设，政策体系较为完善，政策逻辑较为缜密。

在高频词的基础上，建立 30×30 的共词矩阵，删除 5 个与其他高频词联系微弱的词语，对得的 25×25 的共词矩阵进行相关系数转化并得到相异系数矩阵，运用 SPSS 软件中的聚类分析功能，依照高频词的组间连接和欧氏距离进行聚类分析，得出高频词聚类分析谱系图（图 2.38）。

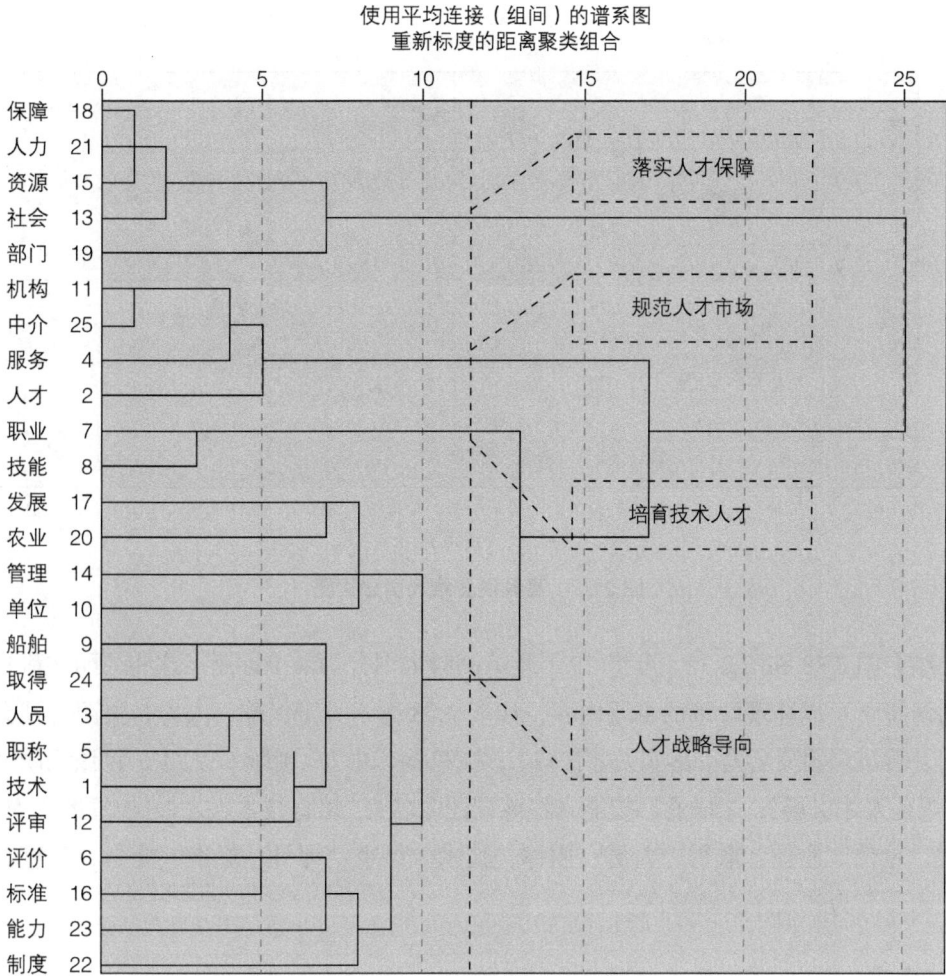

使用平均连接（组间）的谱系图
重新标度的距离聚类组合

图 2.38　高频词聚类分析谱系图

　　同时，运用 SPSS 软件对政策高频词进行多维尺度分析，通过观察不同高频词之间的距离远近、密度大小，判断它们是否属于同一个类别，高频词多维尺度分析图如图 2.39 所示。

派生激励配置
欧氏距离模型

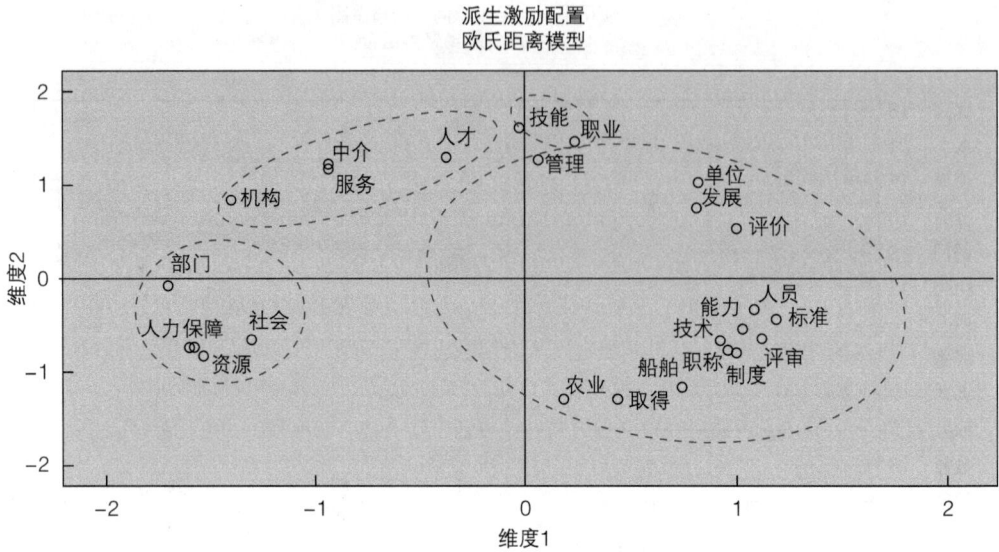

图 2.39　高频词多维尺度分析图

　　结合图 2.38 和图 2.39，可将 25 个政策高频词划分为 4 个词团，这些词团在科技政策的语境下可以体现政策的主题内容，如表 2.28 所示。①保障、人力、资源、社会、部门，将该词团命名为"落实人才保障"；②机构、中介、服务、人才，将该词团命名为"规范人才市场"；③职业、技能，将该词团命名为"培育技术人才"；④发展、农业、管理、单位、船舶、取得、人员、职称、技术、评审、评价、标准、能力、制度，将该词团命名为"人才战略导向"。

表 2.28　高频词及词团名称

高频词	词团名称
保障、人力、资源、社会、部门	落实人才保障
机构、中介、服务、人才	规范人才市场
职业、技能	培育技术人才
发展、农业、管理、单位、船舶、取得、人员、职称、技术、评审、评价、标准、能力、制度	人才战略导向

　　将 25 个高频词放回 12 项政策文本的具体语境中，分析每个词团及其包含的高频词的具体含义，以及政策文本传达出的政策焦点与主题。结合共词聚类分析和多维尺度分析，并参考具体政策内容，可将 2019 年 7 月至 2020 年 12 月人力资源社会保障部颁布的 12 项科技政策的政策主题归纳和总结为以下 4 个方面。

　　1）落实科技人才保障工作，释放科技人才创造活力。科技人才保障是科技人才激励的基础，是解决科技人才后顾之忧的重要路径。人力资源社会保障部着眼于加强科技人才的服务保障工作，提升服务质量，力求让科技人才少跑路、少操心，如颁布了健全人力资源社会保障部服务工作机制，优化服务流程，简化程序，采取上门服务、网上申报等政策内容。积极落实"放管服"改革，强调对事业单位科研人员参与"双创"活动不作审批或备案，对"双创"活动的经济效益指标不作要求，对科技成果转化成功率不作要求，进一步为科研人员的职业发展与创造活力提供保障。

　　2）加强人才市场规范，维护科技人才权益。规范的科技人才市场是"引凤筑巢"的重要建设内容，合理的科技人才市场机制能够有效优化科技人才资源的配置，实现多方共赢，迸发科技活力。在政策文本中，人力资源社会保障部出台了针对用人单位、服务中介与科技人才的市场规范条例，维护各自合法权益，规范科技人才流通与活动的程序，推动人才市场体系的完善。同时，积极完善科技奖励制度与科研人员的分配制度，健全创新人才合理分享创新收益的激励机制，让优秀的科技创新人才得到合理回报，保障科技人才的应得利益。

　　3）重视技术人才建设，培育大国工匠精神。党的十九届五中全会将建设知识型、技能型、创新型劳动者大军放在发展的重要地位。弘扬劳模精神和工匠精神，营造劳动光荣的社会风尚和精益求精的敬业风气是科技人才建设工作中的重要内容。人力资源社会保障部通过建设职业技能人才的评价体系、规划职业技术人才的发展道路、提高技术人才的社会地位、维护技术人才的切身利益，激发技术人才的活力，推动科技进步、技术发展。

　　4）建立健全科技人才评价机制，明确人才发展导向。以创新能力、质量、贡献为导向的科技人才评价体系，有利于科技人才潜心研究，有利于激发人才创造活力。为进一步落实《国家创新驱动发展战略纲要》，在"发展是第一要务，人才是第一资源，创新是第一动力"的指引下，人力资源社会保障部颁布了一系列政策，拓展了科技人才评价体系的内容边界，调整了科技人才评价的评价方向与指标。通过评价制度，引导科技人才发展。

（2）政策效力

通过借鉴彭纪生等[4]、王帮俊等[5]、徐美宵等[6]、郭本海等[7]的研究成果，对2019 年 7 月至 2020 年 12 月人力资源社会保障部颁布的 12 项科技政策进行政策力度、政策目标、政策工具的评价和打分，并得出政策效力的评分结果（表 2.29）。由表 2.29可知，人力资源社会保障部政策效力总得分为 349 分，均值为 29.08 分，单项政策的政策效力得分最大值为 42 分、最小值为 14 分。其中，政策力度总得分为 26 分，均值为2.17 分，单项政策的政策力度得分最大值为 3 分、最小值为 2 分；政策目标总得分为57 分，均值为 4.75 分，单项政策的政策目标得分最大值为 11 分、最小值为 1 分；政策工具总得分为 105 分，均值为 8.75 分，单项政策的政策工具得分最大值为 11 分、最小值为 5 分。用单项满分与各项均值及单项政策得分最大值与最小值进行比较，可以看出 2019 年 7 月至 2020 年 12 月人力资源社会保障部科技政策效力得分为中下水平。其中，政策力度、政策目标、政策工具得分均为中下水平。

表 2.29　2019 年下半年至 2020 年人力资源社会保障部科技政策效力评分结果

单位：分

项目	总得分	均值	单项政策		单项满分
			最大值	最小值	
政策力度	26	2.17	3	2	5
政策目标	57	4.75	11	1	25
政策工具	105	8.75	11	5	65
政策效力	349	29.08	42	14	450

首先，通过政策效力的评分结果可以看出，人力资源社会保障部各项政策的政策力度均值为 2.17 分。由此看出，人力资源社会保障部颁布的科技政策力度较为一致，主要以宏观性较强的通知、意见和决定等部门规章为主，以行政法规为辅。

其次，就政策目标而言，不同政策目标各子目标的得分有所不同。图 2.40 为各政策目标子目标得分占总体政策目标得分的比重情况。其中，政治功能得分占比最多，为 42%，其次为社会发展，为 26%，而经济效益和科技进步较少，分别为 19% 和12%，而生态进化则出现缺失。由此可见，人力资源社会保障部的科技政策注重实现其政治功能目标，并重点关注政策在社会发展、经济效益和科技进步方面的作用，而对生态进化的关注度较低。

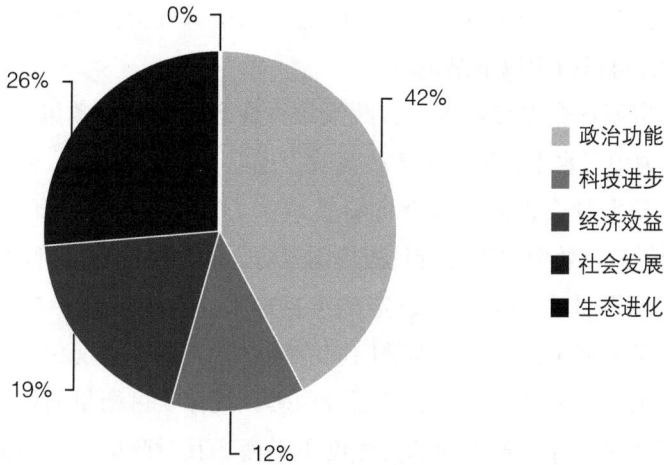

图 2.40　人力资源社会保障部政策目标子目标得分占比

最后，就政策工具而言，各子工具所占比重体现了政策的侧重点。图 2.4 为各政策工具子工具得分占政策工具总体得分的比重情况。其中，供给型政策得分占比为 67%，约占 2/3，环境型政策得分占比为 32%，需求型政策得分占比仅为 1%。而在供给型政策工具中，人力资源管理占主要地位，这一政策工具占所有子工具的 57.14%。可以看出，人力资源社会保障部的科技政策主要为供给型政策，以提供公共财政、基础设施、科技信息、人力资源等公共财政直接支持，并通过部分国际交流合作等方式促进需求，同时运用法规管制等手段为科技发展营造良好的氛围。

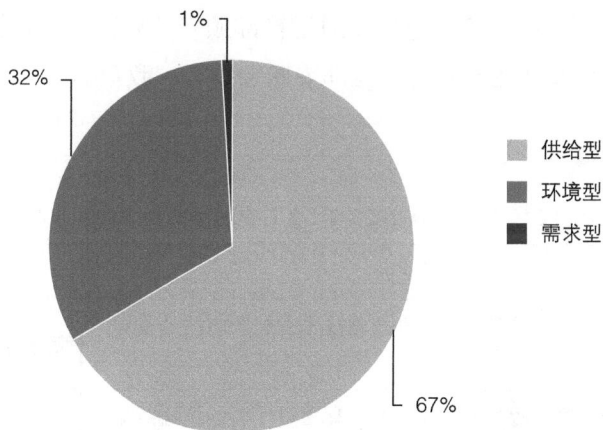

图 2.41　人力资源社会保障部政策工具子工具得分占比

综上所述，就 2019 年 7 月至 2020 年 12 月人力资源社会保障部的科技人才政策效力评分结果来看，可以得出以下结论。

第一，人力资源社会保障部的科技政策效力在政策力度、政策目标、政策工具 3 个维度上均表现为中下水平，导致整体政策效力也偏低。

第二，人力资源社会保障部颁布的科技政策力度中等。其政策主要以部门规章为主，同时出台了政策效力较高的行政法规用于对人才市场的专门管理。

第三，人力资源社会保障部在设定政策目标上，兼顾了政治功能、科技进步、经济效益、社会发展多个方面，根据部门职能特点、科技发展现状和需求战略对政策目标进行了一定的细化分解，并提出了部分明确、具体、可衡量的科技发展目标。但是，人力资源社会保障部对各方面的关注度不平衡，其对政策目标中的政治功能最为关注，对社会发展、经济效益和科技进步方面稍有关注，却忽视了生态进化这一政策目标。

第四，在政策工具运用方面，人力资源社会保障部较为侧重供给型政策工具，特别是人力资源管理这一政策工具。同时，通过国际交流合作促进需求，并使用金融支持和法规管制等环境型政策工具为培养科技人才提供良好的氛围。

2.3.6 交通运输部颁布的科技政策

2.3.6.1 政策外部特征分析

1. 政策数量

2019 年 7 月至 2020 年 12 月交通运输部共牵头颁布 12 项科技政策。其中，交通运输部单独颁布 9 项科技政策，包括交通运输部颁布 7 项，交通运输部办公厅颁布 2 项；另外 3 项政策由交通运输部与其他部委联合颁布。政策名称和颁布单位如表 2.30 所示。

表 2.30　2019 年 7 月至 2020 年 12 月交通运输部牵头颁布政策一览

序号	政策名称	颁布单位
1	交通运输部关于促进道路交通自动驾驶技术发展和应用的指导意见	交通运输部
2	交通运输部关于深化改革推进船舶检验高质量发展的指导意见	交通运输部
3	交通运输部关于推动交通运输领域新型基础设施建设的指导意见	交通运输部

续表

序号	政策名称	颁布单位
4	交通运输部 人力资源和社会保障部 国家卫生健康委 中国人民银行 国家铁路局 中国民用航空局 中国国家铁路集团有限公司关于切实解决老年人运用智能技术困难便利老年人日常交通出行的通知	交通运输部、人力资源社会保障部、国家卫生健康委、中国人民银行、国家铁路局、中国民用航空局、中国国家铁路集团有限公司
5	交通运输部办公厅关于优化道路运输车辆技术管理 便利开展车辆技术等级评定工作的通知	交通运输部办公厅
6	公路、水路进口冷链食品物流新冠病毒防控和消毒技术指南	交通运输部
7	交通运输部关于发布《船舶溢油应急处置效果评估技术导则》等10项交通运输行业标准的公告	交通运输部
8	交通运输部关于推进交通运输治理体系和治理能力现代化若干问题的意见	交通运输部
9	交通运输部办公厅关于进一步做好网络平台道路货物运输信息化监测工作的通知	交通运输部办公厅
10	绿色出行创建行动方案	交通运输部、国家发展改革委
11	国家交通运输科普基地管理办法	交通运输部、科技部
12	交通运输部关于进一步提升交通运输发展软实力的意见	交通运输部

2. 政策类别

2019年7月至2020年12月交通运输部各类科技政策数量，如图2.42所示，数量较多的有科技基础能力建设、战略导向和规划布局类、科技创新项目类。其中，科技基础能力建设类政策颁布数量最多，共6项，如《交通运输部关于推动交通运输领域新型基础设施建设的指导意见》《公路、水路进口冷链食品物流新冠病毒防控和消毒技术指南》《交通运输部关于发布〈船舶溢油应急处置效果评估技术导则〉等10项交通运输行业标准的公告》等。战略导向和规划布局类政策共2项，包含《交通运输部关于推进交通运输治理体系和治理能力现代化若干问题的意见》《绿色出行创建行动方案》。科技创新项目类政策共2项，包含《交通运输部关于促进道路交通自动驾驶技术发展和应用的指导意见》《交通运输部关于深化改革推进船舶检验高质量发展的指导意见》。交通运输部颁布其他种类的文件较少，科技管理体制改革、科普与创新文化类政策均为1项，未颁布"双创"与科技成果转化类、人才队伍建设类政策。表明交通运输部的科技政策类别分布广泛，较为重视科技基础能力建设类、战略导向和规划布局类、科技创新项目类政策。

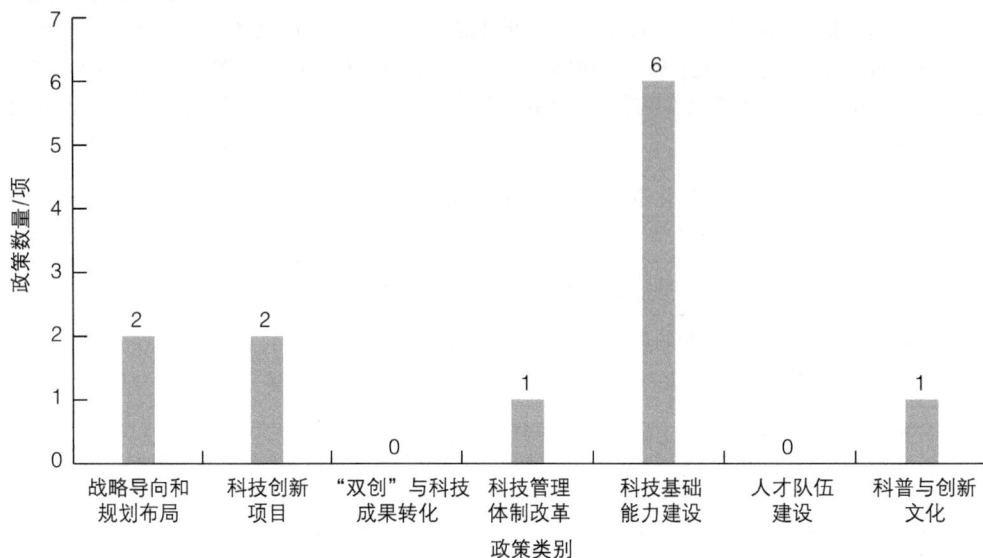

图 2.42　2019 年 7 月至 2020 年 12 月交通运输部各类科技政策数量

（3）政策时间

2019 年 7 月至 2020 年 12 月交通运输部颁布科技政策的时间分布如图 2.43 所示。其中，于 2019 年下半年颁布的科技政策数量为 1 项，于 2020 年颁布的科技政策数

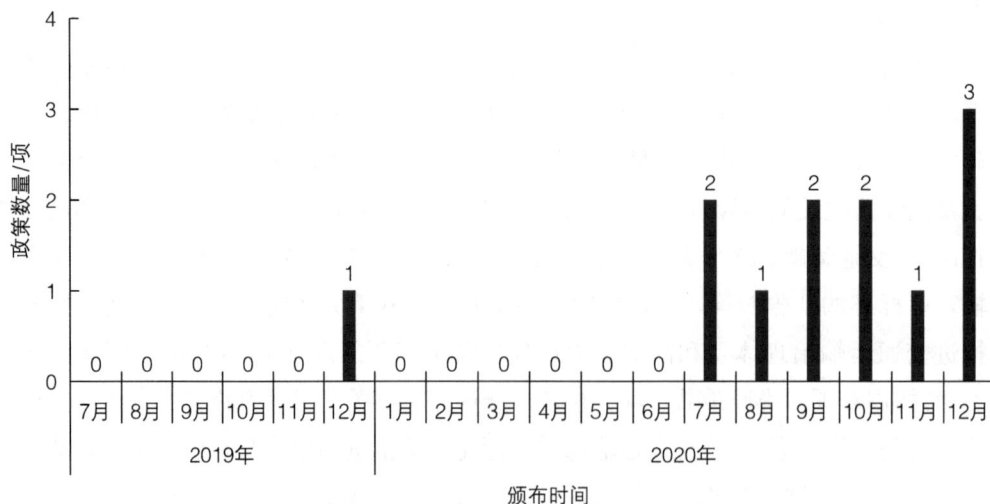

图 2.43　2019 年下半年至 2020 年交通运输部颁布的科技政策时间分布

量为 11 项。2020 年 12 月颁布的科技政策数量最多，共 3 项；2020 年 7 月、9 月、10 月各颁布了 2 项政策；2019 年 12 月和 2020 年 8 月、11 月各颁布了 1 项政策；其余几个月未颁布政策。总体上看，交通运输部在 2019 年 7 月至 2020 年 12 月颁布政策波动幅度较大，颁布政策的时间主要集中于 2020 年下半年。

2.3.6.2　政策内部特征分析

（1）政策主题

通过 ROST CM6 软件对 12 项交通运输部颁布的政策文本进行词频统计，剔除含义过宽的词语，得到交通运输部科技政策文本高频词（表 2.31）。

表 2.31　高频词一览

主题词	词频/次	主题词	词频/次	主题词	词频/次
交通	518	体系	117	提升	64
运输	392	设施	113	基地	61
建设	226	推动	86	落实	61
船舶	183	基础	83	创新	58
检验	180	建立	83	加快	56
技术	168	部门	83	运输部	56
发展	139	应用	78	强国	55
服务	137	科普	76	主管	51
机制	132	道路	72	能力	50
完善	130	开展	71	驾驶	49
加强	120	健全	69	保障	47
管理	119	出行	68	自动	47
推进	119	制度	65	领域	46

其中，从政策作用对象来看，宏观层面的主题词有"体系"等，中观层面的主题词有"能力""管理"等，微观层面的主题词有"部门"等，说明交通运输部颁布的政策既包括宏观层面的政策，又对部门进行了有效引导；其他的主题词则主要是正导向的动词，如"发展""完善""健全""提升""推动"等。

在高词频的基础上，建立 39×39 的共词矩阵，删除 9 个与其他高频词联系微弱的词语，对得的 30×30 的共词矩阵进行相关系数转化并得到相异系数矩阵，运用 SPSS 软件中的聚类分析功能，依照高频词的组间连接和欧氏距离进行聚类分析，得出高频词聚类分析谱系图（图 2.44）。同时，运用 SPSS 软件对政策高频词进行多维尺度分析，通过观察不同高频词之间的距离远近、密度大小，判断它们是否属于同一个类别，高频词多维尺度分析如图 2.45 所示。

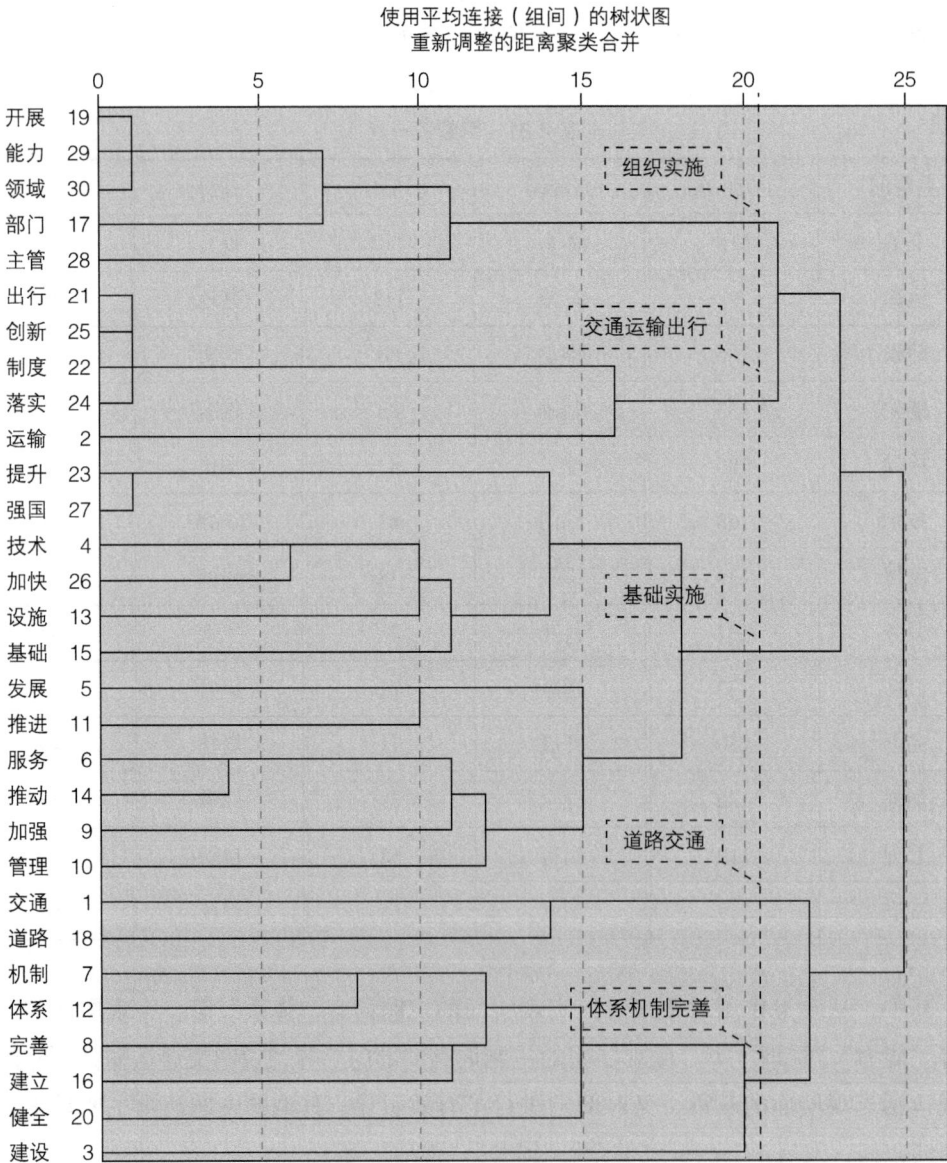

图 2.44　高频词聚类分析谱系图

衍生刺激配置
欧氏距离模型

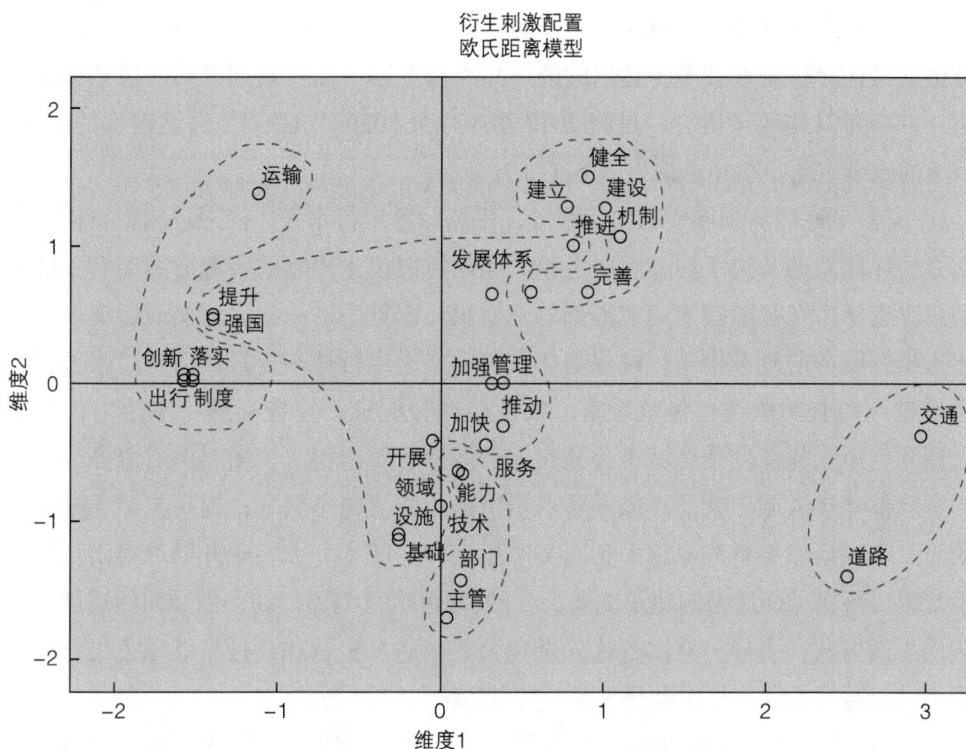

图 2.45　高频词多维尺度分析图

　　结合政策高频词聚类分析谱系图和多维尺度分析图，可将 30 个政策高频词划分为 5 个词团，这些词团在科技政策的语境下可以体现政策的主题内容，如表 2.32 所示。①运输、创新、落实、出行、制度，将该词团命名为"交通运输出行"；②提升、强国、推进、发展、加强、管理、推动、加快、服务、设施、基础、技术、开展，将该词团命名为"基础设施"；③能力、部门、主管、领域，将该词团命名为"组织实施"；④交通、道路，将该词团命名为"道路交通"；⑤健全、建立、建设、机制、完善、体系，将该词团命名为"体系机制完善"。

表 2.32　高频词及词团名称

高频词	词团名称
运输、创新、落实、出行、制度	交通运输出行
提升、强国、推进、发展、加强、管理、推动、加快、服务、设施、基础、技术、开展	基础设施
开展、能力、部门、主管、领域	组织实施
交通、道路	道路交通
健全、建立、建设、机制、完善、体系	体系机制完善

将 30 个高频词放回 12 项政策文本的具体语境中，分析每个词团及其包含高频词的具体含义，分析政策文本传达出的政策焦点与主题。结合共词聚类分析和多维尺度分析，并参考具体政策内容，可将 2019 年 7 月至 2020 年 12 月交通运输部的 12 项科技政策的政策主题归纳和总结为以下 5 个方面。

1）完善交通运输领域便利出行服务，提高绿色出行水平。交通运输部贯彻落实国务院办公厅印发的《关于切实解决老年人运用智能技术困难的实施方案》有关部署，推动解决老年人在智能技术面前遇到的交通出行困难，进一步完善交通运输领域便利老年人出行服务的政策措施，确保老年人日常交通出行便利。具体措施：改进交通运输领域健康码查验服务；保留现金、纸质票据和凭证；完善交通一卡通出行服务功能；便利老年人凭证件乘坐城市公共交通；保持巡游出租汽车扬召电召服务能力；完善约车软件老年人服务功能；鼓励重点场所提供便捷叫车服务；提高客运场站人工服务质量。交通运输部贯彻习近平生态文明思想和党的十九大关于开展绿色出行行动的决策部署，落实《交通强国建设纲要》，开展绿色出行创建行动，倡导简约适度、绿色低碳的生活方式，引导公众出行优先选择公共交通、步行和自行车等绿色出行方式，降低小汽车通行总量，整体提升我国各城市的绿色出行水平。

2）推动交通运输领域新型基础设施建设。交通运输部以习近平新时代中国特色社会主义思想为指导，深入贯彻党的十九大和十九届二中、三中、四中全会精神，坚持以新发展理念引领高质量发展，围绕加快建设交通强国总体目标，以技术创新为驱动，以数字化、网络化、智能化为主线，以促进交通运输提效能、扩功能、增动能为导向，推动交通基础设施数字转型、智能升级，建设便捷顺畅、经济高效、绿色集约、智能先进、安全可靠的交通运输领域新型基础设施。主要任务为打造融合高效的智慧交通基础设施、助力信息基础设施建设、完善行业创新基础设施。

3）组织实施。加强统筹协调，持续优化政策和机制，强化组织协调和督促指导，充分调动各类创新主体的积极性。增强"四个意识"，坚定"四个自信"，做到"两个维护"，确保正确的方向，将提升软实力工作摆上重要议事日程，纳入全局工作统筹谋划推进，有机融入行业发展各个方面。要优化工作机制，努力在全行业形成上下联动、齐抓共管、同创共建的工作格局。要统筹力量、精心实施、加强督查，抓好工作任务落实。

4）促进道路交通自动驾驶技术发展和应用。提出充分发挥创新驱动在交通强国建设中的第一动力作用，以关键技术研发为支撑，以典型场景应用示范为先导，以政策和标准为保障，坚持鼓励创新、多元发展、试点先行、确保安全的原则，加快推动自动驾驶技术在我国道路交通运输中发展应用，全面提升交通运输现代化水平，更好满足人民群众多元化、高品质出行需求，为加快建设交通强国提供支撑。主要任务为：

加强自动驾驶技术研发；完善测试评价方法和测试技术体系；研究混行交通监测和管控方法；持续推进行业科研能力建设；加强基础设施智能化发展规划研究；有序推进基础设施智能化建设；支持开展自动驾驶载货运输服务；稳步推动自动驾驶客运出行服务；鼓励自动驾驶新业态发展。

5）体系机制完善。构建系统完备、科学规范、运行有效的交通运输制度体系，完善跨领域、网络化、全流程的交通运输现代治理模式，提升系统治理、依法治理、综合治理、源头治理水平，形成全社会共建共治共享的交通运输治理格局，把制度优势更好地转化为行业治理效能。主要任务为：健全综合交通法规体系；深化交通运输综合行政执法改革；深化交通运输法治政府部门建设；完善综合交通运输管理体制机制；健全交通运输发展战略规划体系；完善交通运输发展指标与标准体系；深化交通运输"放管服"改革；深化交通投融资机制改革；激发交通运输市场主体活力；完善交通运输市场规则；完善现代化交通运输产业体系；完善社会参与机制；构建以信用为基础的新型监管机制；健全行业矛盾纠纷预防化解机制；繁荣发展交通运输先进文化体系；完善综合立体交通网络发展机制；健全交通基础设施全生命周期管理体系；构建传统和新型交通基础设施融合发展机制；完善公众基本出行保障制度；推进出行服务一体化便捷化；完善交通运输新业态发展制度；加快推进国际物流供应链体系建设；健全城乡物流高效发展机制；创新运输组织模式；完善交通运输安全生产体系；完善交通运输应急管理体系；完善交通运输重大风险防范化解机制；完善交通运输科技研发应用机制；完善交通运输技术创新体系；优化交通运输科技创新环境；全面建立交通运输资源高效利用制度；健全交通运输节能减排和污染防治制度；完善交通运输生态环境保护修复机制；支撑服务自贸区自贸港发展；完善交通运输多双边合作格局；积极参与交通运输全球治理体系建设；完善交通运输科技人才培育机制；加强交通运输技能人才队伍建设；完善交通运输干部培养选拔机制。

（2）政策效力

通过借鉴彭纪生等[4]、王帮俊等[5]、徐美宵等[6]、郭本海等[7]的研究成果，对 2019 年 7 月至 2020 年 12 月交通运输部颁发的 12 项科技政策进行政策力度、政策目标、政策工具的评价和打分，并得出政策效力的评分结果（表 2.33）。2019 年 7 月至 2020 年 12 月交通运输部政策效力总得分为 556 分，均值为 46.33 分，单项政策的政策效力得分最大值为 90 分、最小值为 10 分。其中，政策力度总得分为 24 分，均值为 2 分，单项政策的政策力度得分最大值、最小值均为 2 分；政策目标总得分为 91 分，均值为 7.58 分，单项政策的政策目标得分最大值为 15 分、最小值为 0 分；政策工具总得分为 187 分，均值为 15.58 分，单项政策的政策工具得分最大值为 30 分、最小值为 5 分。用单项满分与各项均值及单项政策得分最大值与最小值进行比较，可以看出 2019 年 7 月至 2020 年 12 月交通运输部政策效力得分为中下水平。其中，政策力度、政策目标、政策工具得分均为中下水平。

表 2.33 2019 年 7 月至 2020 年 12 月交通运输部政策效力评分

单位：分

项目	总得分	均值	单项政策		单项满分
			最大值	最小值	
政策力度	24	2	2	2	5
政策目标	91	7.58	15	0	25
政策工具	187	15.58	30	5	65
政策效力	556	46.33	90	10	450

首先，通过政策效力的评分结果可以看出，交通运输部各项政策的政策力度最大值、最小值均为 2 分。由此可以看出，交通运输部颁布的政策力度较为一致，主要以宏观性较强的部门规章为主，缺乏政策效力较高的行政法规等。

其次，就政策目标而言，不同政策目标各子目标的得分有所差异。图 2.46 为各政策目标子目标得分占总体政策目标得分的比重情况。其中，政治功能占比最多，为34.07%，其次为社会发展和科技进步，分别为 25.27% 和 21.98%，而生态进化和经济效益较少，分别为 12.09% 和 6.59%。由此可见，交通运输部的科技政策注重实现其政治功能，并重点关注政策在社会发展和科技进步方面的作用，对经济效益和生态进化的关注度较低。

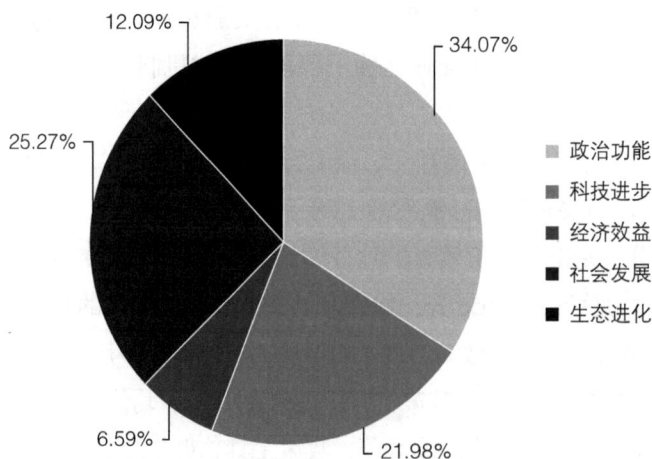

图 2.46 交通运输部政策目标子目标得分占比

最后，就政策工具而言，各子工具所占比重体现了政策的侧重点。图 2.47 为各政策工具子工具得分占总体政策工具得分的比重情况。其中，供给型政策和环境型政策得分占比分别为 39.37% 和 33.69%，需求型政策得分占比为 12.83%。可以看出，交通运输部的科技政策主要为供给型政策，以提供基础设施、科技信息、人力资源、公共财政和科技服务等直接支持，注重运用金融支持、法规管制、目标规划和税收优惠等手段为科技发展营造良好的氛围，并通过部分国际交流合作、贸易管制、示范工程和政府采购等方式促进需求。

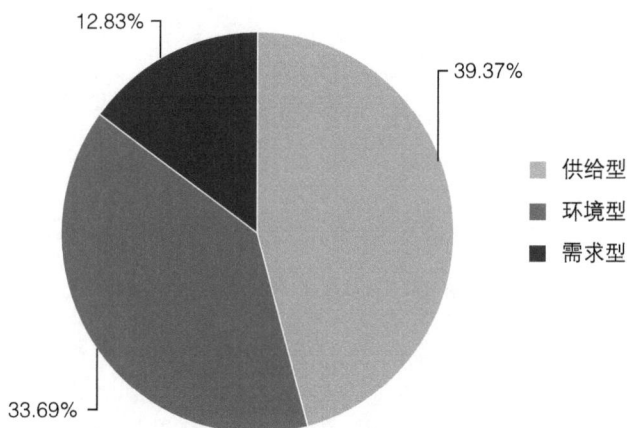

图 2.47　交通运输部政策工具子工具得分占比

综上所述，从 2019 年 7 月至 2020 年 12 月交通运输部科技政策效力评估分果来看，可以得出以下结论。

第一，交通运输部的政策效力在政策力度、政策目标、政策工具 3 个维度上均表现为中下水平，从而导致整体政策效力处于中下水平。

第二，交通运输部在设定政策目标上，兼顾了政治功能、科技进步、经济效益、社会发展和生态进化多个方面，对政策目标进行了一定的细化分解，并提出了部分明确、具体、可衡量的科技发展目标。但是，交通运输部对 5 个方面政策目标的关注度不均衡，最为关注政治功能，也较为重视社会发展和科技进步，而对经济效益和生态进化有所忽视。

第三，在运用政策工具方面，交通运输部采取了较为全面的措施，主要是在基础设施、科技信息、人力资源、公共财政和科技服务等方面提供支持，注重运用金融支持、法规管制、目标规划和税收优惠等措施为科技发展营造良好的氛围，同时通过部分国际交流合作、贸易管制、示范工程和政府采购促进需求。

区域科技政策分析

3.1 我国区域科技政策的基本情况概述（2019 年 7 月至 2020 年 12 月）

经过收集与统计，2019 年 7 月至 2020 年 12 月，我国 31 个地方省级政府（香港特别行政区、澳门特别行政区、台湾省未统计）共发布了 862 项科技政策，地方政府发布的科技政策数量如图 3.1 所示。总体来看，在上述时间范围内，我国地方省级科技政策的平均数量为近 28 项。其中，河南发布了 62 项，位居榜首；广西、山东发布了 54 项，是我国地方省级科技政策平均数量的 2 倍左右；河北发布了 48 项，是科技政策高产省（区、市）之一；其余地区发布的科技政策数量大多维持在 15 ~ 30 项。从地区分布来看，我国七大地区发布的科技政策数量为：华东地区 204 项，华北地区 147 项，华中地区 133 项，西南地区 126 项，西北地区 103 项，华南地区 90 项，东北地区 59 项。由图 3.2 可知，我国各地区发布的科技政策平均数量分别约为华中地区 44 项、华东

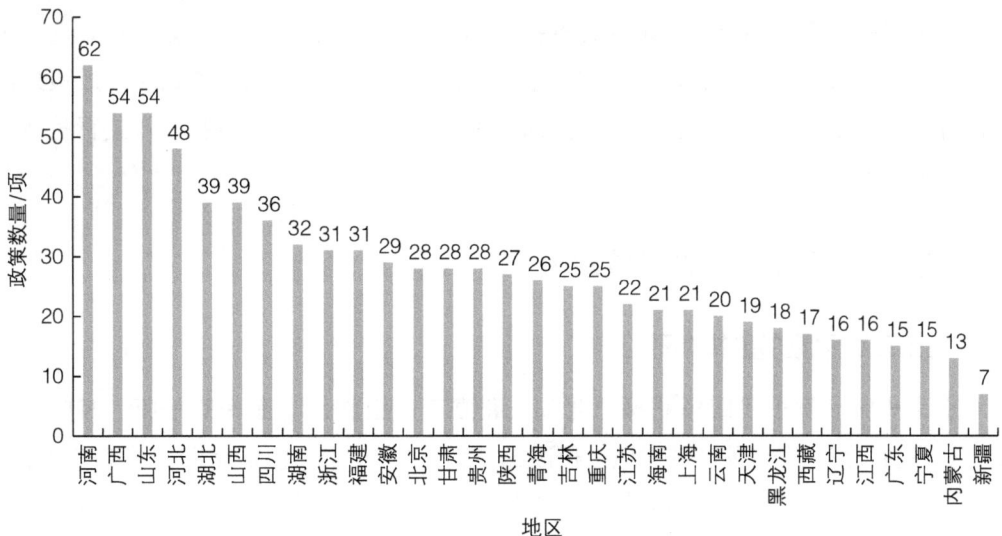

图 3.1　我国地方政府发布的科技政策数量

- 115 -

地区 32 项、华南地区 30 项、华北地区 29 项、西南地区 25 项、西北地区 21 项、东北地区 20 项。因此，在上述时间范围内，与我国地方省级科技政策的平均数量相比，华中地区是全国科技政策的高产地区，华东地区、华南地区和华北地区是全国科技政策的次高产地区，西南地区、西北地区、东北地区发布的科技政策平均数量低于全国平均水平。

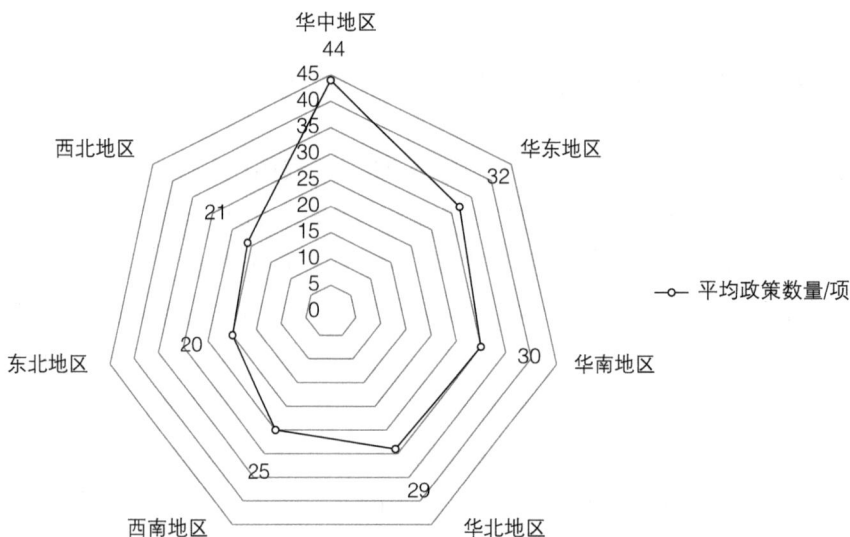

图 3.2　我国七大地区发布的科技政策平均数量

为了进一步探究和描述我国地方科技政策的内外部特征和现实机制，本章选取了京津冀区域、长三角区域、东北区域 3 个具有代表性的区域，从基本情况、政策外部特征分析、政策内部特征分析等 3 个方面分别对上述地区发布的科技政策进行挖掘和分析。

3.2　京津冀区域颁布的科技政策

3.2.1　京津冀区域的基本情况

京津冀区域位于我国华北平原北部，北靠燕山山脉，南面华北平原，西倚太行山，东临渤海湾。京津冀区域占地面积达 21.72 万平方千米，包括北京、天津和河北的石家庄、秦皇岛、唐山、廊坊、保定、沧州、张家口、承德等 11 个地级市。其中，北京与天津相邻，并同时被河北环绕包围，三地山水相依、地缘相接，地域辽阔，相互辅助，共同发展。2014 年习近平总书记在听取京津冀协同发展工作汇报专题座谈会上强调"京津冀协同发展意义重大，对这个问题的认识要上升到国家战略层面"①。此后，京津冀协同发展成为重大国家战略。2015 年，中共中央印发的《京津冀协同发展规划纲要》指出，京津冀区域要走内涵集约发展的新路，探索一种人口经济密集地区优化开发的模式，要在京津冀交通一体化、生态环境保护、产业升级转移等重点领域率先取得突破。2017 年，中共中央、国务院设立国家级新区河北雄安新区，要求全方位对接支持雄安新区规划建设，建立便捷高效的交通联系，支持中关村科技创新资源有序转移、共享聚集，推动部分优质公共服务资源合作，促进区域整体发展水平提升。京津冀区域协调发展迎来新机遇，引领高质量发展的重要原动力逐渐释放。

2020 年，面对严峻的国内外环境和新冠肺炎疫情的冲击，三地通力协作，攻坚克难，区域经济稳中提质，协同发展取得新成效。2020 年，京津冀区域生产总值合计 86 393.23 亿元，比 2019 年增长 2.14%，其中北京、天津、河北的生产总值分别为 36 102.6 亿元、14 083.73 亿元、36 206.9 亿元，按可比价格计算，分别比 2019 年增长 1.2%、1.5% 和 3.9%，经济发展水平稳步提升。从产业结构来看，京津冀区域三次产业结构为 4.2∶29.17∶66.63，三地第三产业占比均超 50%，分别为 83.8%、64.4%、52.7%，产业结构不断优化升级。其中，北京聚焦于"高精尖"产业发展，"高精尖"新设市场主体占比为 60%，全年高技术产业和战略性新兴产业分别比 2019 年增长 6.4% 和 6.2%，累计占地区生产总值的比重为 50.4%（二者有交叉）②。天津新兴产业加快发展，全年高技术产业（制造业）和工业战略性新兴产业增加值分别增长 4.6% 和 4.4%，高技术服务业和战略性新兴服务业营业收入分别增长 5.4% 和 4.9%，均快于规模以上服务业平均水平③。河北新动能集聚效应明显，规模以上工业企业中，战略性新兴产业增加值比 2019 年增长 7.8%，高新技术产业增加值增长 6.6%，规模以上工业八大重点产业增加值增长 6.4%，生物医药健康产业、新能源产业、信息智能产业、新材料产业增长尤为突出④。

京津冀区域科技创新驱动持续发力，创新发展成效显现。国家统计局现有数据显示，京津冀区域创新发展指数持续平稳上升，2019 年达到 162.99，比 2018 年提

① 赵银平. 习近平指导京津冀协同发展这几年［EB/OL］.（2017-09-25）［2021-09-01］. http://www.xinhuanet.com/politics/2017-09/25/c_1121717220.htm.

② 北京市统计局.《北京市 2020 年国民经济和社会发展统计公报》［EB/OL］.（2021-03-12）［2021-09-01］. http://tjj.beijing.gov.cn/tjsj_31433/tjgb_31445/ndgb_31446/202103/t20210311_2304398.html.

③ 天津市统计局.《天津市 2020 年国民经济和社会发展统计公报》［EB/OL］.（2021-03-07）［2021-09-01］. http://stats.tj.gov.cn/tjsj_52032/tjgb/202103/t20210317_5386752.html.

④ 河北省统计局.《河北省 2020 年国民经济和社会发展统计公报》［EB/OL］.（2021-02-25）［2021-09-01］. http://tjj.hebei.gov.cn/hetj/tjgbtg/101611739068561.html.

高 4.72%，从投入驱动创新数量扩张逐渐转变为创新质量提升①。京津冀区域一大批重大科技改革举措落地，不断激发区域科技创新活力，为科技进步和经济发展提供重要动力。2020 年底，京津冀区域技术市场成交额达 7475.55 亿元，占全国技术市场成交总额的 26.46%，比 2019 年增长 6.79%。其中，北京科技创新持续保持活跃，中关村示范区先行先试，引导各分园聚焦主业，实现特色化发展；天津实施科技创新三年行动计划，推进创新平台建设，梯次培育科技型企业，国家高新技术企业累计7420 家；河北综合创新生态体系加速形成，创新主体数量增加，组织实施的国家和省高新技术产业化项目 638 项，有效发明专利 34 147 件，增长 18.3%。近年来，北京输出到天津和河北的技术合同成交额累计超过 1200 亿元，中关村企业在天津和河北两地分支机构累计达 8300 多家，区域协同发展体制机制日趋完善，科技创新链加快形成。

京津冀区域教育合作逐步深化，推动高等教育创新发展。2020 年京津冀区域研究生教育招生 18.76 万人，占全国的 17%，其中在校生 53.01 万人，毕业生 13.76 万人；普通高等学校招收本、专科学生 84.02 万人，其中在校生 276.7 万人，毕业生 67.58 万人。截至 2020 年，北京普通高等教育学校的数量为 93 所，包含 8 所世界一流大学建设高校，为全国数量最多的地区，吸引来自全国各地的优秀生源；天津推进高等教育内涵建设，普通高等教育学校的数量为 56 所，包含 2 所世界一流大学建设高校，5 所世界一流学科建设高校；河北普通高等教育学校的数量为 125 所，仅有 1 所世界一流学科建设高校。三地高等教育资源分布不均衡，但近年来京津冀区域不断深化高等学校联盟建设，开展协同创新攻关与成果转化应用，三地高校院所形成常态化联络机制。

3.2.2 政策外部特征分析

（1）政策数量统计

2019 年 7 月至 2020 年 12 月，京津冀区域累计颁布 95 项科技政策，其中北京颁布28 项，天津颁布 19 项，河北颁布 48 项（图 3.3）。三省市平均颁布科技政策约 32 项，河北省颁布的科技政策数量明显高于京津冀区域科技政策数量均值。2019 年 7 月至2020 年 12 月京津冀区域科技政策，如表 3.1 所示。

---

① 国家统计局. 京津冀区域发展指数持续提升［EB/OL］.（2020-09-29）［2021-09-01］. http://www.stats.gov.cn/tjsj/zxfb/202009/t20200928_1791984.html.

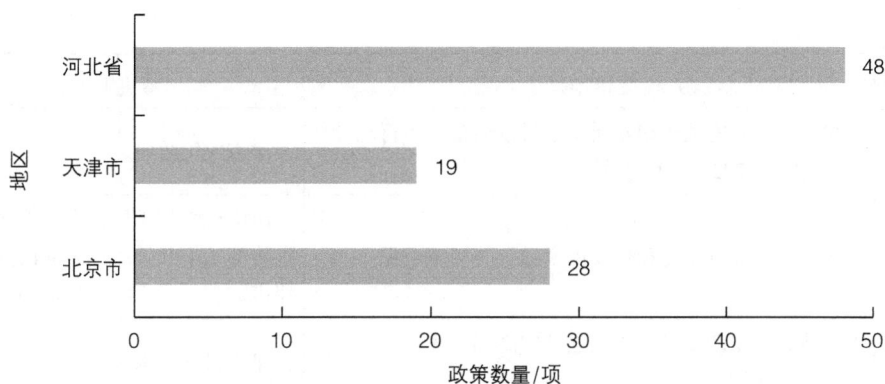

图 3.3　2019 年 7 月至 2020 年 12 月京津冀区域科技政策数量

表 3.1　2019 年 7 月至 2020 年 12 月京津冀区域颁布的科技政策一览

序号	政策名称	颁布单位
1	市科技局 市财政局关于印发天津市科研院所技术开发工作扶持经费管理办法的通知	天津市科学技术局、天津市财政局
2	天津市科技发展事业专项资金管理办法	天津市科学技术局、天津市财政局
3	市科技局 市财政局关于印发天津市科技创新券管理办法的通知	天津市科学技术局、天津市财政局
4	市科技局 市财政局关于印发天津市雏鹰企业贷款奖励及瞪羚企业、科技领军企业和领军培育企业股改奖励管理暂行办法的通知	天津市科学技术局、天津市财政局
5	市科技局关于印发天津市科技专家库管理办法的通知	天津市科学技术局
6	关于印发天津市车联网（智能网联汽车）产业发展行动计划的通知	天津市工业和信息化局
7	天津市人民政府关于加快推进 5G 发展的实施意见	天津市人民政府
8	天津市人民政府办公厅关于印发天津市科技领域财政事权和支出责任划分改革方案的通知	天津市人民政府办公厅
9	市科技局 市财政局印发关于建立高成长初创科技型企业专项投资扶持机制的意见和天津市高成长初创科技型企业专项投资管理暂行办法的通知	天津市科学技术局、天津市财政局
10	天津市人民政府办公厅关于印发天津市建设国家新一代人工智能创新发展试验区行动计划的通知	天津市人民政府办公厅

序号	政策名称	颁布单位
11	天津市人民政府关于印发天津市科技创新三年行动计划（2020—2022 年）的通知	天津市人民政府
12	天津市关于促进文化和科技深度融合的实施意见	天津市科学技术局、中共天津市委宣传部、中共天津市委网信办、天津市财政局、天津市文化和旅游局
13	市科技局关于印发进一步加强外国高端人才工作的若干措施的通知	天津市科学技术局
14	市科技局关于加强我市新冠肺炎疫情防控期间实验动物管理和保障工作的通知	天津市科学技术局
15	市人社局关于贯彻落实《人力资源社会保障部关于进一步支持和鼓励事业单位科研人员创新创业的指导意见》有关问题的通知	天津市人力资源和社会保障局
16	市科技局关于科技服务业企业复工复产的指导意见	天津市科学技术局
17	市科技局关于进一步明确天津市雏鹰和瞪羚企业评价营业收入及研究开发费用佐证材料的通知	天津市科学技术局
18	天津市关于进一步支持发展智能制造政策措施	天津市人民政府办公厅
19	北京市促进科技成果转化条例	北京市第十五届人民代表大会常务委员会
20	中关村国家自主创新示范区关于推进特色产业园建设提升分园产业服务能力的指导意见	中关村科技园区管理委员会
21	北京市中小企业知识产权集聚发展示范区认定和管理办法（试行）	北京市知识产权局、北京市科学技术委员会、中关村科技园区管理委员会
22	北京市科学技术委员会 北京市财政局关于进一步利用首都科技创新券助力企业复工复产的通知	北京市科学技术委员会、北京市财政局
23	北京市科技企业孵化器认定管理办法	北京市科学技术委员会
24	关于落实"放管服"要求 进一步完善北京市科技计划项目经费监督管理的若干措施	北京市科学技术委员会
25	关于持永久居留身份证外籍人才创办科技型企业的试行办法	北京市科学技术委员会、北京市人力资源和社会保障局、北京市市场监督管理局、中关村科技园区管理委员会、北京天竺综合保税区管理委员会、北京市大兴区人民政府

续表

序号	政策名称	颁布单位
26	北京市教育委员会关于进一步提升北京高校专利质量加快促进科技成果转移转化的意见	北京市教育委员会
27	北京市科技专家库管理办法（试行）	北京市科学技术委员会
28	关于新时代深化科技体制改革加快推进全国科技创新中心建设的若干政策措施	北京市人民政府
29	关于进一步促进中关村知识产权质押融资发展的若干措施	中关村科技园区管理委员会、中国人民银行营业管理部、中国银行保险监督管理委员会北京监管局、北京市知识产权局
30	中关村国家自主创新示范区高精尖产业协同创新平台建设管理办法（试行）	中关村科技园区管理委员会
31	关于促进中关村顺义园第三代半导体等前沿半导体产业创新发展的若干措施	中关村科技园区管理委员会、顺义区人民政府
32	中关村国家自主创新示范区数字经济引领发展行动计划（2020—2022 年）	中关村科技园区管理委员会
33	关于强化高价值专利运营 促进科技成果转化的若干措施	中关村科技园区管理委员会
34	中关村示范区国际标准化工作行动方案（2020—2022 年）	中关村科技园区管理委员会
35	关于弘扬科学家精神加强作风学风与科研诚信建设的实施意见	北京市科学技术委员会、中共北京市委宣传部、北京市教育委员会、北京市卫生健康委员会、北京市科学技术协会
36	北京市区块链创新发展行动计划（2020—2022 年）	北京市人民政府办公厅
37	北京市实验动物许可证管理办法（修订版）	北京市科学技术委员会
38	北京市科学技术奖励办法实施细则	北京市科学技术委员会
39	北京市自然科学基金项目管理办法	北京市科学技术委员会
40	北京市技术先进型服务企业认定管理办法（2019 年修订）	北京市科学技术委员会、北京市商务局、北京市财政局、国家税务总局北京市税务局、北京市发展和改革委员会
41	北京市高精尖产业技能提升培训补贴实施办法	北京市科学技术委员会、北京市经济和信息化局、北京市人力资源和社会保障局、北京市财政局

序号	政策名称	颁布单位
42	中关村国家自主创新示范区中关村前沿技术创新中心建设管理办法	中关村科技园区管理委员会
43	北京市深化自然科学研究人员职称制度改革实施办法	北京市人力资源和社会保障局、北京市科学技术委员会
44	北京市中小企业知识产权集聚发展示范区认定和管理办法（试行）	北京市知识产权局、北京市科学技术委员会、中关村科技园区管理委员会
45	北京市科学技术委员会 北京市财政局关于进一步利用首都科技创新券助力企业复工复产的通知	北京市科学技术委员会 北京市财政局
46	北京市知识产权保险试点工作管理办法	北京市知识产权局、北京市地方金融监督管理局、北京市科学技术委员会、北京市经济和信息化局、北京市财政局、中关村科技园区管理委员会、中国银行保险监督管理委员会北京监管局
47	河北省人民政府办公厅印发关于提升"双创"示范基地作用进一步促改革稳就业强动能若干措施的通知	河北省人民政府办公厅
48	河北省人民政府关于促进高新技术产业开发区高质量发展的实施意见	河北省人民政府
49	河北省人民政府办公厅印发关于支持承德市建设国家可持续发展议程创新示范区若干政策措施的通知	河北省人民政府办公厅
50	河北省科学技术进步条例	河北省第十三届人民代表大会常务委员会
51	河北省县域科技创新跃升计划奖励资金实施细则（试行）	河北省科学技术厅、河北省财政厅
52	河北省人民政府印发关于在自由贸易试验区开展"证照分离"改革全覆盖试点工作实施方案的通知	河北省人民政府
53	关于支持生物医药产业高质量发展的若干政策	河北省人民政府办公厅
54	中国（河北）自由贸易试验区管理办法	河北省人民政府办公厅
55	河北省人民政府办公厅关于加快 5G 发展的意见	河北省人民政府办公厅
56	河北省实验动物管理办法	河北省人民政府
57	河北省省级产业技术研究院建设与运行绩效评估实施细则	河北省科学技术厅

续表

序号	政策名称	颁布单位
58	河北省产业技术创新战略联盟建设和备案管理实施细则	河北省科学技术厅
59	关于加快推进县域科技创新的若干措施	河北省科学技术厅
60	河北省省级软科学研究项目管理办法	河北省科学技术厅
61	河北省可持续发展实验区（示范区）资金管理实施细则	河北省科学技术厅、河北省财政厅
62	河北省国际科技合作基地建设补助资金实施细则（试行）	河北省科学技术厅、河北省财政厅
63	河北省高新技术产品认定实施细则	河北省科学技术厅
64	关于推动众创空间市场化的若干措施	河北省科学技术厅、河北省教育厅
65	河北省科技领军企业认定管理办法（试行）	河北省科学技术厅
66	河北省省级战略性科研项目滚动支持实施方案（试行）	河北省科学技术厅
67	河北省省级科技计划项目科研诚信管理办法（试行）	河北省科学技术厅
68	关于统筹科技资源协同推进生命健康和生物安全领域科研攻关的若干措施	河北省科学技术厅
69	关于疫情防控期间进一步做好科技创新工作的若干举措	河北省科学技术厅
70	河北省省级科技计划项目管理办法	河北省科学技术厅
71	河北省省级科技创新券实施细则	河北省科学技术厅
72	中国（河北）自由贸易试验区实验动物管理优化审批服务实施方案	河北省科学技术厅
73	关于进一步促进科技成果转化和产业化的若干措施	河北省科学技术厅、河北省教育厅、河北省财政厅、河北省人力资源和社会保障厅
74	河北省省级产业技术研究院建设与运行管理办法	河北省科学技术厅
75	河北省创新创业大赛奖励资金实施细则	河北省科技厅、河北省财政厅
76	河北省创新能力提升计划科技研发平台建设专项实施细则（暂行）	河北省科学技术厅
77	河北省技术创新中心绩效评估办法（试行）	河北省科学技术厅
78	河北省重点实验室绩效评估办法（试行）	河北省科学技术厅
79	落实《关于进一步弘扬科学家精神加强作风和学风建设的意见》的若干措施	河北省科学技术厅、中共河北省委宣传部、河北省科学技术协会、河北省教育厅
80	2021 年河北省全民科学素质行动工作要点	河北省全民科学素质工作领导小组办公室

序号	政策名称	颁布单位
81	关于贯彻落实《中国科协 2021 年服务科技经济融合发展行动方案》的意见	河北省科学技术协会
82	河北省科学技术协会科普大篷车使用管理办法	河北省科学技术协会
83	河北省科学技术奖励绩效评价暂行办法	河北省财政厅、河北省科学技术厅
84	河北省高等学校省级财政科研项目资金管理实施细则	河北省财政厅、河北省教育厅、河北省科学技术厅
85	省属科研机构绩效评价试点补助经费使用方案	河北省财政厅、河北省科学技术厅
86	河北省战略性新兴产业专项资金补助项目验收管理办法	河北省发展和改革委员会
87	关于构建市场导向的绿色技术创新体系的若干措施	河北省发展和改革委员会、河北省科学技术厅
88	河北省政府出资产业投资基金尽职免责实施细则（试行）	河北省发展和改革委员会、河北省财政厅
89	河北省关于鼓励创新创业团队回购地方政府出资产业投资基金所持股权的实施细则（试行）	
90	河北省关于深化哲学社会科学研究人员职称制度改革实施方案	河北省人力资源和社会保障厅、河北省社会科学院
91	河北省人民政府办公厅关于推进创业创新审批服务"百事通"改革工作的实施意见	河北省人民政府办公厅
92	河北省农业科技成果转化与技术推广服务财政补助资金使用及绩效管理办法	河北省财政厅、河北省科学技术厅、河北省农业农村厅
93	河北省人力资源和社会保障厅关于进一步做好新冠肺炎疫情防控一线专业技术人员职称工作的通知	河北省人力资源和社会保障厅
94	河北省科学技术厅关于应对新冠肺炎疫情影响支持高新技术企业和高新区发展具体措施的通知	河北省科学技术厅
95	科技领域省与市县财政事权和支出责任划分改革实施方案	河北省财政厅、河北省科学技术厅、河北省科学技术协会

（2）政策类别统计

政策类别能够反映政策主题和政策内容，本书对科技政策的分类参照科技部国家科技评估中心副主任邢怀滨的分类方法，把科技政策分为"双创"与科技成果转化、科技基础能力建设、科技管理体制改革、科技创新项目、科普与创新文化、人才队伍建设、战略导向和规划布局等 7 类。本章通过识别科技政策的类型了解京津冀区域科技发展的关注点。如表 3.2 所示，京津冀区域的科技政策集中在"双创"与科技成果转化领域，政策数量占比为 33.68%，即京津冀区域颁布超过 1/3 的政策来优化创新创业环境，推动科技成果转化。京津冀区域关注科技基础能力建设与科技管理体制改革，二者政策数量占比分别为 22.11% 和 17.89%，表明京津冀区域着眼于高校科研院所、科技创新基地、科技基础设施等基础能力建设，夯实科技创新发展基础的同时，努力激发科研人员创新热情，促进形成充满活力的科技管理和运行机制。而且，京津冀区域对科普与创新文化领域和人才队伍建设领域有所关注，重视引导公民用科学的思想看待问题，用科学的方法解决问题，不断提高公民的科学素养，优化科技人力资源配置，构建规模宏大、结构合理、素质优良的科技人才队伍。最后，京津冀区域仅颁布 2 项关于战略导向和规划布局的科技政策，对战略规划布局关注较少。

表 3.2　2019 年 7 月至 2020 年 12 月京津冀区域科技政策种类及数量

政策类别	"双创"与科技成果转化	科技基础能力建设	科技管理体制改革	科技创新项目	科普与创新文化	人才队伍建设	战略导向和规划布局
数量/项	32	21	17	9	7	7	2
占比	33.68%	22.11%	17.89%	9.47%	7.37%	7.37%	2.11%

京津冀区域颁布的科技政策类别和数量如图 3.4 所示，从图中可以清晰看出北京市和河北省科技政策的关注点集中在"双创"与科技成果转化，而天津市更侧重于科技基础能力建设，对战略导向和规划布局、科普与创新文化、科技创新项目及科技管理体制改革关注度低。

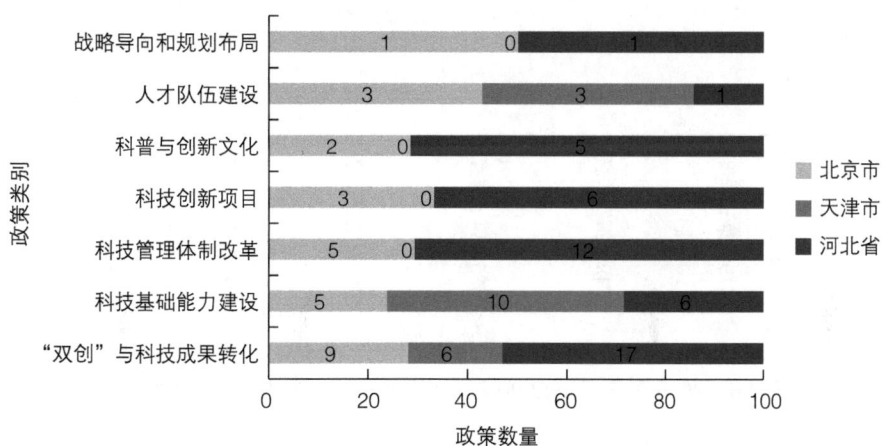

图 3.4　2019 年 7 月至 2020 年 12 月京津冀区域科技政策类别和数量

（3）政策时间分布

如图 3.5 所示，除 2020 年第三季度外，2019 年 7 月至 2020 年 12 月京津冀区域各季度印发的科技政策稳定在 15 项左右。2020 年第二季度和第四季度印发的科技政策数量最少，为 12 项。2020 年第三季度印发的科技政策数量最多，达到 23 项。这可能与新冠肺炎疫情有关，这次疫情是对我国科技创新能力的一次重要检验。2020 年 5 月，国务院发布政府工作报告，明确提出要提高科技创新支撑能力，支持基础研究和应用基础研究，加强知识产权保护。随后科技部等九部门也出台了科技成果转化激励政策，着力破除制约科技成果转化的障碍与藩篱。在国家政策的支持下，2020 年第三季度京津冀区域出台一系列科技政策助力企业复工复产，引导企业增加研发投入，打造数字经济新优势。如表 3.3 所示，可以直观看出京津冀三省市 2019 年 7 月至 2020 年 12 月各季度印发的科技政策数量，2020 年第三季度，北京市颁布《北京市科学技术委员会 北京市财政局关于进一步利用首都科技创新券助力企业复工复产的通知》《北京市实验动物许可证管理办法（修订版）》等 7 项科技政策；河北省颁布《河北省人民政府办公厅印发关于提升"双创"示范基地作用进一步促改革稳就业强动能若干措施的通知》《关于支持生物医药产业高质量发展的若干政策》等 12 项科技政策；天津市颁布的科技政策虽没达到峰值，但高于平均每季度印发的科技政策数量，颁布《关于建立高成长初创科技型企业专项投资扶持机制的意见》《市科技局 市财政局关于印发天津市科研院所技术开发工作扶持经费管理办法的通知》等 4 项科技政策。

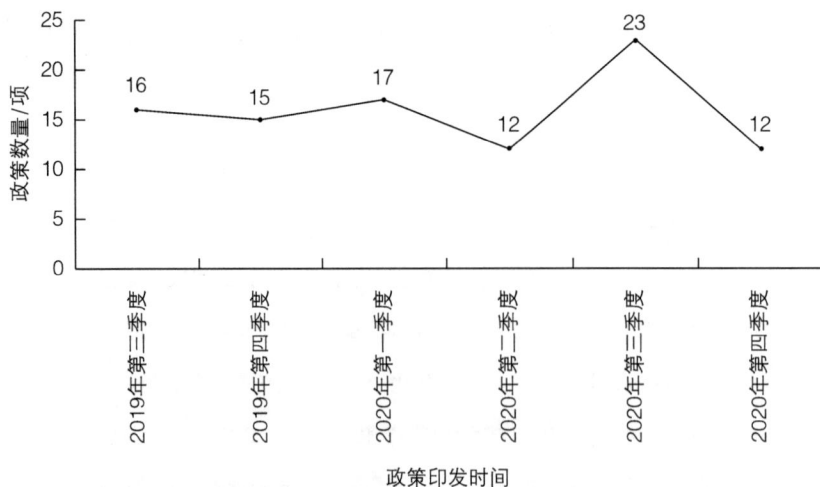

图 3.5 2019 年 7 月至 2020 年 12 月京津冀区域科技政策印发时间

表 3.3　2019 年 7 月至 2020 年 12 月京津冀区域各季度印发科技政策数量

单位：项

时间	北京市	天津市	河北省	合计
2019 年第三季度	4	4	8	16
2019 年第四季度	5	2	8	15
2020 年第一季度	3	6	8	17
2020 年第二季度	4	1	7	12
2020 年第三季度	7	4	12	23
2020 年第四季度	5	2	5	12

4. 政策属性分析

政策属性在很大程度上取决于政策制定主体，分析政策属性有助于了解地方科技政策效力。依据发文主体，地方科技政策属性分为地方性法规（自治条例、单行条例）、地方性政府规章、地方规范性文件、地方科协规范性文件。如图 3.6 所示，京津冀区域印发的科技政策属于地方规范性文件占比为 84%，地方规范性文件政策效力层级最低，但是具有及时性和灵活性，能够满足科技创新活动的复杂性、综合性和动态更新性。地方科协规范性文件占比为 3%，反映出京津冀区域科学技术协会致力于推动科学技术事业的发展。其次，京津冀区域印发的科技政策属于地方性政府规章的占比为 11%，从表 3.4 来看，京津冀区域颁布的 10 项地方性政府规章中，河北省人民政府（办公厅）颁布 9 项，北京市人民政府颁布 1 项。地方性法规效力等级最高，京津冀区域颁布的科技政策属于地方性法规效力的占比为 2%，北京市与河北省人民代表大会（含常务委员会）各印发 1 项。

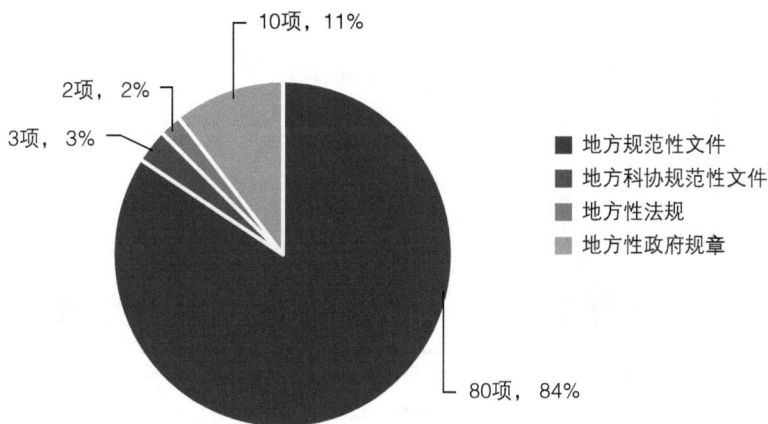

图 3.6　2019 年 7 月至 2020 年 12 月京津冀区域科技政策属性

表 3.4 2019 年 7 月至 2020 年 12 月京津冀区域科技政策属性

单位：项

地区	地方规范性文件	地方科协规范性文件	地方性法规	地方性政府规章
北京	26	0	1	1
天津	19	0	0	0
河北	35	3	1	9

（5）政策协同性

科学技术发展与创新是一项复杂的系统活动，科技政策系统的有效运行需要多部门通力合作。京津冀区域科技政策的发布主体涉及省市人民政府、省市人民代表大会（含常务委员会）、科学技术厅（局）、财政厅（局）、教育厅（局）、知识产权局、科学技术委员会、银行保险监督管理委员会、科技园区管理委员会等多个部门。其中，省市人民政府、科学技术厅（局）、财政厅（局）、教育厅（局）在科技政策制定方面的作用明显优于其他主体，在政策制定方面较为活跃。各政策主体单独和联合发布的政策数量代表了区域在科学技术政策制定方面的协同性。2019 年 7 月至 2020 年 12 月京津冀区域科技政策发文主体的数量如图 3.7 所示。其中，京津冀区域 1 个部门发布科技政策 61 项，2 个部门联合发布科技政策 19 项，3 个及以上部门联合发布科技政策 15 项，可见京津冀区域发布的科技政策多由单一部门颁布和实施，在一定程度上会影响科技政策绩效，政策主体间的合作有待加强。

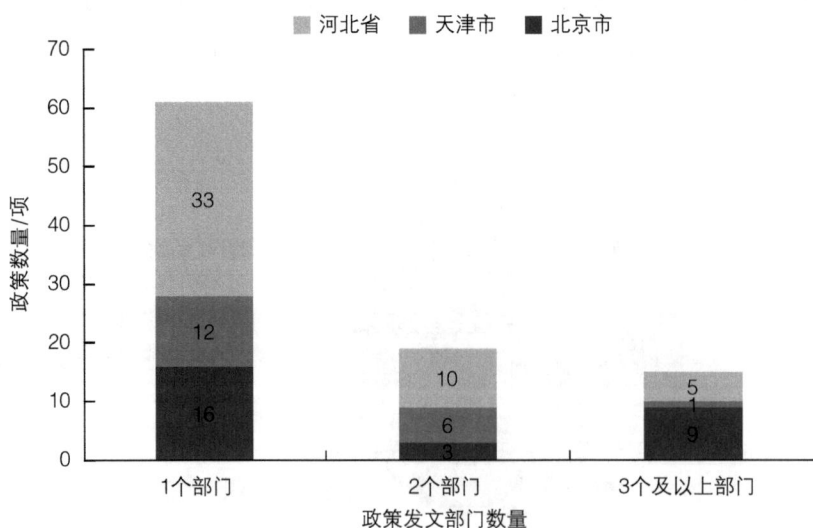

图 3.7 2019 年 7 月至 2020 年 12 月京津冀区域科技政策发文主体的数量

3.2.3　政策内部特征分析

（1）政策主题分析

对高频词的词频描述与分析，能够更直观地了解科技政策文本的主题与内容，通过使用 ROST CM6 软件对 2019 年 7 月至 2020 年 12 月京津冀区域 95 项科技政策文本进行词频分析，输出词频高于 200 次的关键词。剔除如"建立""使用""应当""以上"等一些含义宽泛或与科技关联性较弱的词语，合并含义相同的关键词，如把"科学技术"合并到"科学"中，得出京津冀区域科技政策高频词 79 个，如表 3.5 所示。

表 3.5　2019 年 7 月至 2020 年 12 月京津冀区域科技政策高频词（节选）

主题词	词频 / 次	主题词	词频 / 次	主题词	词频 / 次	主题词	词频 / 次
科技	2098	知识	466	创业	330	北京市	244
创新	1777	研发	464	资源	325	动物	244
项目	1684	评估	460	标准	323	实验	243
企业	1676	平台	458	申请	311	基金	237
技术	1575	国家	449	社会	309	体系	234
管理	1304	应用	427	财政	306	制度	233
单位	1199	评审	423	能力	305	培训	230
发展	1140	中关村	405	绩效	301	政府	227
建设	1091	改革	398	河北省	300	开发	226
服务	1047	产权	386	专项	295	委员会	224
机构	831	机制	377	材料	282	示范区	222
成果	772	评价	365	合作	269	保障	217
科研	751	领域	359	经济	269	智能	217
资金	610	中心	357	省级	268	认定	212
部门	582	经费	356	验收	264	鼓励	208
转化	513	计划	352	奖励	259	示范	207
组织	509	办法	351	研究院	252	监督	206
人才	504	联盟	347	申报	252	工业	203
人员	468	投资	342	基础	249	协同	200
专家	467	政策	332	科学	248		

在提取政策高频词的基础上，通过清除共词矩阵表中一些与其他高频词都没有共同出现的词语后，对剩余的 37 个高频词构建了 37×37 的相关系数矩阵和相异系数矩

阵，并结合相异系数矩阵，采用 SPSS 21 软件的组间连接和欧氏距离方法对高频词进行了聚类分析，得到谱系图（图 3.8）。

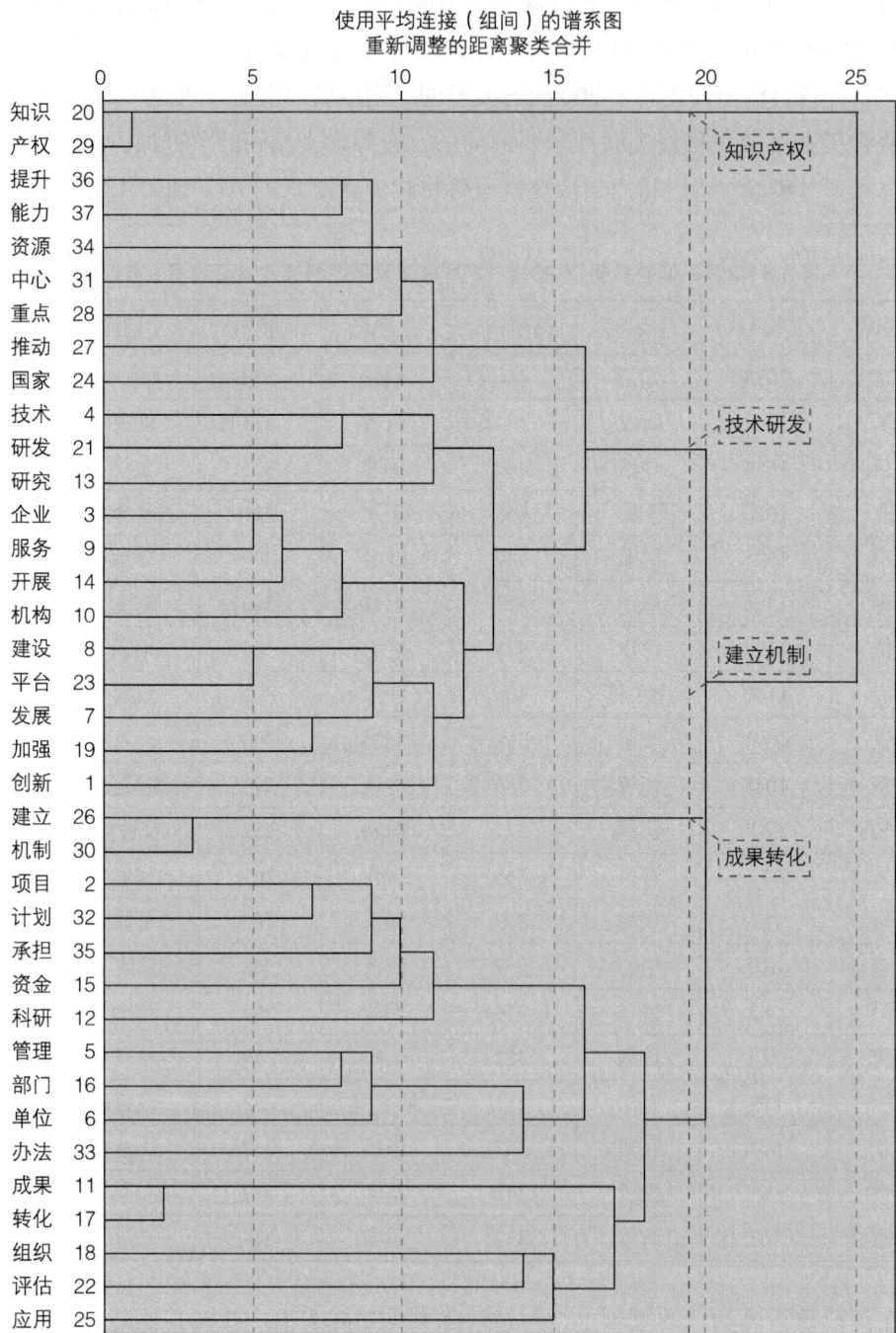

使用平均连接（组间）的谱系图
重新调整的距离聚类合并

图 3.8　2019 年 7 月至 2020 年 12 月京津冀区域科技政策高频词聚类分析谱系图

　　紧接着运用 SPSS 21 软件对政策高频词进行多维尺度分析，通过观察不同高频词之间的距离远近、密度大小，判断它们是否属于同一个类别，高频词多维尺度分析如图 3.9 所示。

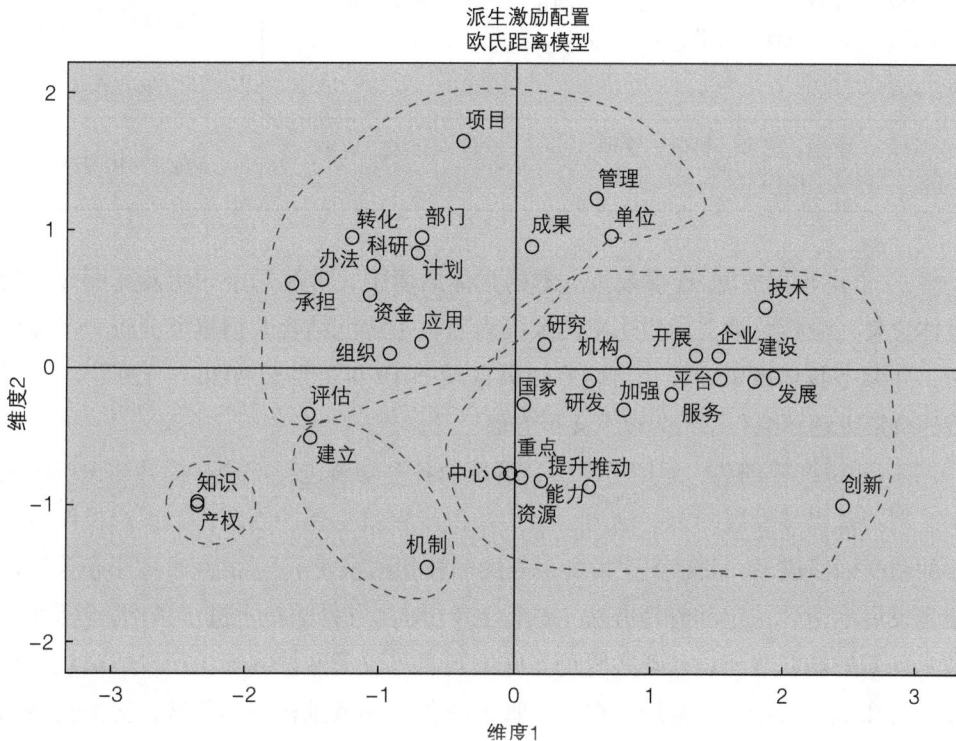

派生激励配置
欧氏距离模型

图 3.9　2019 年 7 月至 2020 年 12 月京津冀区域科技政策高频词多维尺度分析图

　　结合图 3.8 和图 3.9，可将 37 个政策高频词划分为 4 个词团，这些词团在科技政策的语境下可以体现政策的主题内容，如表 3.6 所示。① 知识、产权，将该词团命名为"知识产权"；② 提升、能力、资源、中心、重点、推动、国家、技术、研发、研究、企业、服务、开展、机构、建设、平台、发展、加强、创新，将该词团命名为"技术研发与创新"；③ 建立、机制，将该词团命名为"建立机制"；④ 项目、计划、承担、资金、科研、管理、部门、单位、办法、成果、转化、组织、评估、应用，将该词团命名为"成果转化与应用"。

表 3.6　高频词及词团名称

高频词	词团名称
知识、产权	知识产权
提升、能力、资源、中心、重点、推动、国家、技术、研发、研究、企业、服务、开展、机构、建设、平台、发展、加强、创新	技术研发与创新
建立、机制	建立机制
项目、计划、承担、资金、科研、管理、部门、单位、办法、成果、转化、组织、评估、应用	成果转化与应用

将 37 个高频词放回 95 项政策文本的具体语境中，理解每个词团及其所含高频词的具体含义，分析政策文本传达出的政策焦点与主题。结合共词聚类分析、多维尺度分析，并参考具体政策内容，可将京津冀区域 2019 年 7 月至 2020 年 12 月 95 项科技政策的政策主题归纳和总结为以下 4 个方面。

1）对知识产权创造、运用、保护、管理的各个环节进行部署，提升知识产权服务水平。创新是引领发展的第一动力，保护知识产权就是保护创新，知识产权作为一项重要的制度创新成果，关乎企业发展、人民福祉和国家安全。《北京市中小企业知识产权集聚发展示范区认定和管理办法（试行）》《河北省科学技术进步条例》《河北省产业技术创新战略联盟建设和备案管理实施细则》等政策文件从知识产权战略规划高度出发，对知识产权创造、运用、保护、管理的各个环节进行整体部署，努力实现知识产权战略、生产经营战略、技术战略和市场战略的有机协同。具体措施大致分为以下4 个方面：第一，加大对科技型初创企业知识产权扶持力度，培育一批掌握核心专利技术的知识产权优势企业集群，提升创新主体知识产权创造能力；第二，面向企业管理者和技术研发人员开展知识产权培训，帮助企业拓宽知识产权投融资渠道，推动知识产权运营工作，提升市场主体知识产权运用、管理和保护意识；第三，通过加大惩罚性赔偿力度，提高侵权成本等措施，实行严格的知识产权保护制度，优化营商环境；第四，采取打造知识产权服务平台、鼓励发展知识产权服务业等措施不断提升知识产权服务水平，为知识产权发展提供优质知识产权服务。

2）鼓励开展基础前沿研究、产业关键共性技术研发、应用开发等创新活动。基础研究决定一个区域科技创新能力的底蕴和后劲，京津冀区域颁布《关于统筹科技资源协同推进生命健康和生物安全领域科研攻关的若干措施》《科技领域省与市县财政事权和支出责任划分改革实施方案》等鼓励企业与高校、科研机构等基础研究机构深度合作，促进基础研究、应用基础研究与产业化对接融通，提高企业研发能力。前沿技术是高技术领域中具有前瞻性、先导性和探索性的重大技术，突破这些技术是区域未来科技创新竞争力的关键，京津冀区域出台《天津市人民政府关于加快推进 5G 发展的实施意见》《关于促进中关村顺义园第三代半导体等前沿半导体产业创新发展的若干措施》《北京市区块链创新发展行动计划（2020—2022 年）》等政策，瞄准人工智能、5G、工业互联网、区块链等前沿技术领域，紧抓数字化转型重大机遇，充分发挥示范区产业先发优势，支持重大颠覆性前沿技术研发，推动关键核心技术突破，激发深层次的产业变革，释放创新活力，实现产业赋能，抢占产业发展制高点。产业关键共性技术是制造业创新发展的重要支撑，京津冀区域印发《关于构建市场导向的绿色技术创新体系的若干措施》《天津市高成长初创科技型企业专项投资管理暂行办法》等文件，积极引进国内外优秀科研团队，努力攻克产业发展的关键共性技术瓶颈，联合推动底层技术开发、颠覆性技术挖掘与培育，鼓励建设数据库、专家库、材料库等基础支撑库，强化技术持续供给能力和对新兴产业发展的促进作用。

3）建立健全科技人才发展机制、资金筹措机制、科技创新机制。推进自主创新，最紧迫的是要破除体制机制障碍，最大限度解放和激发科技作为第一生产力所蕴藏的巨大潜能。人才是科技创新活动的主体，京津冀区域重视人才培养与评价机制的建设，出台《市科技局关于印发天津市科技专家库管理办法的通知》《河北省人力资源和社会保障厅关于进一步做好新冠肺炎疫情防控一线专业技术人员职称工作的通知》等文件，不断加强高精尖产业高技能人才及专业管理人才培养，创新人才培养模式，构建技术转移人才实践培养长效机制，健全分类人才评价标准。此外，京津冀区域颁布《关于落实"放管服"要求 进一步完善北京市科技计划项目经费监督管理的若干措施》《河北省高等学校省级财政科研项目资金管理实施细则》等政策，为科技创新主体研发新产品提供财力保障，推动科研经费投入机制改革，发挥市场在科技资源配置中的主体作用，建立健全政府引导、多元投入的研发经费保障机制，撬动更多社会资本投入科技研发，支持科技型企业发展。推动科技创新的根本在于构建充满活力的科技治理体系和运行机制，京津冀区域印发《关于新时代深化科技体制改革加快推进全国科技创新中心建设的若干政策措施》《河北省人民政府办公厅印发关于提升"双创"示范基地作用进一步促改革稳就业强动能若干措施的通知》等文件，充分发挥科技创新和体制机制创新的协同效应，努力建立以企业为主体、市场为导向、产学研深度融合的技术创新体系。

4）促进科技成果转化与应用，规范科技成果转化活动。技术成果若不能转化为商品，创新也就起不到推动经济发展的作用。京津冀区域通过印发《关于强化高价值专利运营促进科技成果转化的若干措施》《关于进一步促进科技成果转化和产业化的若干措施》

《河北省农业科技成果转化与技术推广服务财政补助资金使用及绩效管理办法》等政策，努力营造有利于科技成果转化的良好环境，吸引国内外科技成果在区域聚集、转化、交易。具体措施可以总结为以下4个方面：第一，释放高校科研院所成果转化动力，实施深化高校院所科技成果处置权改革、优化科技人员成果转化收益分配机制、开展高校院所科技成果权属改革、开通成果转化职称绿色通道等措施，铸牢科技成果转化起始链；第二，提升企业运营科技成果的能力，以技术创新需求为导向，加强产学研合作与协同创新，创新政府支持企业发展的方式，选择适用基金引导、风险投资、税收优惠或创新券等方式，为企业创新发展助力、减负，紧扣科技成果转化承接链；第三，激发科技中介机构参与转化的活力，为创客团队和小微企业提供工业设计、技术转移、知识产权、检验检测、科技咨询等全过程、全链条服务；第四，凝聚促进转化的政府与市场合力，构起推动科技成果转化的生态环境，加强区域科技创新资源共享和科技成果转化合作。

（2）政策效力

通过借鉴彭纪生等[4]、王帮俊等[5]、徐美宵等[6]、郭本海等[7]的研究成果，对2019年7月至2020年12月京津冀区域颁布的95项科技政策进行政策力度、政策目标、政策工具的评价和打分，得到政策效力的评分结果，如表3.7所示。由表3.7可见，2019年7月至2020年12月京津冀区域科技政策效力总得分为2481分，均值为26.12分，单项政策的政策效力得分最大值为120分、最小值为5分。其中，政策力度总得分为109分，均值为1.15分，单项政策的政策力度得分最大值为3分、最小值为1分；政策目标总得分为509分，均值为5.40分，单项政策的政策目标得分最大值为19分、最小值为1分；政策工具总得分为1525分，均值为16.10分，单项政策的政策工具得分最大值为37分、最小值为3分。用单项满分与各项得分均值及单项政策得分最大值与最小值进行比较，可以看出2019年7月至2020年12月京津冀区域科技政策效力得分为中下水平。其中，政策工具、政策目标和政策力度得分均为中下水平。

表3.7　2019年7月至2020年12月京津冀区域科技政策效力评分结果

单位：分

项目	总得分	均值	单项政策		单项满分
			最大值	最小值	
政策力度	109	1.15	3	1	5
政策目标	509	5.40	19	1	25
政策工具	1525	16.10	37	3	65
政策效力	2481	26.12	120	5	450

首先，从 2019 年 7 月至 2020 年 12 月京津冀区域颁布科技政策的政策力度来看，政策力度均值为 1.15 分，表现为京津冀区域科技政策颁布主体局限于省市级政府及其相关职能部门，政策文种以宏观性强的通知、意见为主，缺乏省级人民代表大会颁布的地方性法规，导致政策力度偏低。

其次，从 2019 年 7 月至 2020 年 12 月京津冀区域颁布科技政策的政策目标来看，不同政策目标各子目标的得分有所差异。图 3.10 为京津冀区域科技政策子目标得分占总体政策目标得分的比重情况。可以看出政治功能占比最多，达 37%，表现为科技政策深入贯彻落实创新驱动发展，大众创业、万众创新，建设创新型国家等国家战略、相关会议精神、上级政策、国家和地区领导人讲话等，基本涵盖政策依据、指导思想、基本原则等要素。其次为经济效益和科技进步，占比分别为 26% 和 21%，经济上在促进科技成果转化、政产学研用资社、技术转移、高科技产业化、产业结构转型升级、科技与经济融合等方面设定一些目标，科技上在技术改造升级、仪器设备更新换代、基础设施建设、创新人才队伍建设、自主创新能力提升、新技术研发应用等方面设定相关目标。社会发展和生态进化占比较少，分别为 13% 和 3%，表现为京津冀区域的科技政策对培育创新文化、营造创新氛围、增强创新意识等社会发展方面和节约能源资源、降低能源消耗、减少污染物排放等生态进化方面关注度较低。

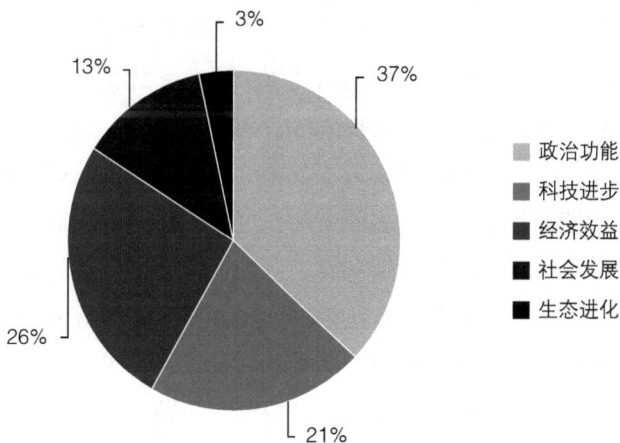

图 3.10 2019 年 7 月至 2020 年 12 月京津冀区域科技政策子目标得分占比

再次，从 2019 年 7 月至 2020 年 12 月京津冀区域颁布科技政策的政策工具看，可以看出政策的侧重点有所不同。图 3.11 为京津冀区域科技政策各政策子工具得分占比情况。3 类政策工具中，供给型政策工具使用最多，占比为 63%，超过一半，可以看出京津冀区域倾向于采用直接推动科技创新发展的政策，政府为科技创新提供基础设施、公共服务、人才、资金、信息等要素，从而支持科技创新活动有效开展。环境型政策工具使用次之，占比为 21%，反映出京津冀区域在推动科技创新发展的同时，努力为科技创新活动营造一个公平有序、安全自由的市场环境。需求型政策工具占比最少，为 16%，可以看出缺乏从需求层面对科技型企业的可持续发展问题的关注度。

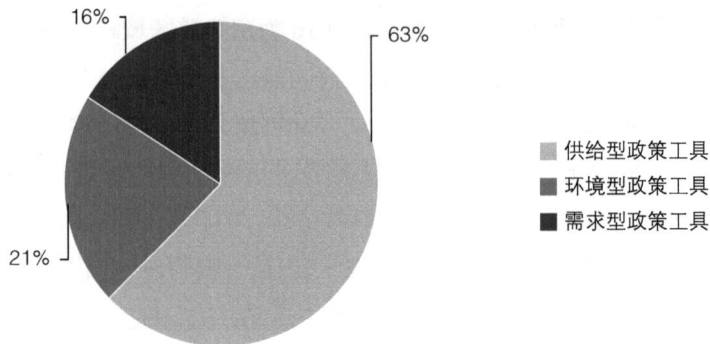

图 3.11　2019 年 7 月至 2020 年 12 月京津冀区域科技政策子工具得分占比

　　图 3.12 进一步对供给型、环境型、需求型 3 类政策工具的具体使用情况进行分析。在供给型政策工具中，公共财政支持使用率最高。新冠肺炎疫情暴发以来，为充分发挥科技支撑作用，打赢疫情防控阻击战，京津冀区域设立疫情防控科研攻关项目，提高对科技型中小企业和创新创业公司的支持比例。人力资源管理和公共科技服务的使用次之，说明京津冀区域重视为科技创新活动搭建服务平台，优化、简化审批流程，加强对科技人才的引进、培养和管理，调动科技人才创新创业热情，而基础设施建设和科技信息支持的使用相对少一些。在环境型政策工具中，最常使用的政策工具是金融支持与法规管制，目标规划的使用频率次之，表明京津冀区域主动协调、对接银行等金融机构，鼓励金融机构采取信贷重组、减免逾期利息、延长还款期限等措施缓解科技型企业的经营压力，要求所有的政策措施都要符合法律的相关规定，对高等院校、科研院所、科技型企业等主体开展的科技创新活动提出了规划和目标。在需求型政策工具中，示范工程的使用频率最高，反映出京津冀区域注重对"双创"示范区、自由贸易示范区、可持续发展示范区等的建设，在产业发展提质增效、科技成果转化等方面进行积极探索，努力形成一批可复制、可推广的经验，提高科技创新效益和竞争力；国际交流合作政策工具的使用频率次之，表明政府坚持开放、共享的理念，重视让高新科技"引进来，走出去"。政府采购和贸易管制的使用频率较少，这两种政策子工具可以让政府减轻压力，降低成本，这类政策工具应该引起京津冀区域的重视。

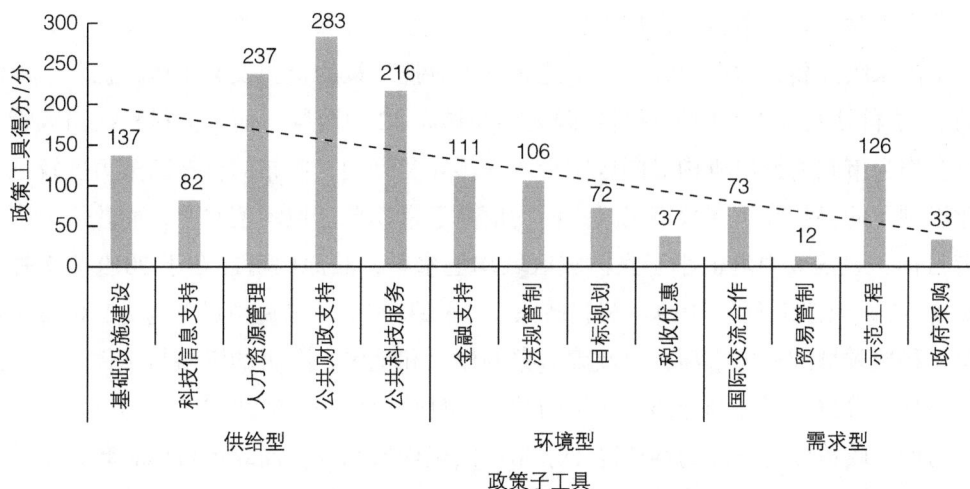

图 3.12　2019 年 7 月至 2020 年 12 月京津冀区域科技政策子工具得分情况

最后，由于北京市、天津市、河北省三省市分别颁布了科技政策，在数量和内容上都存在着差异，因此分别计算出京津冀区域及三省市的政策力度均值、政策目标均值、政策工具均值和政策效力均值，从而对三者的科技政策效力评估指标进行对比（图3.13）。

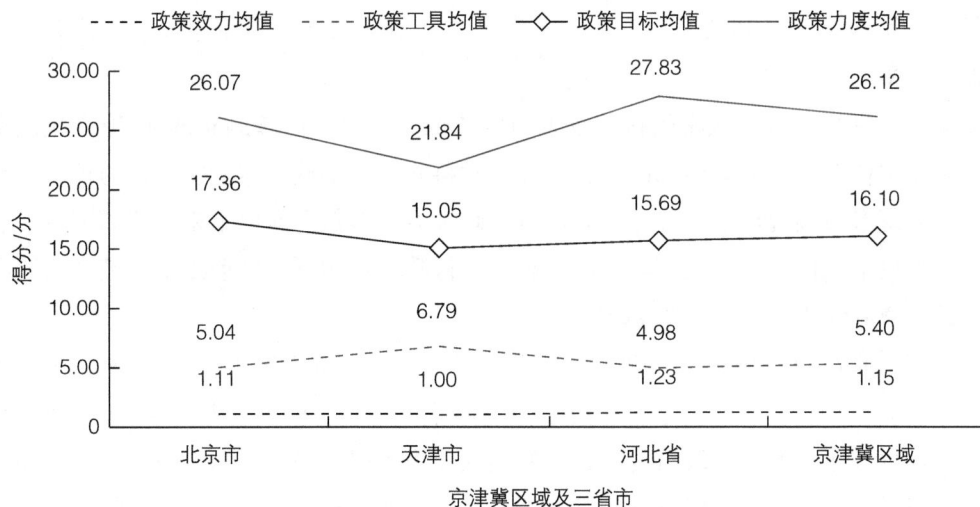

图 3.13　2019 年 7 月至 2020 年 12 月京津冀区域及三省市政策得分均值

如图 3.13 所示，北京市颁布的科技政策在政策目标均值得分高于京津冀区域均值水平，而政策效力均值、政策工具均值、政策力度均值小于京津冀区域均值水平，反映出北京市为实现政策目标采用了较为全面的手段和方法。中关村科技园区作为中国第一个国家级高新技术产业开发区，是北京市科技政策的重要发文主体，在北京市颁布的 28 项科技政策中，中关村科技园区参与颁布 12 项政策，而中关村科技园区管理委员会作为市政府派出机构对园区实行统一领导和管理，颁布的科技政策力度较低。天津市颁布的科技政策在政策工具方面均值高于京津冀区域均值水平，而政策力度、政策目标、政策效力均值小于京津冀区域均值水平，其原因可能在于 2019 年 7 月至 2020 年 12 月天津市颁布的 19 项科技政策以"管理办法""实施意见"为主，侧重于规制单一科技领域或科技事项，对政策对象的概念和范围、办事的资格与条件、工作的流程与程序等进行了详细介绍，运用的政策工具较为单一。河北省颁布的科技政策在政策力度、政策效力方面的均值高于京津冀区域均值水平，而政策目标和政策工具得分均值低于京津冀区域均值水平。河北省颁布的 48 项科技政策，9 项政策由河北省人民政府（办公厅）颁布，1 项政策由河北省人民代表大会颁布，政策力度较高，这些政策多就科技管理体制改革、"双创"与科技成果转化等方面进行了详细介绍，未详细论证政策目标与政策工具。

综上所述，根据 2019 年 7 月至 2020 年 12 月京津冀区域颁布的科技政策效力评分结果，可以得出以下结论。

第一，京津冀区域颁布的科技政策效力较低，分析其中原因发现该区域政策在政策目标、政策工具和政策力度 3 个维度上均为中下水平，从而导致整体政策效力偏低。

第二，京津冀区域颁布的科技政策力度较低。京津冀区域颁布的 95 项科技政策中，发文主体多为政府职能部门，这些部门对科研项目实施、实验室运行与评估、科研资金管理等方面提出了明确标准和规范，政策力度偏低。所以未来京津冀区域应立足科技发展的实际需要，在不与宪法、法律、行政法规相抵触的前提下，健全法律法规建设，营造创新友好的法律政策环境。

第三，京津冀区域的科技政策在政策目标设定上，能够兼顾政治功能、科技进步、经济效益、社会发展和生态进化等 5 个维度，但京津冀区域对这 5 个维度政策目标的关注度并不均衡，对政治功能目标的实现最为重视，提出部分科技进步目标和经济效益目标，但对社会发展目标和生态进化目标有所忽视。另外，目前政策目标仅解决了"有"和"无"的问题，不够细化，没能提出明确、具体、可衡量的科技发展目标，政府部门在制定科技政策的过程中未能针对当前科技发展现状和需求战略，导致政策内容和政策目标不够匹配，容易出现政策工具的浪费。所以京津冀区域要重视政策目标的制定，在设计政策目标时要实事求是，不可草率制定，从现有实际问题出发，综合考量政治、科技、经济、社会、生态等多个方面，如果政策目标过于复杂，可组织专家论证，充分讨论后决定，利用政治分析、价值分析等分析方法确定政策目标。

第四，京津冀区域颁布的科技政策在政策工具使用上（供给型、环境型和需求型 3 类政策工具）呈现出非均衡性特征，不同政策工具的内部结构也不合理，供给型政策工具使用得较多，环境型政策工具和需求型政策工具使用得较少。在供给型政策工具中，京津冀区域更多倾向于公共财政支持、人力资源管理、公共科技服务政策子工具，基础设施建设和科技信息支持的支撑作用略显不足，科技信息平台是对接供需双方实现技术共享的重要媒介，对企业技术创新活动的开展和原始创新能力的提升至关重要，需要京津冀区域从设计层面给予重视。环境型政策工具的使用旨在为企业创新创业提供绿色、公平的政策环境，能够为企业的创新发展提供间接扶持，政策成效相对较慢但必不可少。京津冀区域环境型政策工具的使用倾向于金融支持和法规管制，目标规划和税收优惠的使用频率相对较少，在一定程度上反映出政策制度的不完善性和政府行为的短期性，未来需要立足于长远视角，对科技创新创业政策体系进行补充完善和调整，营造公平透明的法治化市场环境。需求型政策工具的使用以示范工程和国际交流合作为主，而政府采购和贸易管制作为激励科技创业活动的重要政策子工具，使用频率也较少，尚未发挥其应有效果。因此，未来京津冀区域需要进一步完善科技政策工具体系，优化各类政策工具的整体结构和具体使用比例，重视需求型政策工具的拉动力，从强调供给为主转向以需求为主，如加强政府采购政策子工具的使用，加大对自主创新产品的采购量，优化政府采购的结构，以公众的需求为导向，推动科技创新的发展。加大环境型政策工具的使用，建立不同发展阶段的金融政策，提升税收优惠政策子工具的利用率，合理规划政策目标，优化市场服务，实行"放管服"改革、推进商事制度改革、行政审批制度改革等政策工具，为市场主体的业务拓展、产品创新和技术升级提供合理支撑。

3.3 长三角区域的科技政策分析

3.3.1 长三角区域的基本情况

长三角区域位于我国长江中下游平原，区域包括一市三省，即上海市、江苏省、浙江省和安徽省，总面积约为 35.8 万平方千米，2020 年人口总数约为 2.35 亿。长三角区域是我国重要的经济带之一，其经济总量相当于我国国内生产总值（GDP）的 1/5，经济增长速度远高于我国平均水平。依托于得天独厚的地理位置和完善的基础设施建设与交通运输网络，长三角区域成为我国对外贸易的重要地区，在我国经济发展和对外开放的战略布局中具有较高的战略地位。

上海市，简称"沪"，是我国四大直辖市之一，同时也是我国经济、金融、贸易、航运和科技创新等方面的中心。2020 年，上海市全市的行政区划面积为 6340.50 平方千米，常住人口约为 2488 万人。在宏观经济方面，截至 2020 年末，上海市生产总值为 38 700.58 亿元，比上年增长 1.7%。在科学技术方面，截至 2020 年末，上海市共认定高新技术成果转化项目 13 785 项，全年科学研究与试验发展（R&D）经费支出约 1600 亿元，相当于上海市生产总值的 4.1%。在产业发展方面，截至 2020 年末，上海市第一产业增加值 103.57 亿元，比上年下降 8.2%；第二产业增加值 10 289.47 亿元，比上年增长 1.3%；第三产业增加值 28 307.54 亿元，比上年增长 1.8%。截至 2020 年末，第三产业增加值占上海市生产总值的比重为 73.1%，比上年提高了 0.2 个百分点。在高等教育方面，截至 2020 年末，上海市共有普通高等学校 63 所，高校在校学生人数约为 54.07 万人，比上年增长 2.7%。

江苏省，简称"苏"，区域综合发展水平较高，是我国东部沿海发达的省份之一。江苏省全省的行政区划面积为 10.72 万平方千米，常住人口约为 8070.0 万人。在宏观经济方面，截至 2020 年末，江苏省的全年实现地区生产总值 102 719.0 亿元，比上年增长 3.7%。在科学技术方面，截至 2020 年末，江苏省全省专利申请量、授权量分别达 75.2 万件、49.9 万件。其中，发明专利申请量 18.9 万件，比上年增长 9.5%；发明专利授权量 4.6 万件，比上年增长 15.9%。江苏省全社会科学研究与试验发展活动经费占地区生产总值的比重达 2.85%。在产业发展方面，截至 2020 年末，江苏省第一产业增加值 4536.7 亿元，比上年增长 1.7%；第二产业增加值 44 226.4 亿元，比上年增长 3.7%；第三产业增加值 53 955.8 亿元，比上年增长 3.8%。在高等教育方面，截至 2020 年末，江苏省拥有普通高等学校 167 所，高校在校学生人数约为 225.9 万人。

浙江省，简称"浙"，东临东海，西与安徽、江西相连，南临福建，北与上海、江苏接壤。浙江省是我国经济最为活跃的省份之一。近年来，浙江省在原有的经济基础上，依托新兴的互联网经济，经济发展势头迅猛，形成了较有特色的经济发展"浙江模式"。浙江省全省的行政区划面积为 10.55 万平方千米，常住人口约为 5850 万人。在宏观经济方面，截至 2020 年末，浙江省生产总值为 64 613 亿元，比上年增长 3.6%。在科学技术方面，截至 2020 年末，浙江省全年全社会科学研究和试验发展经费支出与生产总值之比为 2.8%，比上年提高 0.13 个百分点。财政一般公共预算支出中科技支出 472.1 亿元。在产业发展方面，截至 2020 年末，浙江省第一产业增加值 2169 亿元，比上年增长 1.3%；第二产业增加值 26 413 亿元，比上年增长 3.1%；第三产业增加值

36 031 亿元，比上年增长 4.1%。三次产业增加值结构为 3.3∶40.9∶55.8。在高等教育方面，截至 2020 年末，浙江省共有普通高等学校 110 所，研究生（含非全日制）、本科、专科招生比例为 1∶4.2∶4.3；高等教育毛入学率为 62.4%。全年研究生（含非全日制）招生 43 064 人，其中，博士生 4694 人，硕士生 38 370 人。

安徽省简称"皖"，是我国技术创新工程试点省份、我国首个新型城镇化试点省份。安徽省是中国重要的汽车、机械和电子设备加工基地。安徽省全省的行政区划面积为 14.01 万平方千米，常住人口约为 7119 万人。宏观经济方面，截至 2020 年末，安徽省全年生产总值 38 680.6 亿元，比上年增长 3.9%。在科学技术方面，截至 2020 年末，全年登记科技成果 20 168 项，其中各类财政资金支持形成的科技成果 953 项。授权专利 11.97 万件，比上年增长 45%。截至 2020 年末，全省有效发明专利 9.82 万件。在产业发展方面，截至 2020 年末，安徽省第一产业增加值 3184.7 亿元，比上年增长 2.2%；第二产业增加值 15 671.7 亿元，比上年增长 5.2%；第三产业增加值 19 824.2 亿元，比上年增长 2.8%。三次产业结构由上年的 7.9∶40.6∶51.5 调整为 8.2∶40.5∶51.3。在高等教育方面，截至 2020 年末，安徽省拥有普通高等院校 115 所，高校在校学生约为 145.2 万人。

总体而言，长三角区域的宏观经济发展状况较好，经济发展动力强劲，经济发展模式独特，形成了较为合理的产业发展结构，第三产业发展前景广阔。长三角区域注重科技发展的资金投入，近年来科学研究与试验发展经费投入总量和比重呈现上升趋势，科技成果总数不断增多。长三角区域教育资源丰富，拥有复旦大学、上海交通大学、浙江大学等诸多高水平大学，高素质人才储备较为充足。2019 年 7 月至 2020 年 12 月，中央政府先后推出《长三角生态绿色一体化发展示范区总体方案》《长江三角洲区域一体化发展规划纲要》等多项政策文件，助力长三角区域的一体化协同发展。2020 年 8 月，习近平总书记主持召开扎实推进长三角一体化发展座谈会并发表重要讲话，强调要紧扣一体化和高质量抓好重点工作，推动长三角一体化发展不断取得成效。

3.3.2　政策外部特征

（1）政策数量统计

2019 年 5 月至 2020 年 12 月，长三角区域共颁布科技政策 103 项，其中上海市 21 项，江苏省 22 项，浙江省 31 项，安徽省 29 项（图 3.14）。长三角区域颁布的科技政策如表 3.8 所示。

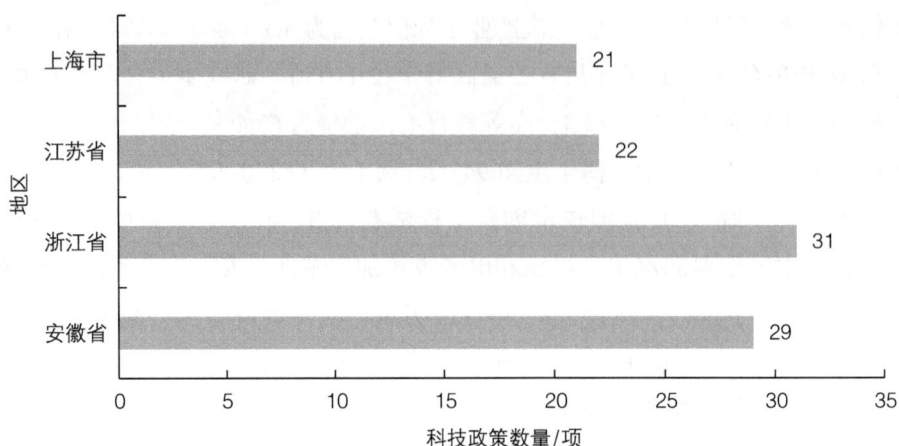

图 3.14　2019 年 5 月至 2020 年 12 月长三角区域科技政策数量

表 3.8　2019 年 5 月至 2020 年 12 月长三角区域颁布的科技政策一览

序号	政策名称	颁布单位
1	上海市科技专家库管理办法	上海市科学技术委员会
2	上海市科技信用信息管理办法（试行）	上海市科学技术委员会
3	上海市科技计划专项经费后补助管理办法	上海市科学技术委员会、上海市财政局
4	上海市科学技术奖励规定实施细则	上海市科学技术委员会
5	上海市科技兴农项目及资金管理办法	上海市农业农村委员会、上海市财政局
6	上海工程技术研究中心建设与管理办法	上海市科学技术委员会
7	上海市地方标准化技术委员会管理办法	上海市市场监督管理局
8	上海市高新技术成果转化项目认定办法	上海市科学技术委员会、上海市财政局、国家税务总局上海市税务局、上海市人力资源和社会保障局
9	加快推进上海金融科技中心建设实施方案	上海市人民政府办公厅
10	上海市高新技术成果转化专项扶持资金管理办法	上海市科学技术委员会、上海市财政局、国家税务总局上海市税务局
11	上海市技术交易场所管理细则	上海市科学技术委员会
12	上海市科技创新创业载体管理办法（试行）	上海市科学技术委员会、上海市教育委员会、上海市财政局、国家税务总局上海市税务局
13	上海市科技计划项目综合绩效评价工作规范（试行）	上海市科学技术委员会

续表

序号	政策名称	颁布单位
14	上海市新购大型科学仪器设施联合评议管理办法	上海市科学技术委员会、上海市财政局、上海市发展和改革委员会
15	上海市 2019—2021 年科技型中小企业和小型微型企业信贷风险补偿办法	上海市财政局、上海市金融工作局、中国银行保险监督管理委员会上海监管局
16	地方教育附加专项资金用于本市高技能人才培养基地建设经费资助实施办法	上海市财政局、上海市人力资源和社会保障局
17	关于加强公共卫生应急管理科技攻关体系与能力建设的实施意见	上海市科学技术委员会、上海市卫生健康委员会、上海市药品监督管理局、上海市经济和信息化委员会、上海市教育委员会
18	关于进一步完善地方教育附加专项资金分配使用办法加强企业职工职业培训的实施意见	上海市财政局、上海市人力资源和社会保障局、上海市教育委员会、上海市总工会
19	上海职业教育高质量发展行动计划（2019—2022 年）	上海市人民政府办公厅
20	社区新型基础设施建设行动计划	上海市人民政府办公厅
21	推进上海马桥人工智能创新试验区建设工作方案	上海市人民政府办公厅
22	浙江省公共数据开放与安全管理暂行办法	浙江省人民政府
23	浙江省实验室体系建设方案	浙江省科学技术厅
24	浙江省外国专家工作站管理办法	浙江省科学技术厅
25	关于充分发挥科技支撑"两手硬两战赢"作用确保实现全年目标任务的若干意见	浙江省科学技术厅
26	浙江省科技专家库管理办法	浙江省科学技术厅
27	浙江省科技行政处罚裁量权实施办法	浙江省科学技术厅
28	浙江省科技行政处罚裁量基准	浙江省科学技术厅
29	浙江省技术转移体系建设实施方案	浙江省科学技术厅
30	浙江省重点研发计划暂行管理办法	浙江省科学技术厅
31	关于进一步完善省级科技计划体系 创新科技资源配置机制的改革方案（试行）	浙江省科学技术厅
32	浙江省引进大院名校共建高端创新载体实施意见	浙江省科学技术厅
33	浙江省科学技术奖励办法实施细则（修订）	浙江省科学技术厅

序号	政策名称	颁布单位
34	浙江省人民政府办公厅关于进一步推进我省重大科研基础设施和大型科研仪器设备开放共享的实施意见	浙江省人民政府办公厅
35	关于进一步加强科研诚信建设弘扬科学家精神的实施意见	中共浙江省委办公厅、浙江省人民政府办公厅
36	浙江省科研诚信信息管理办法（试行）	浙江省科学技术厅
37	浙江省自然科学基金委员会章程	浙江省科学技术厅
38	浙江省人民政府办公厅关于加快生命健康科技创新发展的实施意见	浙江省人民政府办公厅
39	浙江省省级产业创新服务综合体管理考核办法（试行）	浙江省科技领导小组办公室
40	浙江省科学技术奖励办法	浙江省人民政府
41	浙江省提升全民科学文化素质行动计划（2020—2025 年）	浙江省人民政府办公厅
42	浙江省数字赋能促进新业态新模式发展行动计划（2020—2022 年）	浙江省人民政府办公厅
43	浙江省人民政府关于全面加强基础科学研究的实施意见	浙江省人民政府
44	浙江省深化科学技术奖励制度改革方案	浙江省人民政府办公厅
45	浙江省科学技术厅关于全力支持科技企业抗疫情促发展的通知	浙江省科学技术厅
46	浙江省科学技术厅关于进一步加强服务科技型企业指导做好疫情防控工作的紧急通知	浙江省科学技术厅
47	浙江省生态环境厅 浙江省教育厅 浙江省科技厅 浙江省卫生健康委 浙江省市场监督管理局关于进一步加强实验室废物处置监管工作的通知	浙江省生态环境厅、浙江省教育厅、浙江省科学技术厅、浙江省卫生健康委员会、浙江省市场监督管理局
48	浙江省人民政府办公厅关于加快建设高水平新型研发机构的若干意见	浙江省人民政府办公厅
49	浙江省关于促进文化和科技深度融合的实施意见	浙江省科学技术厅、中共浙江省委宣传部、中共浙江省委网络安全和信息化委员会办公室、浙江省经济和信息化厅、浙江省财政厅、浙江省文化和旅游厅、浙江省广播电视局

序号	政策名称	颁布单位
50	浙江省数字经济促进条例	浙江省第十三届人民代表大会常务委员会
51	浙江省自然科学基金企业创新发展联合基金工作指引（试行）	浙江省科学技术厅、浙江省自然科学基金委员会
52	浙江省大型科研仪器设备开放共享绩效评价办法（试行）	浙江省科学技术厅、浙江省财政厅、浙江省教育厅、浙江省卫生健康委员会、浙江省市场监督管理局
53	安徽省人民政府关于推进安徽省实验室安徽省技术创新中心建设的实施意见	安徽省人民政府
54	安徽省人民政府关于支持人工智能产业创新发展若干政策的通知	安徽省人民政府
55	支持首台套重大技术装备首批次新材料首版次软件发展若干政策	安徽省人民政府
56	关于印发安徽省实验室安徽省技术创新中心管理办法的通知	安徽省科学技术厅
57	安徽省科技创新战略与软科学研究专项管理办法	安徽省科学技术厅
58	关于鼓励发展省科技创新智库的暂行办法	安徽省科学技术厅
59	安徽省科技重大专项项目管理办法	安徽省科学技术厅
60	安徽省重点研究与开发计划资金管理办法	安徽省科学技术厅
61	安徽省科技计划项目验收管理办法	安徽省科学技术厅
62	安徽省科技成果转化引导基金投资管理暂行办法	安徽省科学技术厅、安徽省财政厅
63	安徽省科技计划项目档案管理办法	安徽省科学技术厅
64	安徽省新一代人工智能产业基地建设实施方案	安徽省经济和信息化厅、安徽省发展和改革委员会、安徽省科学技术厅
65	安徽省科技领域财政事权和支出责任划分改革实施方案	安徽省财政厅
66	安徽省创新型智慧园区建设方案	安徽省发展改革委、安徽省科学技术厅、安徽省商务厅
67	2020 年安徽省 5G 发展工作要点	安徽省经济和信息化厅
68	安徽省"数字政府"建设规划（2020—2025 年）	安徽省人民政府
69	安徽省高新技术企业加速成长行动实施方案	安徽省科学技术厅

序号	政策名称	颁布单位
70	安徽科技成果转化引导基金专家咨询委员会规程	安徽省科学技术厅
71	安徽省自然科学基金管理办法（修订）	安徽省科学技术厅
72	安徽省技术合同认定登记实施细则（试行）	安徽省科学技术厅
73	安徽省科技企业孵化器认定、众创空间备案及绩效评价管理办法（试行）	安徽省科学技术厅
74	安徽省新型研发机构认定管理与绩效评价办法	安徽省科学技术厅
75	安徽省科技成果转化引导基金项目库管理办法（试行）	安徽省科学技术厅
76	安徽省科技中介服务机构工作绩效评价办法（试行）	安徽省科学技术厅
77	安徽省农（林）业综合实验站、农技推广示范基地绩效评价办法（试行）	安徽省科学技术厅
78	安徽省农业种质资源库（圃）绩效评价办法（试行）	安徽省科学技术厅
79	安徽省推进科技特派员创新创业五年行动计划（2020—2025 年）	安徽省科学技术厅、中共安徽省委组织部、中共安徽省委宣传部、安徽省教育厅、安徽省财政厅、安徽省农业农村厅、安徽省人力资源和社会保障厅、安徽省供销合作社、安徽省扶贫办、安徽省林业局
80	安徽省专利奖评奖办法	安徽省市场监督管理局
81	省科技厅对真抓实干成效明显地方进一步加大激励支持力度的实施办法（修订）	安徽省科学技术厅
82	江苏省外国专家工作室管理办法（试行）	江苏省科学技术厅
83	江苏省科技资源统筹服务管理办法（试行）	江苏省科学技术厅、江苏省财政厅、江苏省教育厅、江苏省人力资源和社会保障厅、江苏省农业农村厅、江苏省健康委员会、江苏省市场监督管理局
84	省科技厅关于进一步严肃工作纪律严格做好高新技术企业认定管理工作的通知	江苏省科学技术厅
85	江苏省科技领域省与市县财政事权和支出责任划分改革方案	江苏省人民政府办公厅
86	关于疫情防控期间进一步为科技企业提供便利化服务的通知	江苏省科学技术厅

序号	政策名称	颁布单位
87	江苏省众创空间备案办法（试行）	江苏省科学技术厅
88	江苏省科技企业孵化器管理办法	江苏省科学技术厅
89	关于进一步压实省科技计划（专项、基金等）任务承担单位科研作风学风和科研诚信主体责任的通知	江苏省科学技术厅
90	江苏省科技创新券试点方案	江苏省科学技术厅、江苏省财政厅
91	省政府关于促进全省高新技术产业开发区高质量发展的实施意见	江苏省人民政府
92	苏南国家自主创新示范区一体化发展实施方案（2020—2022 年）	江苏省人民政府
93	关于改进科技评价破除"唯论文"不良导向的若干措施（试行）	江苏省科学技术厅
94	中国（江苏）自贸试验区实验动物行政许可"证照分离"改革工作实施方案	江苏省科学技术厅
95	江苏省大学科技园管理办法	江苏省科学技术厅、江苏省教育厅
96	关于进一步弘扬科学家精神加强全省作风和学风建设的实施意见	江苏省科学技术厅、中共江苏省委宣传部、江苏省教育厅、江苏省科学技术协会
97	江苏省科技计划项目信用管理办法	江苏省科学技术厅
98	加强实验动物行政许可事中事后监管工作的实施办法（修订版）	江苏省科学技术厅
99	江苏省高新技术企业培育资金管理办法	江苏省科学技术厅、江苏省财政厅
100	江苏省推进高新技术企业高质量发展的若干政策	江苏省人民政府
101	省政府办公厅关于支持南京江北新区深化改革创新加快推动高质量发展的实施意见	江苏省人民政府办公厅
102	江苏省"产业强链"三年行动计划（2021—2023 年）	江苏省人民政府办公厅
103	省政府办公厅关于深入推进数字经济发展的意见	江苏省人民政府办公厅

（2）政策类别统计

将政策按相应类别进行划分统计，能够更加直观地了解各地区政府对于科技领域的不同关注点。就一般情况而言，某一类别的政策数量越多，说明政府对于该领域就越为关注。2019 年 5 月至 2020 年 12 月长三角区域的科技政策更多地集中在科技基础能力建设、"双创"与科技成果转化、科技管理制改革和人才队伍建设 4 个方面（表3.9），也在一定程度上说明了长三角区域三省一市政府对于上述 4 个方面的重视程度。由表 3.9、图 3.15 可见，长三角区域三省一市政府对于政策种类的偏好也存在着一定的差异。其中，上海市更加重视科技管理体制改革、"双创"与科技成果转化、科技基础能力建设方面政策的制定和出台；江苏省更加注重科技基础能力建设、科普与创新文化、"双创"与科技成果转化方面政策的供给；浙江省和安徽省则更侧重在科技基础能力建设、"双创"与科技成果转化方面提供政策支持。

表 3.9　2019 年 5 月至 2020 年 12 月长三角区域科技政策种类及数量

政策类别	科普与创新文化	科技基础能力建设	战略导向和规划布局	"双创"与科技成果转化	科技管理体制改革	人才队伍建设	科技创新项目
数量/项	6	43	5	26	12	9	2
占比	5.8%	41.7%	4.9%	25.2%	11.7%	8.7%	1.9%

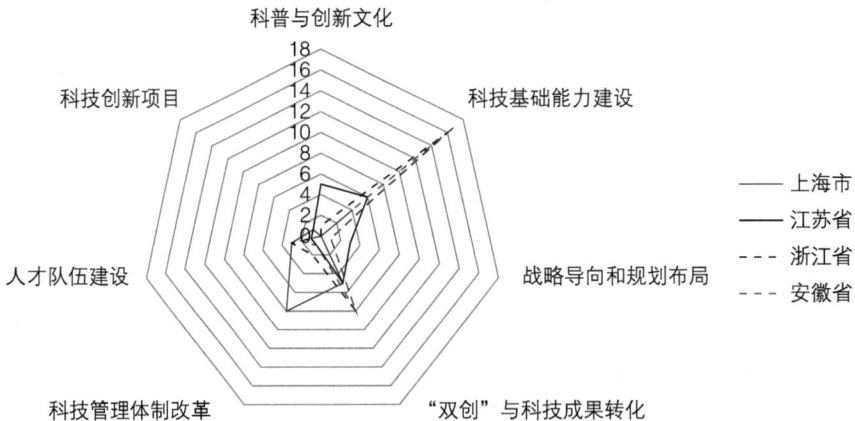

图 3.15　2019 年 5 月至 2020 年 12 月长三角区域三省一市科技政策类别及数量

（3）政策时间分布

由图 3.16、图 3.17 可见，总体来说 2019 年 5 月至 2020 年 12 月，长三角区域三省一市每个月发布的科技政策数量变化较大，主要集中在 2019 年 12 月、2020 年 3 月、2020 年 11 月和 2020 年 12 月。其中，浙江省在多个月份发布的科技政策数量相较其他省份和直辖市而言更多；安徽省在每个月发布的科技政策数量变化相对较小。

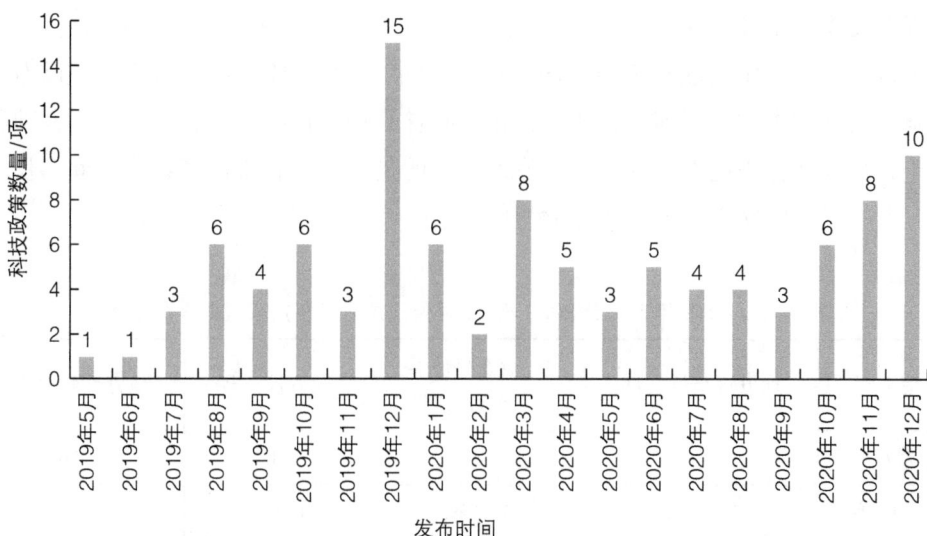

图 3.16　2019 年 5 月至 2020 年 12 月长三角区域各月科技政策发布数量

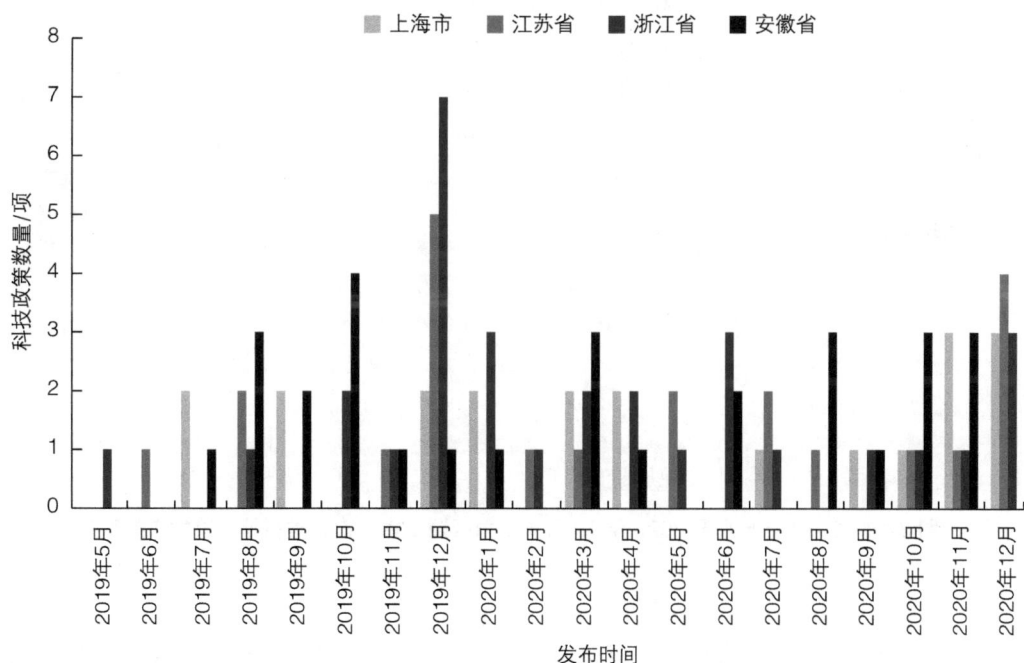

图 3.17　2019 年 5 月至 2020 年 12 月长三角区域三省一市各月科技政策发布数量

（4）政策属性分析

从政策属性来看，长三角区域三省一市的政府更加注重地方规范性文件、地方科协规范性文件和地方性政府规章的出台，而其中又以地方规范性文件为主，对于地方性法规的关注则相对较少（表 3.10）。长三角区域三省一市政府出台的科技政策在政策属性上也存在着一定的区别（图 3.18）。在上海市出台的 21 项科技政策中，以地方科协规范性文件为主；在江苏省、浙江省和安徽省分别出台的 22 项、31 项和 29 项科技政策中，都以地方规范性文件为主。值得关注的是，浙江省推出了该段时间内长三角区域三省一市科技政策中唯一的地方性法规。

表 3.10　2019 年 5 月至 2020 年 12 月长三角区域科技政策属性及数量

政策类别	地方规范性文件	地方科协 规范性文件	地方性法规	地方性政府规章
数量/项	80	12	1	10
占比	77.67%	11.65%	0.97%	9.71%

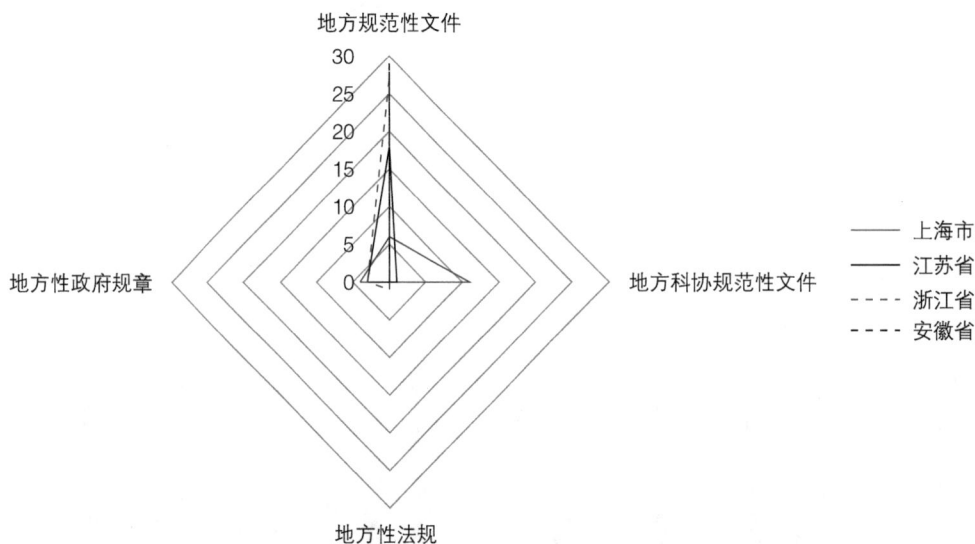

图 3.18　2019 年 5 月至 2020 年 12 月长三角区域三省一市各类科技政策发布数量

（5）政策协同性

如表 3.11 显示，长三角区域三省一市的发文主体为 1 个部门的科技政策有 81 项，占比为 78.6%；发文主体为 2 个部门的科技政策有 8 项，占比为 7.8%；发文主体为 3 个及以上部门的科技政策有 14 项，占比为 13.6%。可见，在该段时间长三角区域科技政策的制定和出台主要依靠单一部门的推动，多部门之间联合制定出台的科技政策较少，科技政策的协同性较为薄弱。其中，上海市相较其他 3 个省份而言，3 个及以上部门联合出台的科技政策的数量较多，占其发文总量的比重更高，因此科技政策的协同性相对较好。

表 3.11　2019 年 5 月至 2020 年 12 月长三角区域科技政策联合发文数量

	上海市/项	江苏省/项	浙江省/项	安徽省/项	合计/项	比例
1 个部门	11	17	27	26	81	78.6%
2 个部门	3	3	1	1	8	7.8%
3 个及以上部门	7	2	3	2	14	13.6%

3.3.3　政策内部特征

（1）政策主题

政策高频词是政策文本中出现频次较多的词语，能够在一定程度上反应政策关注主体和回应的问题。通过 ROST CM6 软件对 2019 年 5 月至 2020 年 12 月长三角区域的科技政策文本进行分词处理，并统计和提取科技政策文本中的高频词，删除了"关于""应当""第一"等实际意义不大且与科技政策关联较小的词语，得到了 2019 年 5 月至 2020 年 12 月长三角区域科技政策高频词表（节选）（表 3.12）。

表 3.12　2019 年 5 月至 2020 年 12 月长三角区域科技政策高频词（节选）

主题词	词频/次	主题词	词频/次	主题词	词频/次	主题词	词频/次
科技	1752	项目	1420	创新	1224	技术	1048
企业	1035	管理	1024	建设	1007	发展	981
服务	959	单位	772	资金	515	平台	514
部门	512	中心	466	机构	450	资源	441
应用	441	国家	435	研究	424	数据	415
科研	405	加强	405	评价	403	推进	402
重大	397	基础	394	成果	379	开展	379
财政	337	领域	334	专家	331	办法	324
经济	320	人才	210	组织	316	推动	315
社会	312	科学技术	310	体系	305	重点	301
金融	301	规定	300	机制	290	计划	290
监管	286	提升	282	数字	280	设施	274
承担	270	改革	270	建立	269	评审	266
政策	260	能力	258	培育	257	创业	250
共享	250	研发	243	教育	241	高新技术	236

随后，建立了政策高频词共词矩阵，筛选、剔除与其他高频词未发生共现的词汇，最终建立了44×44的相关系数矩阵和相异系数矩阵。采用组间连接和欧氏距离法，对其进行聚类分析与多维尺度分析，得到科技政策高频词谱系图（图3.19）。观察图中各个高频词之间的距离远近和联系密度，可以大致判断高频词的类别关系。结合科技政策高频词聚类分析谱系图和多维尺度分析图（图3.20），可将44个政策高频词划分为5个词团：①机制、建立、改革、促进、经济、体系、加快、提升、基础、评价、科学技术、领域，该词团被命名为"科技体系与评价机制"；②部门、主管，该词团被命名为"主管部门"；③成果、转化，该词团被命名为"成果转化"；④单位、承担、项目、资金、计划、管理、办法、加强、科技、企业、机构、服务、平台、资源、国家、开展、重大、科研、组织、研究，该词团被命名为"科技管理与服务"；⑤建设、推进、创新、中心、发展、推动、技术、应用，该词团被命名为"技术应用与创新发展"。

将此44个高频词重新带回长三角区域出台的103项科技政策文本中，在真实语境下理解各个词团及其所含高频词的含义，能够更好地掌握科技政策关注的主题与回应的社会现实需求。概括而言，有以下5个方面。

1）促进科技体制改革，建立更为完善的科研评价体系。促进科技体制灵活化、科研评价体系合理化是当前长三角区域科技政策重点关注的主题之一。具有科学化的科研机制和评价机制，能够更好地激发科研人员的研究动力，增强科研人员的创新活力，进而促进我国社会整体科技水平的提高。然而长久以来，我国的科研机制存在僵化、死板等诸多缺陷，致使一些科研人员在科技创新、科技成果转化等诸多方面受到来自外部的阻碍，影响了我国整体科技发展的水平。另外，我国在科研评价体系构建方面存在短板，如考察周期较短、过度关注结果、失败包容性差、"唯论文化"等制度缺陷导致一部分科研人才没有被挖掘和重视，一些科技成果半路"夭折"。党的十八大以来，我国实施创新驱动发展战略，更加重视科技创新在发展中的地位。习近平总书记在中国科学院第十九次院士大会、中国工程院第十四次院士大会上的讲话中指出，要全面深化科技体制改革，提升创新体系效能，着力激发创新活力。同时，全面深化科技体制改革离不开对科研评价体系的完善。2020年全国两会也重点关注了完善科研评价体系这一主题，提出要摒弃"SCI至上"，建立健全分类评价体系。长三角区域整体科技发展水平较高，是我国科技发展、技术创新的领头羊。因此，长三角区域要不断深化科技体制改革，探索更加合理的科研评价体系，进而总结相关经验，在全国范围内推广。

使用平均连接（组间）的谱系图
重新标度的距离聚类组合

| 0 | 5 | 10 | 15 | 20 | 25 |

机制	35
建立	40
改革	39
促进	43
经济	30
体系	34
加快	41
提升	37
基础	25
评价	22
科学技术	33
领域	28
部门	13
主管	44
成果	26
转化	42
单位	10
承担	38
项目	2
资金	11
计划	36
管理	6
办法	29
加强	21
科技	1
企业	5
机构	15
服务	9
平台	12
资源	16
国家	18
开展	27
重大	24
科研	20
组织	31
研究	19
建设	7
推进	23
创新	3
中心	14
发展	8
推动	32
技术	4
应用	17

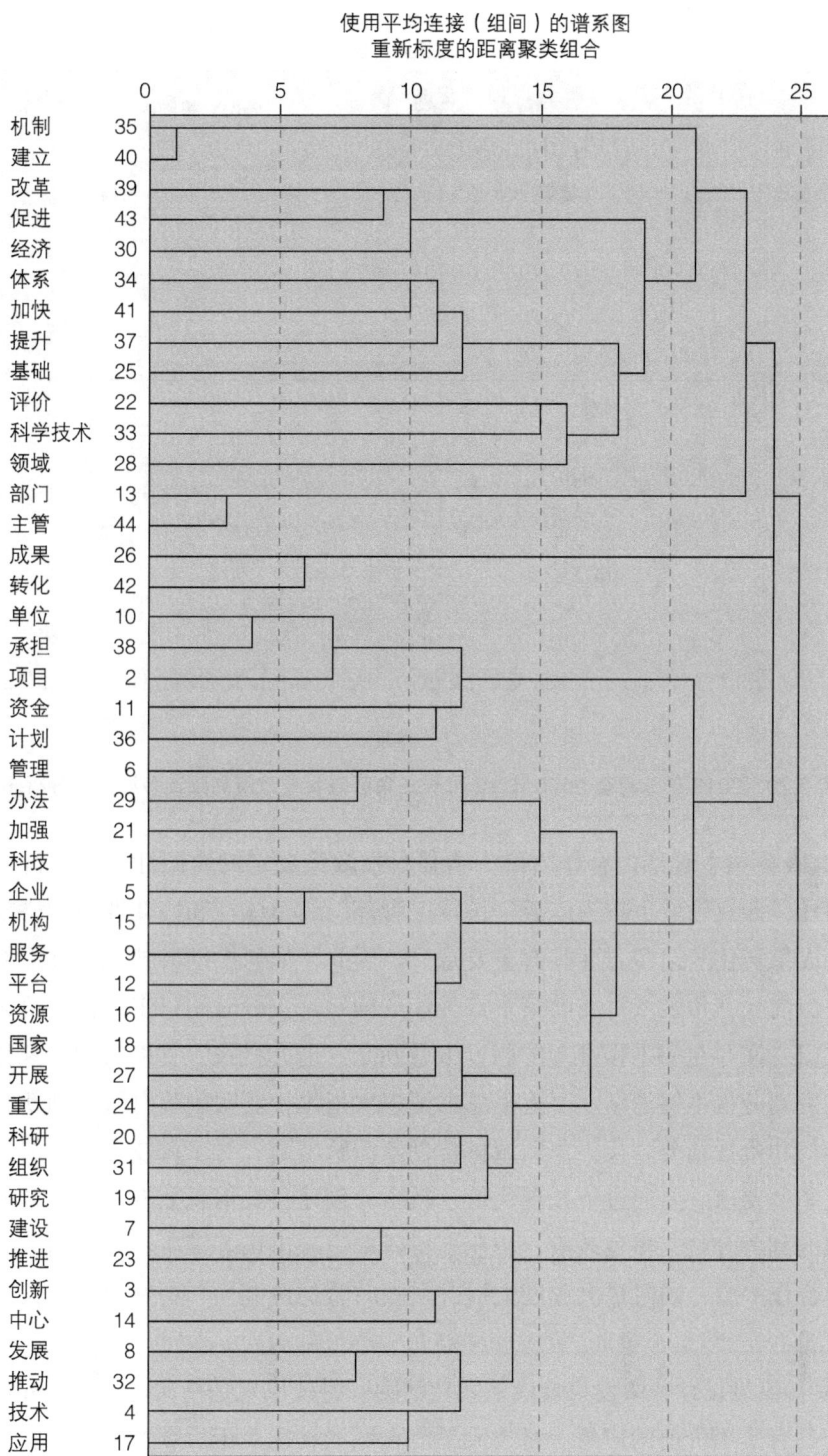

图 3.19　2019 年 5 月至 2020 年 12 月长三角区域科技政策高频词聚类分析谱系图

派生的激励配置
欧氏距离模型

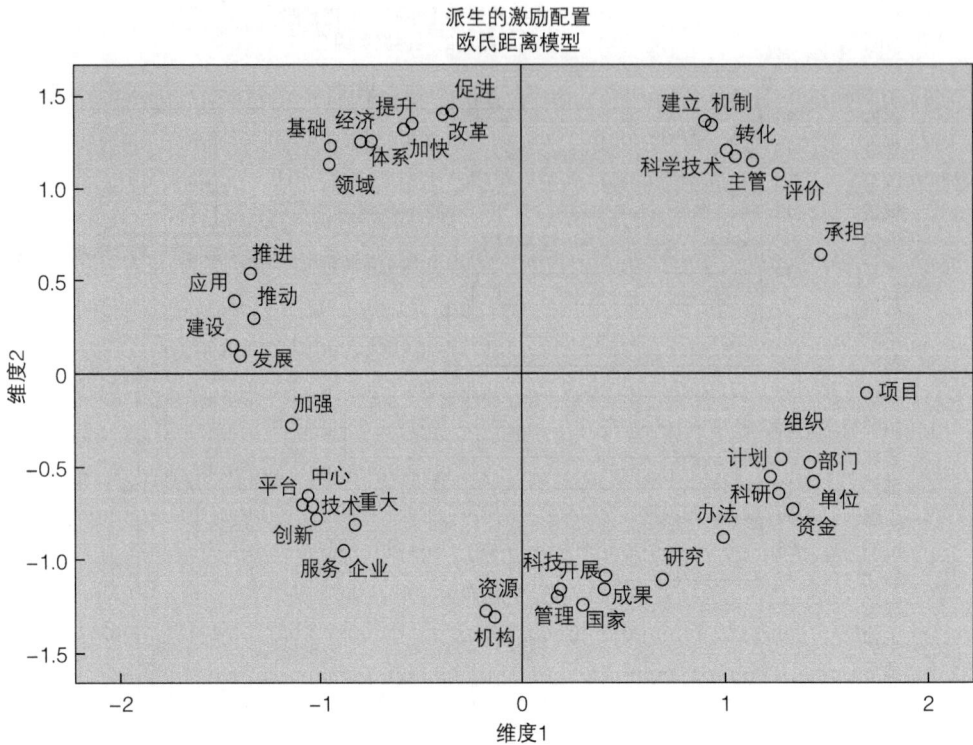

图 3.20　2019 年 5 月至 2020 年 12 月长三角区域科技政策高频词多维尺度分析图

2）打破科技主管部门合作障碍，增强科技政策制定的协同性。地方科技主管部门种类多样，涉及领域也较为广泛。科技主管部门的整体性和协调性对于科技创新发展、科技成果转化等诸多方面具有重要意义。因此，如何推动科技主管部门的联动与合作，是当前长三角区域科技政策重点关注的问题。一段时间以来，长三角区域的科技主管部门之间存在一定程度上的职责重叠问题，地方科技主管部门和国家科技主管部门的权责划分也不够清晰。习近平总书记多次指出，要明确政府科技创新管理中央和地方事权和责任划分。长三角区域科技创新活跃度高，对于科技主管部门的有效合作具有更高的要求。要通过依托现代信息技术、创建科技信息数据库、整合科技主管部门之间的利益分歧，搭建政府、企业、科研单位、市场等多主体之间紧密联系，协调有序的合作平台，同时最大程度上提升科技政策的协调性，更好地促进长三角区域的科技发展。

3）完善制度设计，激发科技成果转化活力。科技成果是指通过科学研究与技术开发产生的具有实用价值的成果。科技成果能否顺利转化对于后续试验、开发、应用推广，乃至形成新产品、新工艺、新材料、发展新产业等方面都能够产生较大的影响。

当下，长三角区域的科技政策十分重视推动科技成果的顺利转化。由于我国以往的科技体制存在一定的短板，具有科研人员激励制度不完善、管理体制僵化落后、监察审计职责模糊等问题，使我国存在整体科技成果转化率低、区域间科技成果转化率不平衡等问题。党的十八大以来，全国科技成果转化工作得到了进一步发展，相关法律制度也得到了完善，如修订了《中华人民共和国促进科技成果转化法》，科技成果转化的整体水平和协调性有所提高。长三角区域通过优化科技成果转化相关制度设计，充分激发区域内科技成果转化活力，保证整体科技成果转化率稳步提高的同时，注重区域内部各地区科技成果转化的协调发展，探索了一条具有长三角区域特色的科技成果转化路径。

4）做好科技管理和科技服务，统筹协调资金、技术、人才等战略资源，促进重大科技项目研究的顺利开展。科技管理主要包括科技项目管理、科技人才管理、科研诚信管理等诸多方面；科技服务主要包括科技项目孵化、科技推广、科技专利认证等诸多环节。长三角区域作为我国科技活动最为活跃的地区之一，其科技政策广泛关注优化科技管理和科技服务。党的十八大以来，党中央更加重视科技管理和科技服务的优化和创新，着力打造良好的科技活动外部环境，以促进我国科学技术的进一步发展。习近平总书记在全国科技创新大会、中国科学院第十八次院士大会和中国工程院第十三次院士大会、中国科学技术协会第九次全国代表大会中强调，要完善符合科技创新规律的资源配置方式，要着力改革和创新科研经费使用和管理方式，让经费为人的创造性活动服务，而不能让人的创造性活动为经费服务。长三角区域坚决贯彻落实党中央的精神，在不同方面为科技活动提供更加科学化、人性化的管理与服务，打造了有序、开放的科技活动社会环境，极大激发了科技活动相关主体的创新动力，进一步巩固了长三角区域在全国科技活动中的优势地位，为我国其他地区科技管理与科技服务改革提供了经验借鉴。

5）通过科学技术的落地应用，推动科学技术的创新发展。科学技术的实际应用，如收集相关数据和应用反馈，能够促进科学技术的适应性改良，进而推动科技创新发展。长三角区域经济发展势头迅猛，科学技术在经济发展中的地位突出。在以国内大循环为主体、国内国际双循环相互促进的新发展格局下，科学技术落地应用的重要性更加得以显现。长三角区域的科技政策重视科学技术应用场景优化、科技成果转化平台搭建、科技成果孵化基地建设等诸多方面，解放科研人员进行技术应用、技术创新的活力。2020年9月，习近平总书记主持召开科学家座谈会时强调，我国经济社会发展和民生改善比过去任何时候都更加需要科学技术解决方案，都更加需要增强创新这个第一动力。长三角区域的政府遵循党中央的指示，通过相关科技政策的制定和出台，着力打造鼓励实践、包容失败、尊重创新的科技发展环境，在全社会范围内大力弘扬科学家精神，同时完善资金管理、成果评价等有关制度，帮助科研人员进行技术落地，增强"创新自信"、解决"后顾之忧"。

（2）政策效力分析

通过借鉴彭纪生等[4]、王帮俊等[5]、徐美宵等[6]、郭本海等[7]的研究成果，对长三角区域科技政策效力进行打分。如表 3.13 所示，2019 年 5 月至 2020 年 12 月长三角区域科技政策的政策效力总得分为 2805 分，平均值为 27.23 分，单项政策效力得分最大值为 135 分、最小值为 7 分。其中，政策力度的总得分为 115 分，平均值为 1.12分，单项政策得分最大值为 3 分、最小值为 1 分；政策目标的总得分为 809 分，平均值为 7.85 分，单项政策得分最大值为 22 分、最小值为 2 分；政策工具的总得分为1555 分，平均值为 15.10 分，单项政策得分最大值为 59 分、最小值为 3 分。用单项政策的满分与单项政策的实际得分、最大值和最小值进行比较，可以看出 2019 年 5 月至2020 年 12 月长三角区域整体科技政策的政策效力偏低，其中单项政策的政策力度和政策目标实际得分与满分相比较为接近，而政策工具的实际得分较满分存在差距。同时，不同政策在政策力度上得分的极差较小，而在政策目标、政策工具方面得分的极差较大，说明不同政策在政策目标、政策工具方面存在着较大差异。

表 3.13　长三角区域科技政策的政策效力评分结果

单位：分

项目	总得分	平均值	单项政策		单项满分
			最大值	最小值	
政策力度	115	1.12	3	1	5
政策目标	809	7.85	22	2	25
政策工具	1555	15.10	59	3	65
政策效力	2805	27.23	135	7	450

如图 3.21 所示，从纵向来看长三角区域三省一市科技政策的政策力度、政策目标、政策工具和政策效力呈现阶梯式的增减趋势。上海市科技政策的政策力度均值高于长三角区域的均值，但政策工具均值较低；江苏省科技政策的政策效力均值和政策工具均值处于领先地位，政策力度均值和政策目标均值也处于中间地位；浙江省科技政策的政策目标均值最高，但政策工具均值低于长三角区域平均值；安徽省科技政策的政策工具均值相对较高，但政策力度均值、政策目标均值和政策效力均值都低于长三角区域均值。

　　从横向上看，长三角区域三省一市科技政策的政策力度均值和政策目标均值均处于较低的水平，且地区间的变化幅度不大。其中，在政策力度方面，上海市、江苏省和浙江省的政策力度均值均高于长三角区域的政策力度均值。在政策目标方面，江苏省和浙江省的政策目标均值高于长三角区域的政策目标均值。从政策工具角度看，江苏省和安徽省的政策工具均值高于长三角区域的政策工具均值，上海市的政策工具均值与长三角区域的政策工具均值相差较大。在政策效力方面，江苏省的政策效力均值显著领先于长三角区域的其他省（市），安徽省的政策效力均值最低，且与长三角区域的政策效力均值存在较大差距。

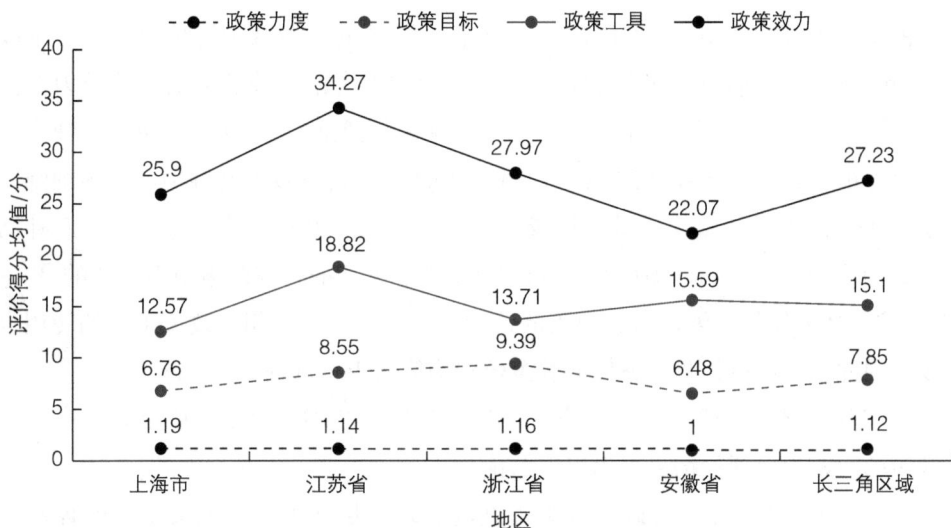

图 3.21　2019 年 5 月至 2020 年 12 月长三角区域三省一市政策效力
评估各项指标得分均值

　　结合国家近期区域发展战略规划和长三角区域的实际发展状况，可能造成安徽省科技政策的政策效力均值较低的原因如下。第一，安徽省较长三角区域其他地区而言，农业在经济结构中的比重较大。安徽省作为我国的产粮大省，农业的健康发展同样重要。因此，安徽省在科技政策的关注和投入上较长三角区域其他地区而言具有一定差距，同时，在收集的安徽省于 2019 年 5 月至 2020 年 12 月颁布的 29 项科技政策文件中均为地方规范性文件，如《安徽省人民政府关于支持人工智能产业创新发展若干政策的通知》《安徽省推进科技特派员创新创业五年行动计划（2020—2025 年）》等。政策力度不足导致安徽省整体科技政策的政策效力水平较低。第二，安徽省整体经济和科技发展水平在长三角区域中较低，因此安徽省的科技发展和科技体系存在一些短板。近年来，安徽省的科技政策更加注重区域内科技短板的补齐，导致一些科技政策的目标较为单一，难以兼顾政治、经济、生态等其他方面，进而致使安徽省的科技政策效力较低。

可能造成上海市科技政策的政策效力均值较低的原因如下。第一，随着我国经济水平的不断进步、民主政治的不断完善，政府在社会经济发展中的作用正在发生深刻转变，正在逐步实现由管理型政府向服务型政府的转变。由于上海市自身经济实力与科技实力的领先优势，加之直辖市的特殊地位，上海市设置了我国多项改革和政策试点地区。在当前全国经济社会发展形势下，为了充分发挥各主体的自主创新活力，上海市正在积极探索一条能够充分发挥市场作用、更好地发挥政府作用的发展之路。因此，上海市的科技政策具有较为明显的服务性，传统的政策效力评价指标体系难以准确地衡量和评价具有较强服务性的科技政策，导致上海市科技政策的政策效力偏低。第二，上海市具有较为完善的科技发展体系，科技政策的关注点更为深入和细化。在收集的上海市于 2019 年 5 月至 2020 年 12 月颁布的 21 项科技政策文件中，"实施细则""管理办法"是上海市科技政策的重要组成部分，如《上海市科技计划专项经费后补助管理办法》《上海市科学技术奖励规定实施细则》等。这样的科技政策更多关注的是"点"而非"面"，从而使得上海市科技政策的目标较为单一，对于相关政策工具的使用也较少提及，因此上海市科技政策整体的政策效力均值处于较低的水平。

结合实际情况及上述相关内容分析，对于 2019 年 5 月至 2020 年 12 月长三角区域科技政策的政策效力评价结果得出以下结论。

1）长三角区域整体科技政策政策力度的表现不尽如人意，相关地区的评价得分均处于较低水平。通过以上图表可知，长三角区域三省一市的科技政策力度均值仅为 1.12 分，除了浙江省存在政策力度较高的地方性法规以外，其他地区的多数科技政策为地方规范性文件或地方科协规范性文件，极少存在政策力度更高的地方性政府规章。相比之下，虽然地方规范性文件具有更强的灵活性，但是其实际产生的政策力度不大，使地方政府难以实现相关科技政策的推动和落实，较难实现良好的科技发展规划管理。

2）长三角区域科技政策的政策目标较为单一，更多地集中在政治功能、科技进步和经济效益上，对于社会发展和生态进步方面的关注度不够。通过对长三角区域出台的 103 项科技政策文件进行梳理和总结后发现，多数科技政策能够具有较高的政治站位，能够较好地贯彻党中央的最新精神的同时，具有科技政策促进科技进出的应有之义，在此基础上能够认识到科技政策、科技发展对于经济的促进作用。然而，仅有部分政策能够将社会发展作为政策目标纳入科技政策中，有的只是简单提及，并没有提出深入的要求和可评估的标准。生态进步方面是大多数科技政策的目标盲区，相关政策中所提及的"生态"，更多的是建立在技术层面上的，如"创新生态""产品生态"等，对于自然生态环境保护、资源节约使用、可持续发展等方面极少提及。这样单一的政策目标不仅阻碍了科技政策效力的提高，还影响了地区可持续化发展理念和发展模式的形成。

3）长三角区域科技政策的政策工具运用不全面。科技政策的政策工具分成供给型、环境型和需求型三大类。通过对有关政策文件的整理发现，大部分科技政策过于关注供给型政策工具的使用，即更多地集中在基础设施建设、科技信息支持、人才培养、资金投入上，在对相关科技政策的政策工具使用情况打分时，供给型政策工具的得分也较高。而使用环境型和需求型的政策工具较少，如相关科技政策中较少有关于金融支持、税收优惠、政府采购等方面。不全面、不合理的科技政策结构阻碍了长三角区域科技政策的政策效力的进一步提升，同时不利于长三角区域"科技政策工具箱"的建设和服务型政府的改革。

4）客观环境的变化深刻影响着长三角区域的科技政策。一方面体现在新冠肺炎疫情的影响上。突如其来的新冠肺炎疫情席卷了全球，对我国也产生了较大影响。长三角区域作为我国经济发展和科技创新的中心，人口密度较大，经济贸易往来频繁，对外交流格外活跃。因此，长三角区域的新冠肺炎疫情防控面临着较大压力，如何实现经济科技发展和新冠肺炎疫情防控"两手抓"成为长三角区域三省一市政府较为关注的问题。例如，浙江省出台了《浙江省科学技术厅关于进一步加强服务科技型企业指导做好疫情防控工作的紧急通知》和《浙江省科学技术厅关于全力支持科技企业抗疫情促发展的通知》，在新冠肺炎疫情的形势下为科技企业的正常运营提供了制度保障。另一方面体现在对长三角区域自身发展水平的影响上。由于上海市、江苏省的科技水平和经济规模具有较大的领先优势，二者对科技政策的关注点更加精细化。例如，《上海市高新技术成果转化专项扶持资金管理办法》《浙江省重点研发计划暂行管理办法》等科技政策文件较为详细地阐述了相关领域实施细则的操作标准，这在一定程度上也对政策效力产生了影响。

5）长三角区域科技政策的政策效力水平不平衡，地区间存在较大差异。从上述数据可知，江苏省科技政策的政策效力远高于长三角区域其他地区，长三角区域科技政策的政策效力平均水平与浙江省的平均水平较为接近，而上海市和安徽省科技政策的政策效力水平较长三角区域的平均水平有很大的差距。值得注意的是，导致上海市、浙江省和安徽省科技政策效力不高的因素不尽相同，上海市是受到政策工具和政策目标的影响，浙江省是由于政策工具的阻碍，安徽省是因为政策力度和政策目标的牵制。

总而言之，在 2019 年 5 月至 2020 年 12 月长三角区域三省一市的科技政策值得肯定，但也存在着诸多的问题需要解决。基于以上结论，未来可以在以下 5 个方面改进和完善长三角区域的科技政策。

第一，加大高位科技政策的供给力度，特别是要重视法律文件的制定和出台。科技发展日新月异，随着互联网、5G 等新兴技术的崛起，科技发展呈现出高速度、高质量和多元化的发展趋势，科技政策需要更加及时、有效地回应社会热点，解决发展存在的问题，为科学技术的进一步创新提供有力支持。目前，长三角区域科技政策的政策力度处于较低水平，普遍存在着高位科技政策供给不足，低位科技政策影响不够的困境。长三角区域的科技政策大多是地方规范性文件，其约束力和影响力较位阶更高的地方性法规存在着较大的差距。加大高位科技政策的供给力度，需要长三角区域各省（市）人民代表大会深刻把握当前地区的发展现状，组织专家进行严谨的考察和论证，在充分结合科技企业、人民群众等利益相关者意见的基础上，制定适用于该地区的地方性法规。这样不仅能够在政策力度方面促进长三角区域科技政策效力的提高，还贯彻落实了全面依法治国的发展战略。必须强调的是，加大高位科技政策的供给力度并不意味着要忽视低位科技政策的作用，地方规范性文件具有灵活性高、针对性强等诸多优势，需要合理调整科技政策的结构，充分发挥高位政策和低位政策的比较优势，建立更为完善的科技政策体系。

第二，优化科技政策的政策目标，注重政策目标的全面性。科技政策的政策目标对于科学技术的发展具有指向性和引导性的作用，较为全面的政策目标不仅有利于政策效力的提高，而且能促进科技协调持续发展。一方面，优化政策目标需要更多地关注社会发展和生态进化等方面。通过上述分析可知，当前长三角区域的政策目标更多地集中在政治功能、科技进步和经济效益上。要进一步贯彻落实"以人为本"的发展理念，同人民群众共享科技发展成果，让人民群众享受科技进步带来的美好生活，并形成尊重知识、尊重科学、鼓励创新、包容失败的社会氛围。要深化"绿水青山就是金山银山"的认识，在科技政策中充分体现对于资源节约、环境保护、绿色产业和新能源的重视，减少科技发展给生态环境带来的负面效应，保证可持续发展。另一方面，要更加精细化、科学化地分解科技政策目标。当前长三角区域仅有部分科技政策对宏观目标进行了量化分解，而多数科技政策对于发展目标的评估条件没有提出明确的标准，政策目标标准较为模糊，影响了科技政策的政策效力和科技发展结果。必须通过科学、合理的目标分解，形成有时间节点、可量化衡量的阶段性任务，才能有效提高科技政策的政策效力，促进科学技术发展。

第三，综合运用多种政策工具，使科技政策更好地为科技发展提供服务。政策工具可以理解为实现政策目标的手段。科技政策的政策工具分成供给型、环境型和需求型 3 类，下设"基础设施建设""科技信息支持"等 13 个二级指标。当前，长三角区域科技政策较多使用供给型政策工具，虽然其具有较强的直接性和快速性，但从长期发展的角度看却不能真正激发科技活动主体的活力，且容易给地方财政造成较大的负担。因此，长三角区域应当充分注重政策工具使用的综合性和多元性，更好地发挥市场在科技活动中的重要作用，为科技活动打造良好的金融环境和合作平台，提供健全的法制保障和更加高质量的公共科技服务。通过统筹 3 类政策工具的优势，建立种类齐全的政策工具箱，促进政府由单一的管理职能向更加人性化的服务职能转变，进而推动科技政策效力的稳步提升和科学技术的健康发展。

第四，结合发展客观状况，完善科技政策评价体系。由于长三角区域整体的经济发展水平和科技发展水平处于全国领先地位，一些地区的科技政策目标更加精准化和深入化，针对某一具体领域或具体问题出台实施细则和管理办法。而在当前的科技政策评价体系下，这些实施细则和管理办法由于政策目标的单一性和政策工具的固定性，导致较为发达地区的科技政策效力明显偏低，不能反映真实的客观情况。因此，要通过相关学者和政府部门的进一步努力，建立更为完善的科技政策评价体系，杜绝全国无论是发达地区还是欠发达地区科技政策评价"一刀切"的情况，在充分考虑到地区发展的实际情况下，对科技政策评价指标进行适配性调整，使科技政策的评价结果更加具有参考价值。

第五，增强科技政策制定主体之间的互动性、地区间科技政策的协同性。通过上述分析可知，长三角区域三省一市的科技政策制定主体较为单一，多主体联合发文的情况较少。要增强科技政策制定主体之间的互动性，打破部门之间的合作隔阂，制定更加科学合理的科技政策，最大限度地整合其他利益相关者之间的利益诉求，从而促进政策目标的多元化。从长三角区域的省（市）际合作情况来看，长三角区域各省（市）之间的联动和合作较少，区域一体化协同发展的观念不强，仍然在传统行政规划的影响下"各扫门前雪"。必须深入贯彻落实习近平总书记扎实推进长三角一体化发展座谈会上的精神，坚持目标导向、问题导向相统一，紧扣一体化和高质量两个关键词，以一体化的思路和举措打破行政壁垒、提高政策协同。

3.4　东北区域颁布的科技政策分析

3.4.1　东北区域的基本情况

东北区域指由黑龙江省、吉林省、辽宁省和内蒙古自治区东部五盟市地区构成的区域，简称"东北"。东北经济起步较早，在 20 世纪 30 年代就已建成完整的工业体系，成为东北亚最先进的工业基地，主要工业城市有沈阳市、大连市、鞍山市、本溪市、抚顺市、吉林市、长春市、哈尔滨市等。本章研究主要是以省级政府为分析单元，因此在分析范围上本节主要选取东北区域内的黑龙江省、吉林省、辽宁省。

黑龙江省[①]，简称"黑"，省会哈尔滨市，下辖 12 个地级市、1 个地区。黑龙江省位于中国东北部，是中国位置最北、纬度最高的省份，北、东部与俄罗斯隔江相望，西部与内蒙古自治区相邻，南部与吉林省接壤，是亚洲与太平洋地区陆路通往俄罗斯和欧洲大陆的重要通道，是中国沿边开放的重要窗口，现已成为我国与俄罗斯及其他独联体国家合作的前沿。全省土地总面积 47.3 万平方千米（含加格达奇和松岭区），居全国第六，边境线长 2981.26 千米。从经济发展的总体情况来看，2020 年黑龙江省实现地区生产总值 13 698.5 亿元。从三次产业看，第一产业增加值 3438.3 亿元；第二产业增加值 3483.5 亿元；第三产业增加值 6776.7 亿元。三次产业结构为 25.1∶25.4∶49.5。在农业领域，2020 年全省实现农林牧渔业总产值 6438.1 亿元。其中，种植业产值 4044.1 亿元；林业产值 192.4 亿元；畜牧业产值 1913.0 亿元；渔业产值 115.6 亿元；农林牧渔专业及辅助性活动产值 173.1 亿元。全省粮食产量 7540.8 万吨，连续 10 年位列全国第一。在工业领域，2020 年黑龙江省规模以上工业企业 3583 家。全省规模以上工业企业营业收入 9825.8 亿元；营业成本 8392.4 亿元；利润总额 279.1 亿元；资产总计 17 074.9 亿元。全省规模以上工业企业每百元营业收入中的成本为 85.4 元，比上年增加 3.1 元。在对外经济领域，2020 年全省实现进出口总值 1537.0 亿元。其中，出口 360.9 亿元；进口 1176.1 亿元。从贸易方式看，一般贸易进出口 1205.9 亿元；边境小额贸易进出口 183.3 亿元；加工贸易进出口 83.6 亿元。从企业性质看，国有企业进出口 804.6 亿元；民营企业进出口 598.8 亿元；外商投资企业进出口 116.3 亿元。全省机电产品出口 157.3 亿元，占全省出口总额的 43.6%；高新技术产品出口 52.7 亿元，占全省出口总额的 14.6%。全省外商投资新设立企业 113 家；合同利用外资 24.2 亿美元；实际利用外资 5.4 亿美元，其中第一产业 103 万美元，第二产业 32 410 万美元，第三产业 21 921 万美元。全省新签约千万元及以上利用内资项目 1080 个，实际利用内资 1221.2 亿元。在财政金融方面，2020 年黑龙江省一般公共预算收入 1152.5 亿元，其中税收收入 811.9 亿元。在税收收入中，国内增值税 280.2 亿元；企业所得税 98.4 亿元；个人所得税 30.6 亿元。全省一般公共预算支出 5449.4 亿元。全省民生支出 4742.7 亿元，占一般公共预算支出的 87%。其中，社会保障和就业支出 1350.9

---

① 资料来源：《2020 年黑龙江省国民经济和社会发展统计公报》（https://www.hlj.gov.cn/n200/2021/0313/c35-110 15484.html）。

亿元；卫生健康支出 401.2 亿元；住房保障支出 227.8 亿元；粮油物资储备支出 63.6 亿元；灾害防治及应急管理支出 37.1 亿元。在文化教育层面，黑龙江省共有哈尔滨工业大学、东北林业大学、东北农业大学等普通高校 81 所，在校生 77.8 万人，高等教育资源相对丰富；普通高中 368 所，在校生 55.2 万人；普通初中 1420 所，在校生 91.4 万人；普通小学 1431 所，在校生 127.9 万人。最新的数据显示，在科学技术领域，黑龙江省共取得各类基础理论成果 331 项，应用技术成果 1241 项，软科学成果 52 项。全省受理专利申请 37 313 件，比上年增长 7.9%；授权专利 19 989 件，比上年增长 2.9%。全年共签订技术合同 3799 份，成交金额 235.8 亿元，比上年增长 38.7%。

吉林省[①]，简称"吉"，省会长春市，前省会吉林市。吉林省位于中国东北区域中部，下辖 8 个地级市、1 个自治州。全省面积 18.74 万平方千米，2020 年底总人口 2690.73 万人。吉林省具有沿边近海优势，是全国 9 个边境省份之一，是国家"一带一路"向北开放的重要窗口。吉林省东端的珲春市距日本海最近处仅 15 千米，距俄罗斯的波谢特湾仅 4 千米，是吉林省乃至中国对外贸易、对外交流的重要通道。从经济发展的总体情况来看，2020 年吉林省全年实现地区生产总值 12 311.32 亿元。其中，第一产业增加值 1553.00 亿元；第二产业增加值 4326.22 亿元；第三产业增加值 6432.10 亿元。第一产业增加值占地区生产总值的比重为 12.6%；第二产业增加值比重为 35.1%；第三产业增加值比重为 52.3%。在农业领域，吉林省全年实现农林牧渔业增加值 1600.55 亿元。2020 年吉林省粮食总产量 3803.17 万吨。在工业领域，2020 年吉林省全年全部工业增加值 3501.19 亿元。在对外经济领域，2020 年吉林省全年实现货物进出口总额 1280.12 亿元。其中，出口 290.80 亿元；进口 989.32 亿元。在财政金融方面，2020 年吉林省全年完成地方级财政收入 1085.00 亿元。其中，完成税收收入 771.93 亿元。全年完成地方财政支出 4127.17 亿元。在文化教育层面，吉林省有吉林大学、东北师范大学等普通高等学校 62 所，研究生培养单位 21 个。2020 年，吉林省全年研究生教育招生 2.96 万人，在学研究生 8.41 万人；普通本专科招生 20.85 万人，在校生 72.70 万人；中等职业教育招生 4.48 万人，在校生 11.89 万人；普通高中招生 15.16 万人，在校生 42.84 万人；初中招生 18.84 万人，在校生 62.24 万人；普通小学招生 19.09 万人，在校生 118.75 万人；特殊教育招生 2153 人，在校生 12 442 人；学前教育在园幼儿 40.63 万人。在科学技术领域，截至 2020 年末，在吉林省常年服务的中国科学院和中国工程院院士 23 人。已建成国家级重点实验室 11 个，省重点实验室 114 个，省级科技创新中心（工程技术研究中心）153 个。2020 年全省国

---

① 资料来源：《吉林省 2020 年国民经济和社会发展统计公报》（http://www.jl.gov.cn/sj/sjcx/ndbg/tjgb/202104/t 20210412_8022807.html）。

内专利申请量 35 418 件，授权量 23 951 件。其中，发明专利申请量 11 322 件；发明专利授权量 3969 件。2020 年，全年认定高新技术企业 1085 户，科技小巨人企业 302 户。2020 年吉林省登记省级科技成果 453 项。其中，有 5 项科研成果获得国家科技奖励；21 项获得省科学技术进步奖一等奖，83 项获得省科学技术进步奖二等奖，102 项获得省科学技术进步奖三等奖；4 项获得省科学技术发明奖一等奖，1 项获得省科学技术发明奖二等奖，4 项获得省科学技术发明奖三等奖；11 项获得省自然科学奖一等奖，26 项获得省自然科学奖二等奖，24 项获得省自然科学奖三等奖。全年共签订技术合同 5361 份，实现合同成交额 462.15 亿元。

辽宁省[①]，简称"辽"，取自辽河流域永远安宁之意，省会沈阳市。辽宁省位于东北区域南部，下辖 14 个地级市。南临渤海、黄海，东与朝鲜一江之隔，与韩国、日本隔海相望，是东北区域唯一既沿海又沿边的省份，也是东北及内蒙古自治区东部地区对外开放的门户。全省面积 14.8 万平方千米，大陆海岸线长 2292 千米，近海水域面积 6.8 万平方千米，2020 年常住人口 4259.14 万人[②]。辽宁省是东北区域通往关内的交通要道和连接亚欧大陆桥的重要门户，是全国交通、电力等基础设施较为发达的地区。辽宁省是我国重要的老工业基地之一，也是全国工业行业最全的省份之一，截至 2020 年末，全省工业有 39 个大类、197 个中类、500 多个小类。全省装备制造业和原材料工业比较发达，冶金矿山装备、输变电装备、石化通用装备、金属机床等重大装备类产品，以及钢铁、石油化学工业在全国占有重要位置。同时，辽宁省还是我国最早实行对外开放政策的沿海省份之一。从经济发展的总体情况来看，2020 年辽宁省地区生产总值 25 115.0 亿元。其中，第一产业增加值 2284.6 亿元；第二产业增加值 9400.9 亿元；第三产业增加值 13 429.4 亿元。在农业领域，全年粮食作物播种面积 352.72 万公顷。其中，水稻播种面积 52.04 万公顷；玉米播种面积 269.93 万公顷；其他谷物播种面积 12.13 万公顷；豆类播种面积 11.62 万公顷；薯类播种面积 6.69 万公顷。全年经济作物播种面积 76.06 万公顷。其中，油料作物播种面积 30.96 万公顷；蔬菜及食用菌播种面积 32.56 万公顷。果园面积 35.84 万公顷。在工业领域，2020 年全省规模以上工业企业实现利润总额 1286.7 亿元。其中，国有控股企业实现利润总额 169.0 亿元；股份制企业实现利润总额 485.8 亿元；外商和港澳台商投资企业实现利润总额 796.0 亿元；私营企业实现利润总额 415.0 亿元。除此之外，2020 年辽宁省采矿业实现利润总额 47.5 亿元；制造业实现利润总额 1183.0 亿元；电力、热力、燃气及水生产和供应业实

---

① 资料来源：《二〇二〇年辽宁省国民经济和社会发展统计公报》(http://www.ln.gov.cn/zwgkx/tjgb2/ln/201103/t20210322_4102809.html)。

② 数据来源：《辽宁市第七次全国人口普查公报》。

现利润总额 56.3 亿元。盘锦市统计局发布的数据显示，在对外经济领域，2020 年辽宁省全年进出口总额 6544.0 亿元。其中，出口总额 2652.2 亿元；进口总额 3891.8 亿元。分贸易方式看，在出口总额中，全年一般贸易出口 1477.7 亿元；加工贸易出口 1056.8 亿元。在进口总额中，全年一般贸易进口 2692.7 亿元；加工贸易进口 432.1 亿元。分经济类型看，在出口总额中，全年国有企业出口 351.3 亿元；外商投资企业出口 1092.5 亿元；民营企业出口 1205.2 亿元。在进口总额中，全年国有企业进口 1026.6 亿元；外商投资企业进口 1441.4 亿元；民营企业进口 1412.9 亿元。分国家和地区看，2020 年末对外贸易国家和地区 231 个。全年对亚洲出口 1635.6 亿元，其中对日本出口 559.9 亿元，对韩国出口 237.0 亿元。全年对欧洲出口 445.4 亿元，其中对欧盟（27 国）出口 329.5 亿元，对俄罗斯出口 62.4 亿元。全年对北美洲出口 304.8 亿元，其中对美国出口 265.2 亿元。全年对拉丁美洲出口 154.0 亿元。全年对非洲出口 65.5 亿元。全年对大洋洲出口 46.9 亿元。2020 年，辽宁省全年实际利用外资 174.4 亿元。其中，第一产业实际利用外资 0.04 亿美元；第二产业实际利用外资 9.6 亿美元；第三产业实际利用外资 15.5 亿美元。在财政金融方面，2020 年辽宁省全年一般公共预算收入 2655.5 亿元。其中，各项税收收入 1878.9 亿元。全年一般公共预算支出 6002.0 亿元。其中，社会保障和就业支出 1654.3 亿元；教育支出 741.3 亿元；卫生健康支出 413.0 亿元；住房保障支出 215.8 亿元。在文化教育领域，2020 年辽宁省全年研究生招生 5.4 万人，在校生 14.2 万人；普通本专科招生 36.3 万人，在校生 114.1 万人；普通高中招生 20.5 万人，在校生 59.4 万人；初中招生 32.8 万人，在校生 100.2 万人；普通小学招生 34.7 万人，在校生 196.7 万人；特殊教育招生 0.3 万人，在校生 1.5 万人；学前教育在园幼儿 86.0 万人。在科学技术领域，2020 年辽宁省科学研究与试验发展经费支出 524.5 亿元。2020 年末从事科学研究与试验发展人员 15.9 万人。全年技术市场成交各类技术合同 1.8 万项；技术合同成交额 645.1 亿元。2020 年末获得资质认定的检验检测机构 1859 个，其中国家检测中心 38 个。2020 年末有管理体系认证机构 10 个，产品认证机构 8 个，全年管理体系认证证书 4.5 万个。2020 年末有法定计量技术机构 131 个。全年制定、修订地方标准 157 项。2020 年末有气象雷达观测站点 5 个，卫星云图接收站点 2 个。2020 年末有地震台站 15 个，地震监测中心 1 个。

3.4.2　政策外部特征分析

（1）政策数量统计

如图 3.22 所示，2019 年 7 月至 2020 年 12 月东北区域共发布科技政策 59 项，其中辽宁省 16 项，吉林省 25 项，黑龙江省 18 项。其中，吉林省发布的政策最多，占东北区域全部政策数量的 42.37%，辽宁省和黑龙江省则分别为 27.12% 和 30.51%。2019年 7 月至 2020 年 12 月东北区域颁布的科技政策，如表 3.14 所示。

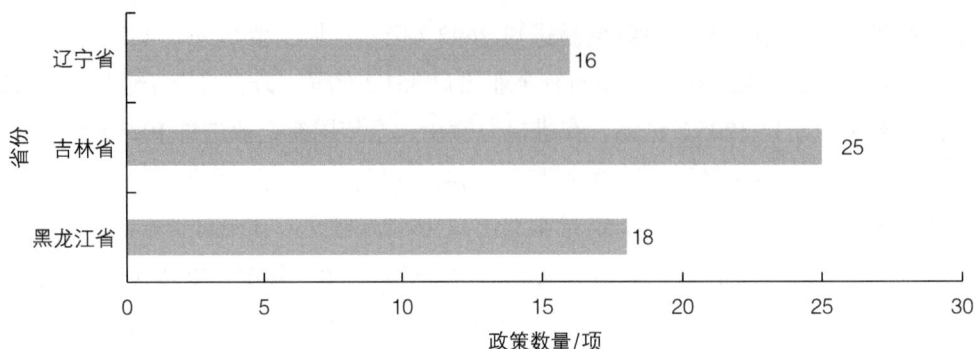

图 3.22　2019 年 7 月至 2020 年 12 月东北区域科技政策数量

表 3.14　2019 年 7 月至 2020 年 12 月东北区域颁布的科技政策一览

序号	政策名称	颁布单位
1	黑龙江省科技计划项目科研诚信管理暂行办法	黑龙江省科学技术厅
2	黑龙江省科技重大专项管理暂行办法	黑龙江省科学技术厅、黑龙江省财政厅
3	关于新时代深入推行科技特派员制度的实施意见	中共黑龙江省委办公厅、黑龙江省人民政府办公厅
4	黑龙江省科技创新券管理办法（试行）	黑龙江省科学技术厅、黑龙江省财政厅
5	省科技计划项目绩效评价和验收工作规程（试行）	黑龙江省科学技术厅
6	黑龙江省国家科技重大专项和重点研发项目省级资助资金管理暂行办法	黑龙江省科学技术厅、黑龙江省财政厅
7	黑龙江省支持重大科技成果转化项目实施细则	黑龙江省科学技术厅、黑龙江省财政厅
8	黑龙江省技术先进型服务企业认定管理办法	黑龙江省科学技术厅、黑龙江省商务厅、黑龙江省财政厅、国家税务总局黑龙江省税务局、黑龙江省发展和改革委员会
9	黑龙江省高新技术企业培育实施细则	黑龙江省科学技术厅、黑龙江省财政厅
10	黑龙江省在自由贸易试验区推进"证照分离"改革全覆盖试点实施方案	黑龙江省人民政府
11	黑龙江省中央引导地方科技发展资金管理细则	黑龙江省财政厅、黑龙江省科学技术厅
12	省属科研院所员额制经费管理暂行办法	黑龙江省财政厅

续表

序号	政策名称	颁布单位
13	黑龙江省科协系统深化改革实施方案	中共黑龙江省委办公厅
14	黑龙江省科学技术协会省级学会服务工作站管理办法（试行）	黑龙江省科学技术协会
15	黑龙江省重点实验室评估规则（试行）	黑龙江省科学技术厅
16	黑龙江省产业技术创新战略联盟建设管理办法	黑龙江省科学技术厅
17	黑龙江省科普示范基地管理办法	黑龙江省科学技术厅
18	黑龙江省新一代信息技术产业发展规划（2019—2025 年）	黑龙江省工业和信息化厅
19	辽宁省构建市场导向的绿色技术创新体系的实施方案	辽宁省发展和改革委员会、辽宁省科学技术厅
20	科技领域省与市财政事权和支出责任划分改革方案	辽宁省人民政府办公厅
21	关于进一步弘扬科学家精神加强作风和学风建设的实施意见	中共辽宁省委办公厅、辽宁省人民政府办公厅
22	关于进一步加大授权力度促进科技成果转化的通知	辽宁省财政厅等
23	2020 年度全省科技工作要点	辽宁省科学技术厅
24	辽宁省企业 R&D 经费投入后补助实施细则（修订）	辽宁省科学技术厅、辽宁省财政厅、辽宁省税务局、辽宁省统计局
25	辽宁省科技重大专项项目及资金管理办法（试行）	辽宁省科学技术厅
26	辽宁省技术创新中心管理办法（试行）	辽宁省科学技术厅
27	辽宁省科技创新智库研究基地管理办法（试行）	辽宁省科学技术协会
28	关于加强新型冠状病毒感染的肺炎疫情防控科技攻关工作的通知	辽宁省科学技术厅
29	辽宁省关于促进文化和科技深度融合的实施意见	辽宁省科学技术厅、中共辽宁省委宣传部、中共辽宁省委网络安全和信息化委员会办公室、辽宁省财政厅、辽宁省文化和旅游厅、辽宁省广播电视局

序号	政策名称	颁布单位
30	辽宁省文化和科技融合示范基地评选培育管理办法（试行）	辽宁省科学技术厅、中共辽宁省委宣传部、中共辽宁省委网络安全和信息化委员会办公室、辽宁省财政厅、辽宁省文化和旅游厅、辽宁省广播电视局
31	关于新冠肺炎疫情防控期间加强实验动物与人类遗传资源管理工作的通知	辽宁省科学技术厅
32	辽宁省雏鹰、瞪羚、独角兽企业评价办法（试行）	辽宁省科学技术厅
33	辽宁省科技创新基地优化整合方案	辽宁省科学技术厅、辽宁省财政厅、辽宁省发展和改革委员会
34	辽宁省优秀自然科学学术著作出版资助办法	辽宁省科学技术协会
35	吉林省科研基础设施和大型科研仪器开放共享管理办法	吉林省科学技术厅、吉林省教育厅、吉林省财政厅
36	关于《加强"从 0 到 1"基础研究工作方案》的落实意见	吉林省科学技术厅、吉林省发展和改革委员会、吉林省教育厅、中国科学院长春分院
37	吉林省科技厅落实在科技评价中破除"唯论文"不良导向的实施方案（试行）	吉林省科学技术厅
38	吉林省农业科技园区建设管理办法	吉林省科学技术厅
39	吉林省重点实验室管理办法	吉林省科学技术厅
40	吉林省水污染防治技术指导目录（2020 年度）和信息反馈及定期完善修订机制	吉林省科学技术厅、吉林省生态环境厅
41	吉林省新型研发机构认定管理办法	吉林省科学技术厅
42	吉林省科技发展计划项目科研诚信管理暂行办法	吉林省科学技术厅
43	吉林省科技企业孵化器和众创空间认定管理办法	吉林省科学技术厅
44	吉林省中医药管理局科技项目管理办法（试行）	吉林省中医药管理局
45	关于进一步促进科技成果转化若干措施	吉林省交通运输厅
46	吉林省"科技兴粮"实施意见	吉林省粮食和物资储备局、吉林省科学技术厅

续表

序号	政策名称	颁布单位
47	关于构建市场导向的绿色技术创新体系的指导意见	吉林省发展和改革委员会、吉林省科学技术厅
48	吉林省中央财政林业科技推广示范项目管理办法（试行）	吉林省林业和草原局
49	吉林省科技发展计划项目实施过程管理办法	吉林省科学技术厅
50	吉林省科技发展计划项目管理"双随机、一公开"工作实施办法（试行）	吉林省科学技术厅
51	吉林省科技发展计划项目验收管理办法	吉林省科学技术厅
52	关于开展"负面清单＋诚信＋绩效"科技计划项目管理试点的意见	吉林省科学技术厅、吉林省财政厅
53	吉林省推进智能汽车产业发展实施方案	吉林省发展和改革委员会、中共吉林省委网络安全和信息化委员会、吉林省科学技术厅、吉林省工业和信息化厅、吉林省公安厅、吉林省财政厅、吉林省自然资源厅、吉林省住房和城乡建设厅、吉林省交通运输厅、吉林省商务厅、吉林省市场监督管理厅、吉林省人力资源和社会保障厅
54	吉林省自然科学基金联合基金项目管理暂行办法	吉林省科学技术厅
55	吉林省会计专业技术人员继续教育实施办法	吉林省财政厅
56	吉林省省级高新技术产业开发区认定和管理暂行办法	吉林省科学技术厅、吉林省商务厅
57	关于进一步完善创业担保贷款政策 全力支持复工复产稳就业的通知	吉林省财政厅、吉林省人力资源和社会保障厅、中国人民银行长春中心支行
58	吉林省科技领域财政事权和支出责任划分改革方案	吉林省人民政府办公厅
59	吉林省省级企业技术中心认定管理办法	吉林省工业和信息化厅、吉林省发展和改革委员会、吉林省科学技术厅、吉林省财政厅、中华人民共和国长春海关、国家税务总局吉林省税务局

（2）政策类别统计

2019 年 7 月至 2020 年 12 月，东北区域的科技政策中科技创新项目、"双创"与科技成果转化、科技管理体制改革、科技基础能力建设所占比例较多，分别为 27.12%、16.95%、16.95%、15.25%，说明东北区域三省政府在 2019 年 7 月至 2020 年 12 月主要关注了这 4 个方面的科技政策（表 3.15）。除此之外，2019 年 7 月至 2020 年 12 月东北区域的科技政策中科普与创新文化类有 6 项政策，占比 10.17%；战略导向和规划布局类有 5 项政策，占比 8.47%；人才队伍建设类有 3 项政策，占比 5.08%。

表 3.15　2019 年 7 月至 2020 年 12 月东北区域科技政策种类及数量

政策类别	"双创"与科技成果转化	科技创新项目	科技管理体制改革	科技基础能力建设	科普与创新文化	人才队伍建设	战略导向和规划布局
数量／项	10	16	10	9	6	3	5
占比	16.95%	27.12%	16.95%	15.25%	10.17%	5.08%	8.47%

在对东北区域整体的科技政策类别进行统计后，本节还对三省各自的政策类别情况进行了统计（图 3.23）。

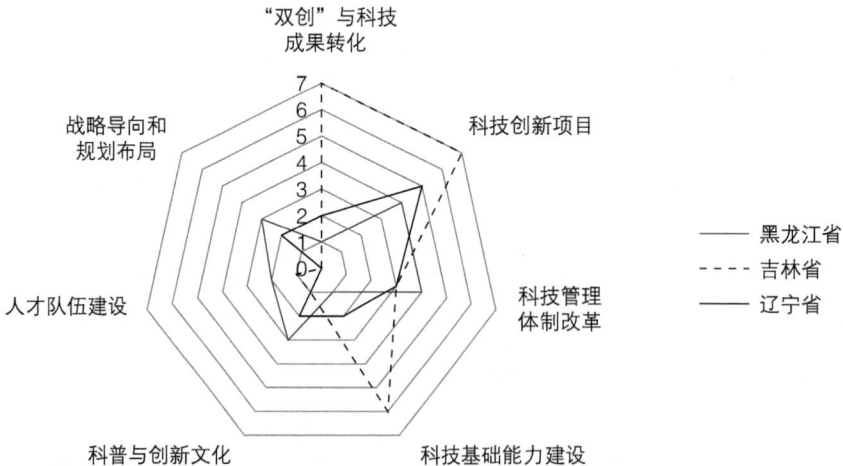

图 3.23　2019 年 7 月至 2020 年 12 月东北区域科技政策类别及数量

可以看出，黑龙江省、辽宁省、吉林省政府关注的科技领域有略微差异。吉林省出台的科技创新项目、"双创"与科技成果转化类的政策是该省内数量最多的科技政策，均为 7 项，也是三省中最多的。吉林省出台的其他类别的科技政策中，科技基础能力建设类 6 项，科技管理体制改革类 3 项，科普与创新文化、人才队伍建设类均为 1 项。吉林省未出台战略导向和规划布局类政策。在黑龙江省出台的政策中，科技管理体制改革、科技创新项目类政策最多，均为 4 项，科技管理体制改革类政策出台数量是三省中出台最多的。黑龙江省出台的其他政策中，科普与创新文化类 3 项，战略导向和规划布局类 3 项，人才队伍建设类 2 项，"双创"与科技成果转化类 1 项，科技基础能力建设类 1 项。辽宁省出台的政策数量是三省中最少的。在辽宁省出台的政策中，科技创新项目类政策最多，共 5 项。科技管理体制改革类 3 项，"双创"与科技成果转化类 2 项，科技基础能力建设类 2 项，科普与创新文化类 2 项，战略导向和规划布局类 2 项。辽宁省未出台人才队伍建设类政策。

（3）政策时间分布

从图 3.24 对 2019 年 7 月至 2020 年 12 月东北区域科技政策时间分布的统计结果可以看出，2019 年下半年科技政策发文量最多的省份是吉林省，共发布 16 项，且 2019 年下半年中除 10 月外，每月均有至少发布 2 项科技政策。吉林省在 2019 年 8 月共发布 6 项科技政策，是 2019 年 7 月至 2020 年 12 月东北区域月发布政策数量最多的。2019 年下半年黑龙江省共发布 8 项科技政策，辽宁省共发布 4 项科技政策。2020 年上半年，科技政策发布较多的省份是辽宁省和吉林省，分别发布 7 项、6 项，黑龙江省发布 4 项科技政策。2020 年下半年，发布科技政策最多的省份是黑龙江省，共发布 6 项，辽宁省以 5 项科技政策的发布量紧随其次，吉林省发布的科技政策最少，仅发布 3 项。

从季度视角来看，2019 年下半年至 2020 年东北区域三省科技政策发布量最多的季度是 2019 年第三季度，共发布 18 项，其次是 2019 年第四季度发布 10 项，2020 年第二季度发布 9 项，2020 年第一季度发布 8 项，第三季度和第四季度均发布 7 项科技政策。

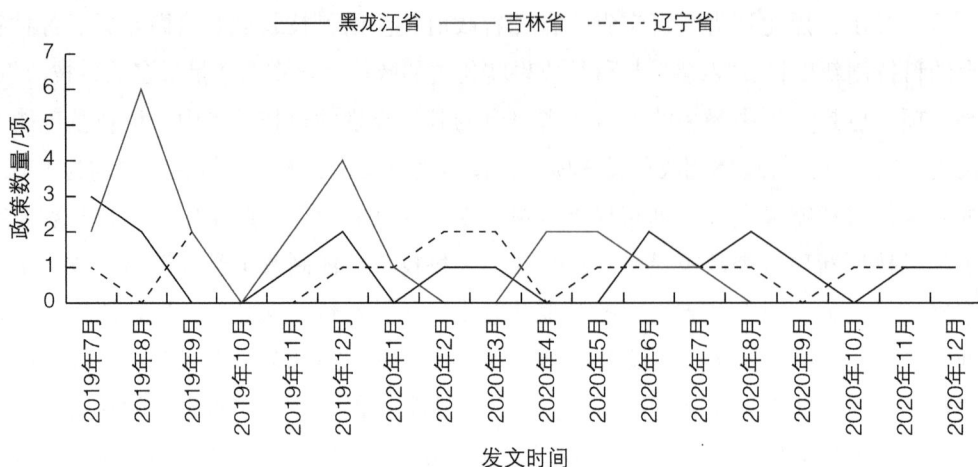

图 3.24　2019 年 7 月至 2020 年 12 月东北区域科技政策时间分布

（4）政策属性分析

从对 2019 年 7 月至 2020 年 12 月东北区域科技政策属性的统计可以看出，东北区域的科技政策属性主要以地方规范性文件为主，占全部的 88.14%，远超其余两种政策发布数量之和（图 3.25）。共发布地方科协规范性文件 4 项，地方性政府规章 3 项。其中，吉林省是东北区域三省中发布地方规范性文件最多的省份，共发布 24 项，占全部地方规范性文件的 46.15%。黑龙江省、辽宁省发布的地方规范性文件均为 14 项。黑龙江省、辽宁省分别发布了 2 项地方科协规范性文件，吉林省未发布地方科协规范性文件。地方性政府规章发布数量最多的省份是黑龙江省，发布 2 项，其次是吉林省，发布 1 项，辽宁省未发布。

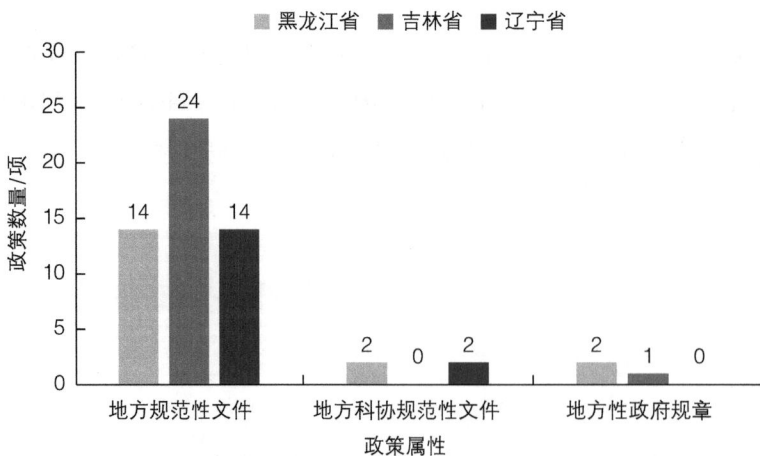

图 3.25　2019 年 7 月至 2020 年 12 月东北区域科技政策属性及数量

（5）政策协同性

2019 年 7 月至 2020 年 12 月东北区域联合发文情况如表 3.16 所示。可以看出，2019 年 7 月至 2020 年 12 月东北区域发布的科技政策以 1 个部门发文为主，1 个部门共计发布 38 项，占发文总量的 64.41%，其中吉林省发布 15 项，黑龙江省发布 11 项，辽宁省发布 12 项。在 1 个部门发文中，三省主要都是以省科技厅单独发文为主。2 个部门联合发文的情况在黑龙江省的出现次数相对较多，共发布 6 项，其次是吉林省，共发布 5 项，辽宁省最少，只发布了 1 项。2 个部门联合发文共计 12 项，占发文总量的 20.34%，主要以省科技厅和省财政厅联合发文为主。3 个及以上部门发文共计 9 项，占发文总量的 15.25%，该情况三省均有出现。由此可见，2019 年 7 月至 2020 年 12 月东北区域科技政策主要依靠单一部门颁布和实施，多部门联合发文的政策较少，政策的协同性不强。

表 3.16　2019 年 7 月至 2020 年 12 月东北区域联合发文情况

发文部门	黑龙江省/项	吉林省/项	辽宁省/项	合计/项	比例
1 个部门	11	15	12	38	64.41%
2 个部门	6	5	1	12	20.34%
3 个及以上部门	1	5	3	9	15.25%

3.4.3　政策内部特征分析

（1）政策主题分析

政策高频词是政策文本中出现次数最多的词语，通常可以用来说明一项政策的主题或目标。在整合 2019 年 7 月至 2020 年 12 月东北区域发布的 59 项科技政策后，将这些政策输入 ROST CM6 软件，进行高频词的提取和统计，在剔除"推动""鼓励""我省"等与其他词语没有关联性的词语，以及含义宽泛、实际意义不明确的词语后，得到了科技政策高频词统计（节选），如表 3.17 所示。

表 3.17　2019 年 7 月至 2020 年 12 月东北区域科技政策高频词统计（节选）

主题词	词频/次	主题词	词频/次	主题词	词频/次
科技	1653	评价	379	承担	253
项目	1096	开展	349	绩效	249
创新	1064	组织	346	研发	240
技术	1039	人员	332	平台	239
企业	908	重点	324	人才	229
管理	850	部门	323	验收	226
发展	615	资金	302	转化	222
单位	581	加强	298	应用	221
服务	567	推进	293	实验室	219
建设	511	办法	274	教育	204
研究	439	申报	271	计划	197
成果	436	国家	267	认定	197
科研	420	中心	261	绿色	174
机构	383	领域	259		

在得到表 3.17 后，利用 ROST CM6 软件输出高频词的共词矩阵，在剔除与其他词语无共现关系的词语后，得到一个由 41 个高频词组成的共词矩阵。对共词矩阵进行相关系数和相异系数分析后，得到一个 41×41 的相异系数矩阵，并将该矩阵导入 SPSS 软件进行聚类分析，最终得到高频词聚类分析谱系图（图 3.26）。

在得到科技政策高频词聚类分析谱系图的基础上，运用 SPSS 软件对高频词进行多维尺度分析（图 3.27），通过观察不同高频词之间的距离远近、密度大小，判断它们是否属于同一个类别。结合高频词聚类分析谱系图及多维尺度分析图中显示出的各高频词的距离远近、疏密关系，可将 2019 年 7 月到 2020 年 12 月东北区域科技政策中的高频词划分为 3 个词团：①组织、人才、资金、申报、科研、计划、部门、办法、评价、单位、承担、验收、绩效、人员、管理、项目、科技，将该词团命名为"科技支撑要素与评价考核"；②研发、应用、绿色、中心、认定、推进、实验室、教育，将该词团命名为"技术研发与应用"；③研究、开展、领域、机构、国家、平台、加强、服务、重点、发展、企业、建设、成果、转化、创新、技术，将该词团命名为"科技服务"。

使用平均连接（组间）的谱系图
重新标度的距离聚类组合

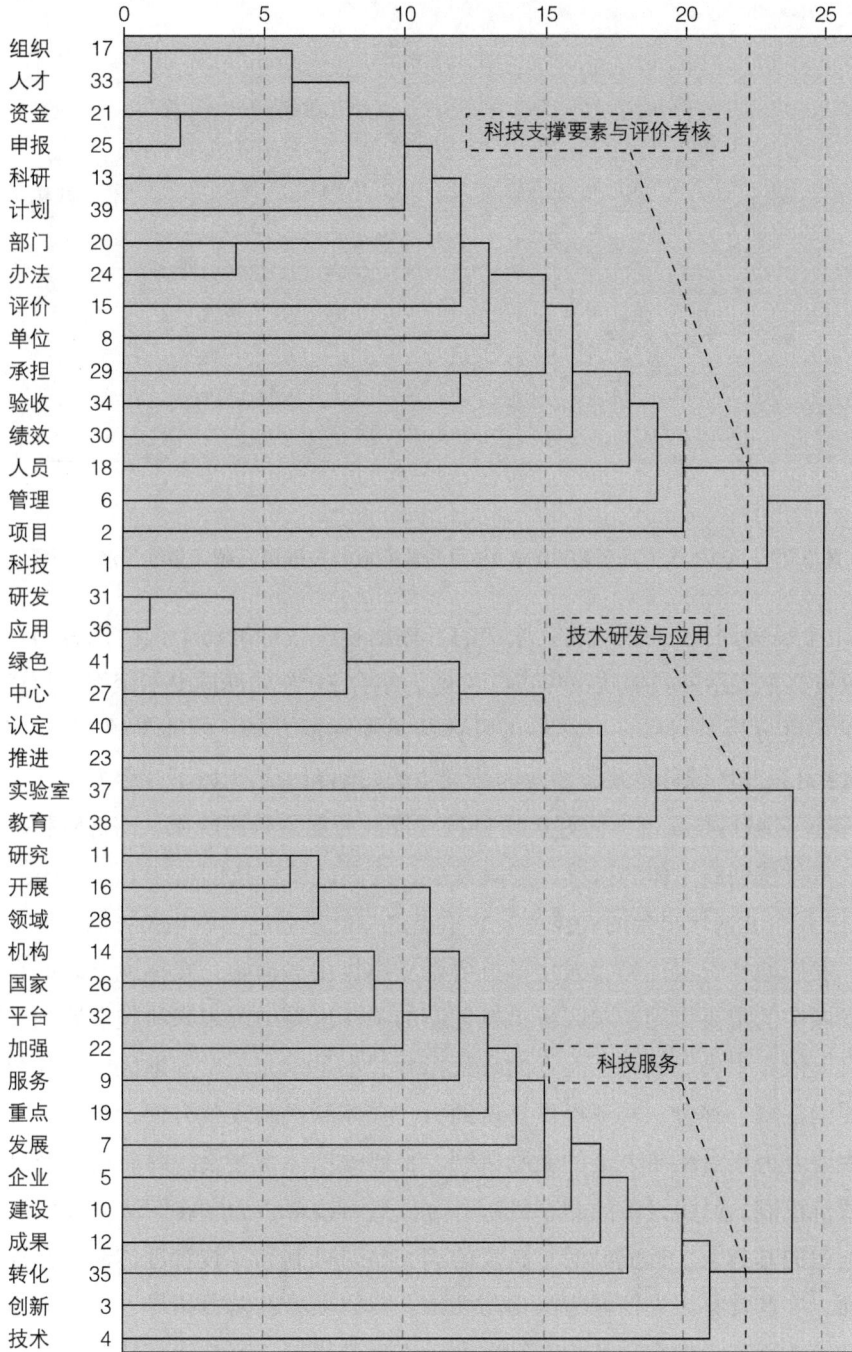

| | | 0 | 5 | 10 | 15 | 20 | 25 |

组织　17
人才　33
资金　21
申报　25
科研　13
计划　39
部门　20
办法　24
评价　15
单位　8
承担　29
验收　34
绩效　30
人员　18
管理　6
项目　2
科技　1
研发　31
应用　36
绿色　41
中心　27
认定　40
推进　23
实验室　37
教育　38
研究　11
开展　16
领域　28
机构　14
国家　26
平台　32
加强　22
服务　9
重点　19
发展　7
企业　5
建设　10
成果　12
转化　35
创新　3
技术　4

科技支撑要素与评价考核

技术研发与应用

科技服务

图 3.26　2019 年 7 月至 2020 年 12 月东北区域科技政策高频词聚类分析谱系图

派生激励配置
欧氏距离模型

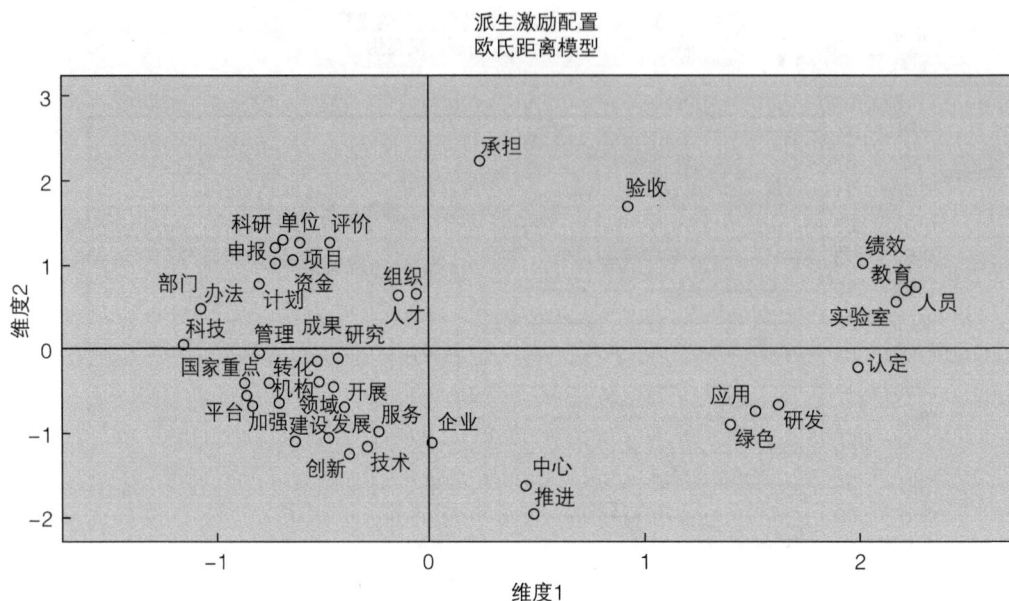

图 3.27　2019 年 7 月至 2020 年 12 月东北区域科技政策高频词多维尺度分析图

将 41 个高频词放入 59 项政策原文的具体语境中,理解每个词团代表的含义,从而分析政策文本表示的具体政策焦点与主题。结合 SPSS 软件输出的聚类分析谱系图,并用多维尺度分析进行验证,在参考具体政策原文的基础上,本节将 2019 年 7 月至 2020 年 12 月东北区域科技政策涉及的政策主题归纳和总结为以下 3 个方面。

1)保证区域科技发展,做好区域科技支撑。为促进科研院所、高等院校、科技型企业等众多科技创新主体的持续、健康发展,提高区域科技创新能力,2019 年 7 月至 2020 年 12 月东北区域出台的科技政策的重点之一就是通过改革相关体制机制、加强组织管理、发挥地区资源优势、强化科技要素支撑作用等措施,发挥地方政府在区域科技创新发展中的重要作用,对区域科技创新的关注也是中国未来科技发展的关键着眼点。但仅仅依靠中央层面自上而下的政策指导并不足以充分发挥地区资源优势为区域内科技要素汇聚、整合、共享提供显著助力。在体制机制改革方面,东北区域根据自身情况主要着力于对科研人员的激励机制、科研诚信体系建设、科研机构及高等院校的监督评价机制、科研设备的共享机制等方面进行改革,力求在解决东北区域现存体制机制问题的基础上,形成灵活、高效的相关科研机制和科技管理体制;在加强组织管理方面,主要就科研失信行为的预防惩治、科研项目的监督指导、企业创新发展的支持鼓励等方面建立健全科技综合管理及动态调整机制,科技管理体制包含科技计划与项目管理、科技资金管理、科研诚信管理、科研制度及科技人才管理等方面,直接影响科技创新的效率。党的十八大以来，国家通过不断深化科技领域体制机制改革，逐步建立完善的科技管理体制。2019 年 8 月，科技部等发布《关于扩大高校和科研院所科研相关自主权的若干意见》，明确提出支持高校和科研院所依法依规行使科研相关自主权，充分调动单位和人员积极性、创造性，增强创新动力活力和服务经济社会发展能力；2019 年 10 月，科技部等发布《科研诚信案件调查处理规则（试行）》，规范科研诚信案件调查处理工作；2020 年 2 月，科技部发布《关于破除科技评价中"唯论文"不良导向的若干措施（试行）》，改进科技评价体系，破除科技评价中"唯论文"不良导向；2020 年 3 月，国家发展改革委等发布《关于发挥国家农村产业融合发展示范园带动作用进一步做好促生产稳就业工作的通知》，加快园区项目建设，吸纳更多农民工就地就近就业创业；2020 年 4 月，中科院发布《中国科学院院属单位知识产权管理办法》，支撑和服务知识产权强国建设，促进中国科学院科技成果转移转化工作；2020 年 7 月，工业和信息化部等发布《重大技术装备进口税收政策管理办法实施细则》，支持我国重大技术装备制造业发展；2020 年 8 月，工业和信息化部发布《船舶总装建造智能化标准体系建设指南（2020 版）》，加快新一代信息通信技术与先进造船技术深度融合，推动船舶总装建造智能化转型；2020 年 11 月，中国科协等发布《关于进一步推动中国科协学会创新发展的意见》，促进学会高质量发展，提升科技战略支撑能力；2020 年 12 月，交通运输部办公厅发布《交通运输部办公厅关于优化道路运输车辆技术管理　便利开展车辆技术等级评定工作的通知》，进一步优化道路运输车辆技术管理，便利开展车辆检验检测和技术等级评定工作；2020 年 12 月，科技部发布《科学技术活动评审工作中请托行为处理规定（试行）》，规范科学技术活动评审工作中有关单位和个人的行为，维护公平公正的评审环境和风清气正的创新生态。上述政策充分体现了我国科技体制机制改革中的顶层设计和国家布局，在地方进一步推进科技管理体制改革、释放区域科技创新活力方面具有指导作用。在发挥地区优势资源方面，东北区域三省政府采取资源向科技主体倾斜的措施，结合地域发展特色，集聚本地区科技资源；在强化科技要素支撑作用方面，东北区域主要关注创新人才队伍建设、资金支持、基础设施建设升级、鼓励科研项目申报、重视考核验收及绩效评价等方面，支撑科技创新发展。

2）采取多种措施，重点关注技术研发与应用。技术革新有助于推动传统科技发展模式的升级优化，成果应用则加速科技生产力的扩散。2019 年 7 月至 2020 年 12 月，东北区域科技政策中十分重要的一个政策主题是科学技术的研发与应用，也是东北区域实施创新驱动发展战略、增强区域科技创新能力的客观要求。在支持技术研发与应用的措施上，东北区域主要采取提升科研团队创新水平、提高区域自主创新能力和产业竞争力等方式。在提升科研团队创新水平方面，东北区域于 2019 年 7 月至 2020 年 12 月发布了《黑龙江省科技计划项目科研诚信管理暂行办法》《黑龙江省国家科技重大专项和重点研发项目省级资助资金管理暂行办法》《吉林省科研基础设施和大型科研仪器开放共享管理办法》《吉林省科技发展计划项目科研诚信管理暂行办法》《吉林省会计专业技术人员继续教育实施办法》《辽宁省科技重大专项项目及资金管理办法（试行）》《关于进一步弘扬科学家精神加强作风和学风建设的实施意见》等政策文件，可以看出东北区域的政策重点主要集中在建立健全实验室评估管理机制，加大科技基础设施投入，完善人才集聚体制机制，为专业人才及科技人才提供培训服务、继续教育、诚信教育等，同时积极做好高层级人才引进工作，引导高层次人才参与科技创新工作；在提高区域自主创新能力和产业竞争力方面，东北区域于 2019 年 7 月至 2020 年 12 月发布了《黑龙江省产业技术创新战略联盟建设管理办法》《黑龙江省新一代信息技术产业发展规划（2019—2025 年）》《吉林省科技企业孵化器和众创空间认定管理办法》《吉林省推进智能汽车产业发展实施方案》《辽宁省雏鹰、瞪羚、独角兽企业评价办法（试行）》《辽宁省构建市场导向的绿色技术创新体系的实施方案》等政策文件，可以看出东北区域在 2019 年 7 月至 2020 年 12 月出台的科技政策中突出强调了要强化企业在技术创新中的地位，为技术先进性企业提供财政支持和税收优惠，鼓励科技金融项目开展政府与社会资本合作，吸引社会资本和双创资源共同参与科技创新，面向社会扩大创业和创意资源引流，引导企业加强技术创新和成果转化，支持企业联合高校、科研机构建立产业技术创新战略联盟，提升企业创新能级，推动区域产学研融合创新。

3）全面优化公共科技服务。2019 年 7 月至 2020 年 12 月，东北区域的另一个重点政策主题是全面优化公共科技服务。公共科技服务提供涉及政府、企业、高校、科研机构等多方主体，完善政府公共科技服务体系对推动科技创新能力提升具有重要作用。2019 年 7 月至 2020 年 12 月东北区域在优化公共科技服务方面采取了多种方式，主要关注企业发展、政策倾斜、信息咨询、研发设计、技术转移、创业孵化、检验检测等科技服务，如黑龙江省发布了《黑龙江省高新技术企业培育实施细则》《黑龙江省产业技术创新战略联盟建设管理办法》等政策文件，明确提出支持科技型企业创新发展，加速培育高新技术企业，加快产业技术创新战略联盟建设，推动产学研融合创新，为公共科技服务改进提供多维度支撑，实现科技资源的进一步汇集、管理、开放和共享；吉林省发布了《吉林省科技企业孵化器和众创空间认定管理办法》《关于进一步促进科技成果转化若干措施》等政策文件，以提升管理水平与专业孵化能力，引导企业重视技术创新和成果转化，营造良好的创新创业生态环境，加快推动吉林省科技型中小微企业快速成长，加强科技成果转化和应用；辽宁省发布了《辽宁省科技创新智库研究基地管理办法（试行）》《辽宁省文化和科技融合示范基地评选培育管理办法（试行）》《辽宁省构建市场导向的绿色技术创新体系的实施方案》等政策文件，着重加强科技创新决策咨询队伍建设和工作积累，构建开放、高端的辽宁省科协科技创新智库，同时加快推进文化和科技融合，加强文化领域自主创新和科技应用能力，构建以市场为导向的绿色技术创新体系。

（2）政策效力分析

通过借鉴彭纪生等[4]、王帮俊等[5]、徐美宵等[6]、郭本海等[7]的研究成果，对东北区域科技政策效力进行打分（表 3.18）。2019 年 7 月至 2020 年 12 月，东北区域科技政策的政策效力总得分为 1338 分，均值为 22.68 分，单项政策得分最大值为 62 分、最小值为 7 分；政策力度总得分为 63 分，均值为 1.07 分，单项政策得分最大值为 2 分、最小值为 1 分；政策目标总得分为 315 分，均值为 5.34 分，单项政策得分最大值为 13 分、最小值为 1 分；政策工具总得分为 915 分，均值为 15.51 分，单项政策得分最大值为 43 分、最小值为 5 分。

表 3.18　2019 年 7 月至 2020 年 12 月东北区域科技政策效力评分结果

项目	总得分	均值	单项政策		单项满分
			最大值	最小值	
政策力度	63	1.07	2	1	5
政策目标	315	5.34	13	1	25
政策工具	915	15.51	43	5	65
政策效力	1338	22.68	62	7	450

从表 3.18 可以看出，在政策力度方面，2019 年 7 月至 2020 年 12 月东北区域各省人大并未颁布科技方面的地方性法规或单行条例，因此其单项政策得分的最大值为 2 分；在政策目标方面，单项政策满分为 25 分，实际得分最大值为 13 分、最小值为 1 分；在政策工具方面，单项政策满分为 65 分，实际得分最大值为 43 分、最小值为 5 分；在政策效力方面，单项政策满分为 450 分，实际得分最大值为 62 分、最小值为 7 分。从上述 4 项指标可以看出，2019 年 7 月至 2020 年 12 月东北区域的政策力度、政策目标、政策工具、政策效力都明显偏低，其中政策工具的表现相对较好。

2019 年 7 月至 2020 年 12 月东北区域发布的科技政策目标主要集中在经济效益、

政治功能上，其他政策目标得分与其相比较，差距明显（图 3.28）。三省中，吉林省科技政策的经济效益、政治功能得分最高，分别为 45 分、38 分，辽宁省在这两项政策目标的得分上紧随其后，分别为 38 分、33 分，黑龙江省得分最低，分别为 35 分、30分。在 2019 年 7 月至 2020 年 12 月三省发布的科技政策中，对社会发展、生态进化的关注明显不足，尤其是黑龙江省，其发布的全部科技政策均未关注生态进化目标。党的十九届五中全会明确指出，要加快推动绿色低碳发展，持续改善环境质量，提升生态系统质量和稳定性，全面提高资源利用效率。生态文明建设是关系民族未来发展的根本大计，面对日益严峻的生态环境形势，需要制定完备和有力度的政策体系，切实推动我国生态文明体制改革，提高生态环境保护治理能力。就 2019 年 7 月至 2020 年12 月发布政策的政策目标情况而言，东北区域科技政策对生态进化问题的关注度仍待进一步提高。

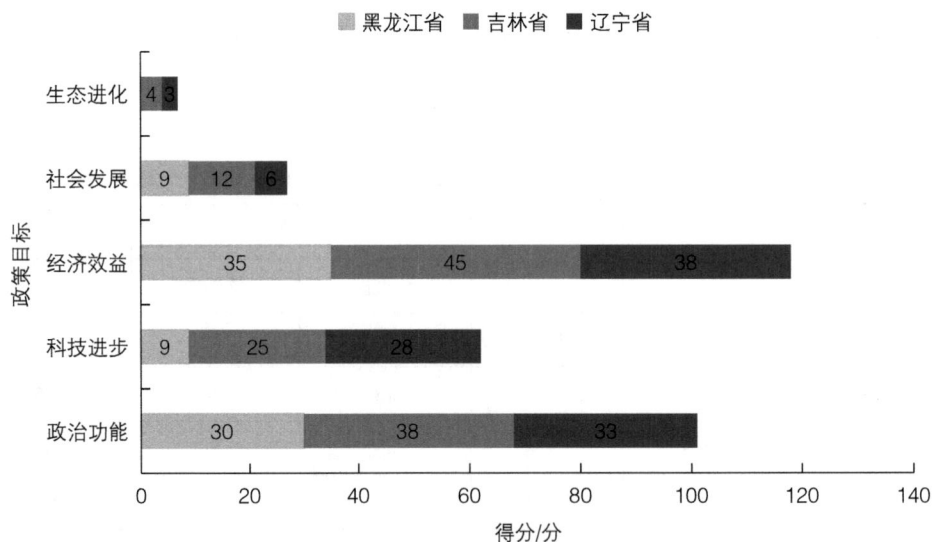

图 3.28 2019 年 7 月至 2020 年 12 月东北区域三省政策目标得分情况

从政策工具视角来看，2019 年 7 月至 2020 年 12 月东北区域发布的科技政策主要以使用供给型政策工具为主，占比 70.16%，包含基础设施建设、科技信息支持、人力资源管理、公共财政支持和公共科技服务；其次是使用环境型政策工具，占比 21.31%，包含金融支持、法规管制、目标规划和税收优惠；使用最少的是需求型政策工具，占比仅为 8.52%，包含贸易管制、示范工程、政府采购和国际交流合作（图 3.29）。

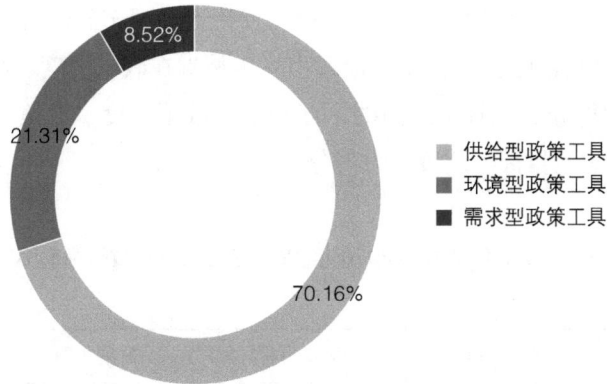

图 3.29 2019 年 7 月至 2020 年 12 月东北区域不同类型政策工具使用情况

在对 2019 年 7 月至 2020 年 12 月东北区域政策工具使用情况进行分析的基础上，分别对黑龙江省、吉林省、辽宁省的政策工具使用情况进一步分析（图 3.30）。2019年 7 月至 2020 年 12 月，东北区域三省出台的科技政策中，供给型政策工具的使用情况为吉林省得分最高，占比 39.56%，其次是黑龙江省，占比 32.40%，得分最低的是辽宁省，占比 28.04%。2019 年 7 月至 2020 年 12 月东北区域三省出台的科技政策中，环境型政策工具的使用情况为辽宁省得分最高，占比 39.49%，其次是吉林省，占比33.33%，得分最低的是黑龙江省，占比为 27.18%。2019 年 7 月至 2020 年 12 月东北区域三省出台的科技政策中，需求型政策工具使用情况为辽宁省和黑龙江省得分较高且差距较小，分别占比 37.18%、35.90%，得分最低的是吉林省，占比 26.92%。

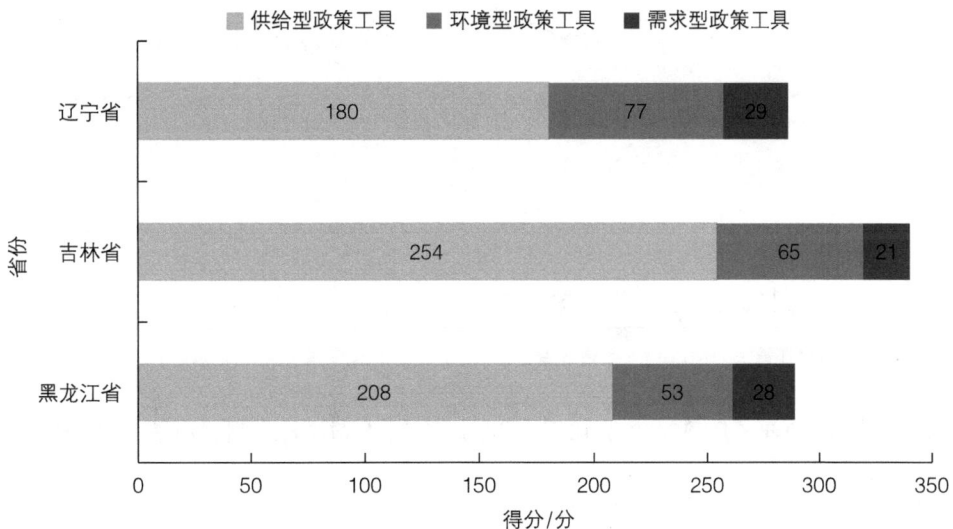

图 3.30 2019 年 7 月至 2020 年 12 月东北区域三省政策工具的使用情况

在对东北区域进行分析后，对黑龙江省、吉林省、辽宁省的各项指标实际得分进行横向分析（表 3.19）。从表 3.19 中可以看出，吉林省在政策力度、政策目标、政策工具、政策效力中的得分是三省中最高的，辽宁省的政策力度、政策工具得分在三省中最低，黑龙江省的政策目标、政策效力得分在三省中最低。

表 3.19 2019 年 7 月至 2020 年 12 月东北区域三省指标实际得分

单位：分

省份	政策力度	政策目标	政策工具	政策效力
黑龙江省	20	83	289	420
吉林省	26	124	340	493
辽宁省	17	108	286	425

由于各省政策数量存在差异，仅对各省数量的总体情况进行分析缺少一定的公正性和客观性，因此对东北区域及黑龙江省、吉林省、辽宁省各项指标的平均得分进行了分析（图 3.31）。

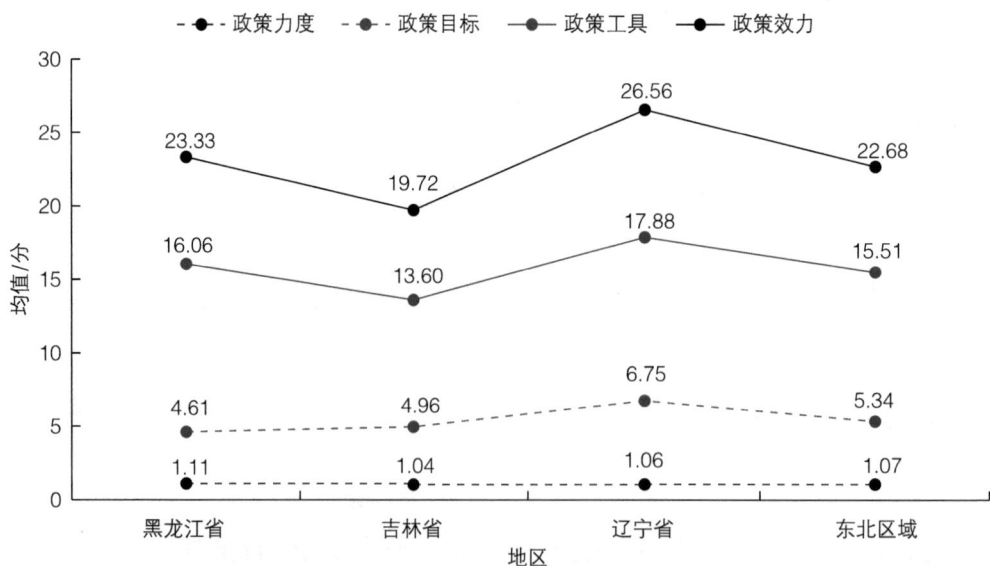

图 3.31 2019 年 7 月至 2020 年 12 月东北区域及三省份政策效力评估各项指标平均得分

从横向来看，东北区域的政策效力均值、政策工具均值波动较大。黑龙江省、吉林省、辽宁省的政策力度均值、政策目标均值虽然波动相对较小，但都处于较低水平。其中，吉林省的政策力度均值、政策目标均值、政策工具均值、政策效力均值都低于东北区域均值。辽宁省的政策力度均值低于东北区域均值，黑龙江省的政策目标均值低于东北区域均值。从纵向来看，2019 年 7 月至 2020 年 12 月辽宁省发布的政策数量虽然并非三省最多，但其政策目标、政策工具、政策效力的均值在东北区域排名第一，且高于东北区域水平，只有政策力度低于东北区域及黑龙江省。由此可以看出，辽宁省于 2019 年 7 月至 2020 年 12 月发布的各项科技政策质量相对高于其他两省。这是因为辽宁省发布的科技政策综合性较强且政策内容的实质性较强，黑龙江省、吉林省发布的科技政策则以针对某一领域的管理办法居多，综合性不强，且科技政策发布机构多为科技厅、财政厅等省级职能部门。黑龙江省作为三省中唯一政策力度均值高于东北区域均值的省份，政策力度较强。

综上所述，2019 年 7 月至 2020 年 12 月东北区域科技政策在政策效力方面的特征可以总结为以下 5 个方面。

1）整体政策力度较低。在黑龙江省、吉林省、辽宁省的政策发布机构中，三省发布的科技政策均以科技厅、财政厅等省级职能部门为主，省政府或省委发文的政策数量仅有 6 项，其中黑龙江省发布 3 项，吉林省发布 1 项、辽宁省发布 2 项，三省发布的地方性政府规章数量约为整体的 10%，这也导致东北区域政策力度均值都处于较低水平。

2）政策工具种类较少。在 2019 年 7 月至 2020 年 12 月东北区域发布的科技政策中，政策工具的使用主要以公共科技服务、公共财政支持、科技信息支持、法规管制、人力资源管理为主，贸易管制、政府采购的使用次数最少。同时，在政策工具的表现力度上也存在不足。

3）政策工具使用类型相对单一。2019 年 7 月至 2020 年 12 月东北区域的科技政策在 3 种类型政策工具的使用频次上存在明显差距，具体表现为供给型政策工具的使用得分远高于环境型政策工具和需求型政策工具的使用得分之和。这一现象充分体现出 2019 年 7 月至 2020 年 12 月东北区域对环境型政策工具和需求型政策工具的重视力度不足，多从基础设施建设、科技信息支持、人力资源管理、公共财政支持、公共科技服务 5 个方面完善政策体制建设，无法切实提高东北区域科技政策效力。对环境型政策工具、需求型政策工具的关注程度不高直接导致了东北区域科技政策工具使用结构不合理，使政策综合性及实效性受到影响。

4）政策目标涉及方面少且可量化程度低。2019 年 7 月至 2020 年 12 月东北区域的科技政策在政策目标上主要以经济效益、政治功能、科技进步为主，较少政策涉及社会发展，仅有 3 项政策涉及生态进化。同时，在政策目标的表述上，辽宁省的科技政策在量化目标上的设定较为清晰，吉林省和黑龙江省科技政策目标的表述较为笼统和模糊，大部分政策仅对宏观政策做了拆分和规划，未设置具体的量化目标。

5）政策效力差距明显。综合政策数量与政策效力统计结果可知，就 2019 年 7 月至 2020 年 12 月东北区域科技政策的发布情况而言，吉林省科技政策发布数量远高于其他两省，但其政策效力与另外两省份相对差距较小。辽宁省科技政策发布数量虽居三省末位，但其政策效力得分十分可观。三省政策效力得分均值波动较大，说明 2019 年 7 月至 2020 年 12 月东北区域科技政策差距明显。政策效力与政策权威性直接相关，三省科技政策效力得分结果充分反映了在政策权威性上东北区域尚待提升，需发布实质性更强、更具权威性的科技政策，从而推动区域科技创新加速发展。

第 4 章

专项科技政策分析

4.1 科技特派员政策

4.1.1 政策外部特征

（1）政策数量统计

本节搜集到 13 项科技特派员政策，如表 4.1 所示。

表 4.1　科技特派员政策一览

序号	政策名称
1	重庆市科技特派员管理办法
2	海南省科技特派员管理暂行办法
3	关于深入推行科技特派员制度的实施意见
4	广西壮族自治区贫困村科技特派员选聘和管理办法
5	广西壮族自治区乡村科技特派员管理办法（试行）
6	安徽省推进科技特派员创新创业五年行动计划（2020—2025 年）
7	关于新时代深入推行科技特派员制度的实施意见
8	自治区人民政府办公厅关于坚持和完善科技特派员制度的意见
9	甘肃省省级科技特派员管理办法（试行）
10	陕西省深入推行科技特派员制度实施方案
11	湖北省科技特派员管理暂行办法
12	福建省科技特派员专项资金管理办法
13	云南省科技厅印发《关于新时代深入推行科技特派员制度的实施意见》的通知

科技特派员制度是科技人才扎根一线、服务"三农"的实践产物，在助力乡村振兴方面发挥重要作用。随着科技特派员制度在全国范围内推广，各省市在探索中结合

实际，纷纷出台有关科技特派员管理及制度创新的政策，以更好地服务乡村振兴新格局，为"三农"发展注入新动能。在中央层面，2019 年 10 月，习近平总书记对科技特派员制度推行 20 周年作出重要指示，强调"要坚持把科技特派员制度作为科技创新人才服务乡村振兴的重要工作进一步抓实抓好"[1]，这也是新时代深入推进科技特派员制度的根本遵循和行动指南。在地方层面，重庆市、海南省、四川省等 12 省（区、市）都出台了有关科技特派员的政策，其中广西壮族自治区出台了 2 项。这表明，各地方深刻了解科技特派员对于本地区的重要意义。因此，地方制定并出台多项有关科技特派员的政策，积极发挥科技特派员在促进创新驱动发展、实施乡村振兴战略、推进脱贫攻坚中的重要作用。

（2）政策类别统计

通过对政策类别的统计分析，可以发现我国出台的科技特派员政策存在的相同点及侧重点。本节对搜集到的 13 项科技特派员政策类别进行统计，如图 4.1 所示。

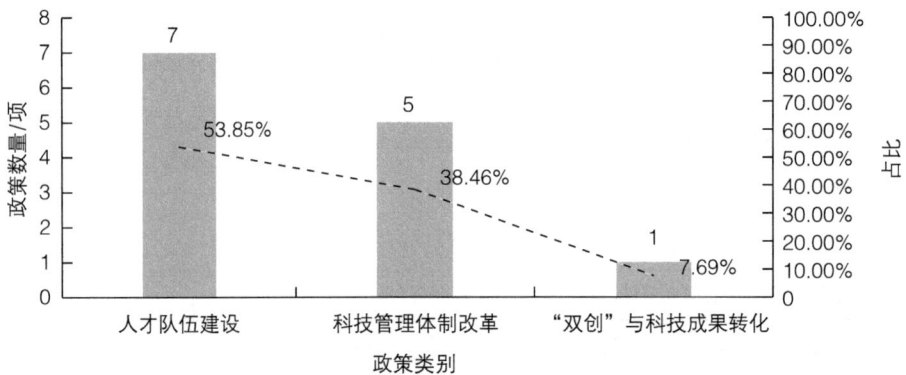

图 4.1　科技特派员政策类别统计

在搜集到的 13 项科技特派员政策中，政策类别一共有 3 种，分别为人才队伍建设、科技管理体制改革和"双创"与科技成果转化。其中，科技特派员政策类别为人才队伍建设的有 7 项，占比为 53.85%；政策类别为科技管理体制改革的有 5 项，占比为 38.46%；政策类别为"双创"与科技成果转化的有 1 项，占比为 7.69%。不难发现，在所有科技特派员政策中，数量最多的为人才队伍建设类，占据绝对优势地位。这表明，我国在出台相应的科技特派员政策时，侧重点为人才队伍建设方面。一方面，科技特派员作为科技创新人才深入基层、服务"三农"，是各地区实现脱贫攻坚和乡村

---

① 中华人民共和国中央人民政府. 习近平对科技特派员制度推行 20 周年作出重要指示［EB/OL］.（2019-10-21）［2021-03-14］.http://www.gov.cn/xinwen/2019-10/21/content_5442820.htm.

振兴发展的有力支撑，通过人才队伍建设，可以切实发挥科技特派员的优势作用；另一方面，针对人才队伍建设出台相关政策相较于其他政策类别来说在建设人才队伍方面是见效最快的。科技人才是人才中最具创新性和能动性的，通过各种激励政策吸引人才到本地区发展，便可以在很短的时间内依靠人才引领推动地区或产业的发展，这对于急需改变地区现状的政府来说是最有利的。因此，我国出台的科技特派员政策大部分都是针对人才队伍建设的。除此之外，我国针对科技管理体制改革的科技特派员政策占比为 38.46%，可以看出我国对涉及科技管理体制改革方面的科技特派员政策也较为重视，大力推进科技特派员制度的完善与创新。相比之下，"双创"与科技成果转化类别的政策数量最少，仅占 7.69%，表明我国科技特派员政策对"双创"与科技成果转化方面关注较少，应适当增加"双创"与科技成果转化方面科技特派员政策的出台。

（3）政策时间分布

2019 年 7 月至 2020 年 12 月我国科技特派员政策分布在 2019 年的 7 月、8 月和 11 月，以及 2020 年 2 月、3 月、5 月、7 月、8 月、11 月和 12 月，其余月份没有颁布政策（图 4.2）。总体来看，2020 年出台的科技特派员政策较集中，其中颁布数量最多的月份为 2020 年 5 月、8 月和 11 月，均颁布 2 项，主要是贯彻落实习近平总书记关于科技特派员制度的重要指示和科技特派员制度推行 20 周年总结会议精神，进一步发展壮大科技特派员队伍，助力脱贫攻坚和乡村振兴；其余 7 个月都各颁布 1 项政策，整体上出台的科技特派员政策数量呈增长趋势。

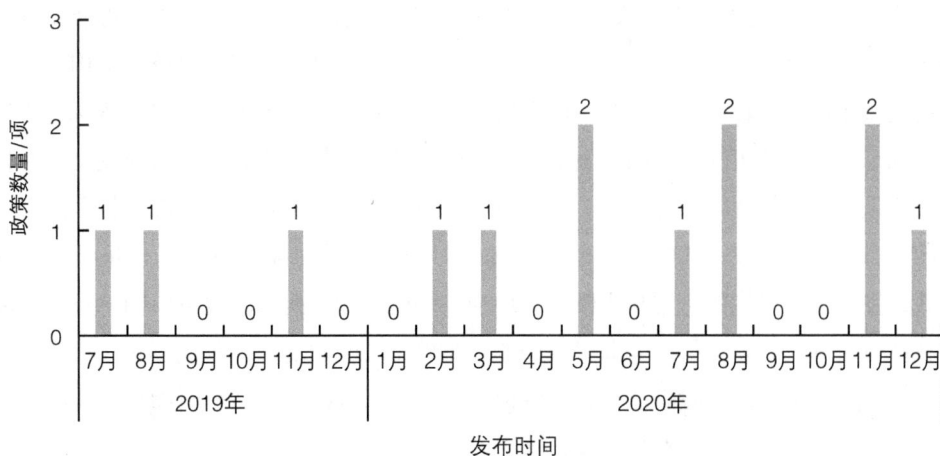

图 4.2 2019 年 7 月至 2020 年 12 月科技特派员政策时间分布

（4）政策属性

本节通过对 13 项科技特派员政策属性的统计和分析发现，我国科技特派员政策属性主要是地方性政府规章和地方规范性文件两类（图 4.3）。其中，属于地方规范性文件的政策共 12 项，占比 92.31%；属于地方性政府规章的政策共 1 项，占比 7.69%。通过对上述内容的分析可以看出，2019 年 7 月 1 日至 2020 年 12 月 31 日我国科技特派员政策的出台没有中央层级各部委的参与，大多由地方政府及地方政府的职能部门发文，政策属性较单一。

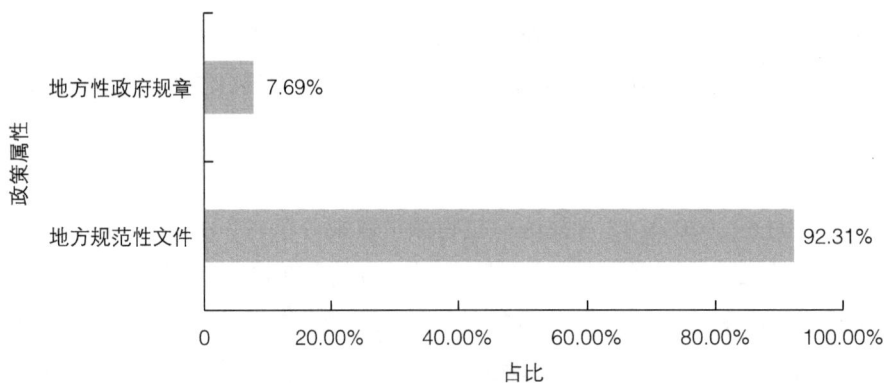

图 4.3　科技特派员政策属性

（5）政策协同性

本节以收集到的科技特派员政策的数据为基础，对政策发文主体进行统计分析。在 13 项政策文件中，由单一机构或部门发文的有 7 项，约占总量的 54%；由两个及以上机构或部门联合发文的有 6 项，约占总量的 46%（图 4.4）。这表明我国由单一机构或部门出台的科技特派员政策较多，但两个及以上机构或部门联合发文的政策占比约 46%，接近全部政策的半数，由此可知，这两种发文方式的政策数量结构较为合理。单独发文具有权力集中、责任明确、指挥便利等优势，联合发文可以增强政策一致性，多部门相互配合可以形成政策合力，提升政策绩效，因此我国地方政府在出台科技特派员政策时应平衡两种发文方式，发挥不同机构的作用和积极性，加强不同机关和机构间的政策协同，更好地促进地方科技政策的实施与运行，以取得预期的政策效果。除此之外，各地方科技特派员政策单独发文的机构或部门以政府及科技主管部门居多，联合部门发文中则以科技部门牵头居多，农业部门和财政部门也参与较多，这主要由于科技特派员制度是科技创新驱动乡村振兴发展的重要实践，相关政策的出台与科技、农业部门密不可分。但我国科技特派员政策大多涉及人才队伍建设，因此应考虑加强与人力资源社会保障部门的相互配合。

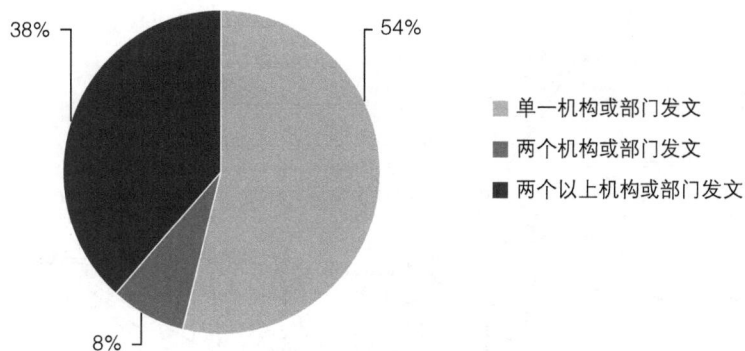

图 4.4　13 项科技特派员政策协同性

4.1.2　政策内部特征

（1）政策目标

为了深度挖掘科技特派员政策的关注重点，本节对 13 项科技特派员政策文本进行分析，使用 ROST CM 软件进行文本高频词的提取和统计（表 4.2）。

表 4.2　13 项科技特派员政策高频词及词频

主题词	词频/次	主题词	词频/次
科技特派员	870	农业	156
科技	509	管理	143
服务	468	开展	133
技术	211	成果	103
创业	193	制度	97
单位	191	发展	91
创新	184	乡村	91
农村	165		

在提取高频词的基础上，通过社交网络和语义网络对高频词进行分析，得到科技特派员政策共词网络，如图 4.5 所示。

在词频分析基础上，构建 15 个有效高频词的共词矩阵，进而构建 15×15 的相异系数矩阵，采用组间连接的方法对高频词进行聚类分析，得到高频词聚类分析谱系图（图 4.6）。

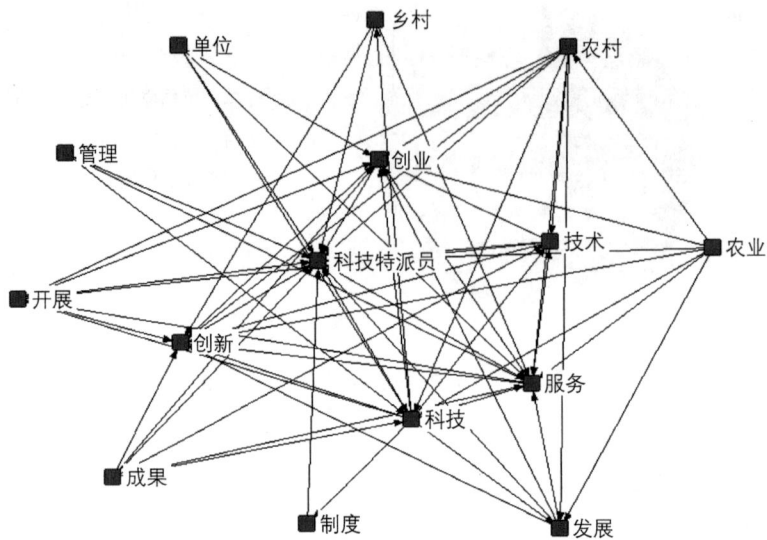

图 4.5　科技特派员政策共词网络

使用平均连接（组间）的谱系图
重新标度的距离聚类组合

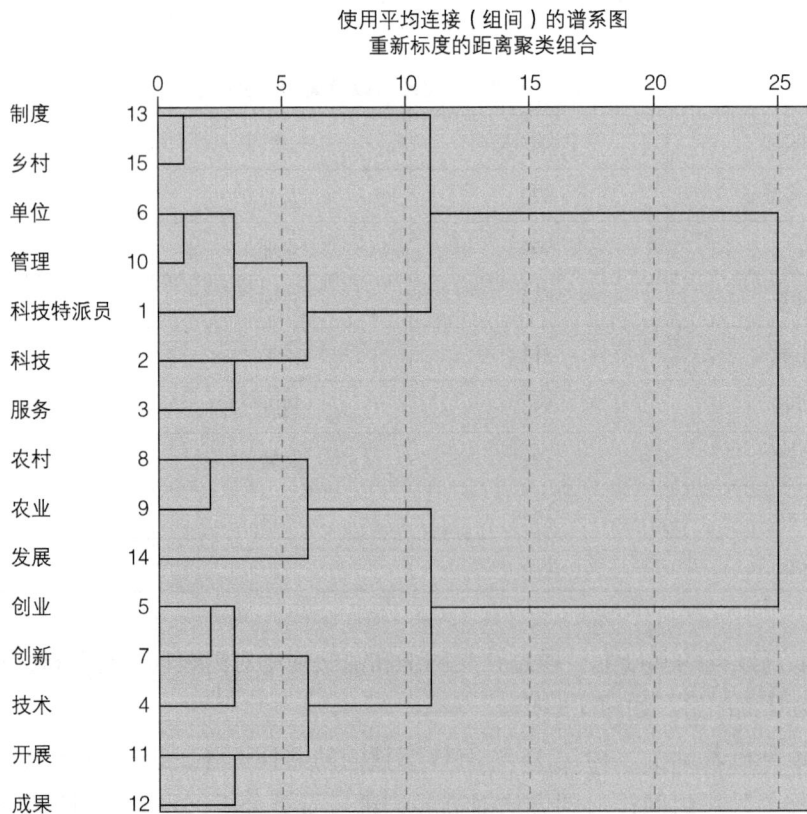

图 4.6　高频词聚类分析谱系图

　　根据聚类分析结果，结合表 4.2 和图 4.5，联系政策文本内容，可以得出 2019 年 7 月至 2020 年 12 月科技特派员政策内容主要集中在以下几方面。

　　第一，立足乡村需求，完善科技特派员制度。强化科技特派员制度顶层设计，建立健全多部门联合推进机制，加强多部门之间有关科技特派员工作的沟通与协调，进一步完善制度体系和政策环境。例如，《陕西省深入推行科技特派员制度实施方案》的组织保障部分提出"建立陕西省科技特派员工作联席会议制度。省科技厅为组长单位，省委组织部、省发改委、省教育厅、省工信厅、省财政厅、省人社厅、省水利厅、省农业农村厅、省林业局、省科学院、团省委、省科协为成员单位。联席会议负责研究制定陕西省科技特派员工作的政策和措施，协调解决工作中出现的重大问题，指导、督促有关政策措施和工作任务的落实"。逐步建立多层次、多渠道的科技特派员选派机制，按照市场需求和农民实际需要，推动科技特派员与乡镇企业、农民合作社、种植大户等双向选择，坚持专业对口原则，实现技术与当地产业的精准对接，提高科技资源配置的有效性。除此之外，各级政府着重强化政策措施，细化实化配套政策措施，包括有关科技特派员的职称评聘、经费支持、福利保障、科技创业等，并优化考核评价机制，健全考核评价指标，完善科技特派员考核评价和退出机制。例如，《重庆市科技特派员管理办法》的第十二条提出，科技特派员每年度考核 1 次。年度考核内容主要围绕帮扶协议明确的目标任务，以科技创新创业与服务绩效为重点，综合评估履职情况、服务效果等。年度考核结果分为优秀、合格、不合格 3 个等次。年度考核不合格的，翌年不再选派为科技特派员。

　　第二，开展科技服务，充分挖掘单位层面的支持。引导科技特派员带着技术、项目、资金等，为农村或贫困地区提供技术指导、技术培训、技术咨询、人才培养、创新创业等科技服务，解决困扰地方产业发展的瓶颈问题。鼓励派出单位以课题支持、经费支持、考核奖励等形式，为科技特派员搭建服务载体，调动科技特派员服务的积极性，提升科技特派员服务能力，如《重庆市科技特派员管理办法》的第七条提出，将科技特派员工作业绩纳入本单位科技人员考核体系和优先晋升职务职称政策，对于获得国家或市级表彰的科技特派员按规定给予相应奖励。鼓励高校、科研院所、企业、行业技术协会等组建学科交叉型科技人员团队，以科技特派员法人单位名义服务农村产业和地区的发展。创新科技服务方式，引导科技特派员将服务环节从产前、产中延伸至产后，整合科技人才资源，开展全产业链服务，推动科技服务公益化和社会化转变，探索科技服务长效机制，以互利共赢为出发点，激发政府、派出部门、接收部门等单位的内生动力，使制度持续高效运行。例如，四川省出台的《关于深入推行科技特派员制度的实施意见》的重点任务部分提到"着力构建覆盖我省全域、面向农业农村农民、基于'互联网+'的新型农村科技服务体系，探索'公益性服务+社会化服务'的科技服务长效机制"。

第三，科技支撑现代农业产业发展，促进农村全面进步。促进农业发展方式转变，将科学技术与农业生产有效贯通，要求加快在高效育种、农业标准化、农业大数据等方面的创新研究，为现代农业高质量发展提供科技保障。优化延伸产业链条，从生产向加工、检测、流通、销售等各环节各层面拓展，从以农业领域为主，向一二三产业融合发展的农业全产业链新格局拓展。扩大科技特派员选派范围，从原有的涉农相关专业，逐步拓展到管理、经营、电商、金融、工业等领域，鼓励科技特派员将各领域的理论知识、实践经验等与"三农"发展融会贯通，推进乡村的全面振兴。除此之外，科技特派员要围绕地方特色优势主导产业，示范指导当地农民学习新的经营理念，提高农民的科学素养，实现科技创新、人力资本、产业发展在农业农村现代化中的良性互动。例如，黑龙江省出台的《关于新时代深入推行科技特派员制度的实施意见》中提出，助力乡村主导产业及特色优势产业培育壮大、"一乡一业、一村一品"专业村（专业农林场、专业乡镇）建设、乡土人才实用技术培训，提升乡村产业振兴发展的内生动力。

第四，促科技成果转化，激发科技特派员创新创业活力。现行的科技特派员制度偏重于促进科技成果在农业领域的转化与应用，鼓励科技特派员深入农村领办创办协办经济实体和创新联合体，以技术、资金等方式入股，与当地企业、专业大户、中介服务组织、农村经济合作组织等结成利益共同体，与农民建立"风险共担、利益共享"的分配机制，通过荣誉和利益激励，充分调动各主体的积极性。例如，四川省出台的《关于深入推行科技特派员制度的实施意见》的政策措施部分提出，"在研究开发和科技成果转移转化中作出主要贡献的科技特派员，获得奖励的份额不低于奖励总额的50%"。加大对科技特派员创新创业的资金支持，发挥财政资金的杠杆作用，以创投引导、贷款风险补偿等方式，推动形成多元化的科技特派员创新创业融资机制。例如，《安徽省推进科技特派员创新创业五年行动计划（2020—2025年）》在完善激励机制部分提出"鼓励金融机构对科技特派员创新创业加大信贷支持，开展授信业务和小额贷款业务"。围绕农村实际需求，带动当地农民创新创业，加大对创业政策的扶持力度，搭建创新创业信息化服务平台，营造农村创新创业的良好环境。

（2）PMC指数模型

借鉴 Estrada[8]、张永安等[9]、胡峰等[10]、丁潇君等[11]、臧维等[12]构建的PMC指数（Poling Modeling Consistency Index）模型，对搜集到的科技特派员政策进行PMC指数分析，可以发现每项政策的优势和劣势，探究该政策的一致性程度。以 P 表示搜集到的政策，首先按照 PMC 指数分析的步骤，针对政策内容，划分 10 个一级变量，用 $X1 \sim X10$ 表示；其次在每个一级变量下划分若干个二级变量，用 $X1-n \sim X10-n$ 表示，具体变量如下。

$X1$ 政策性质；$X2$ 政策评价；$X3$ 发布机构；$X4$ 政策领域；$X5$ 政策目的；$X6$ 涉及客体；$X7$ 针对措施；$X8$ 政策效力；$X9$ 政策指向；$X10$ 政策依据。$X1$ 变量由 6 个二级变量组成，这些二级变量包括：$X1-1$ 预测；$X1-2$ 监管；$X1-3$ 建议；$X1-4$ 描述；$X1-5$ 引导；$X1-6$ 其他。$X2$ 变量由 4 个二级变量组成，这些二级变量包括：$X2-1$ 依据充分；$X2-2$ 目标明确；$X2-3$ 方案科学；$X2-4$ 保障有力。$X3$ 变量由 6 个二级变量组成，这些二级变量包括：$X3-1$ 中共中央；$X3-2$ 国务院；$X3-3$ 国家部委；$X3-4$ 省市政府；$X3-5$ 省市厅局；$X3-6$ 其他部门。$X4$ 变量由 6 个二级变量组成，这些二级变量包括：$X4-1$ 经济；$X4-2$ 社会；$X4-3$ 技术；$X4-4$ 政治；$X4-5$ 制度；$X4-6$ 环境。$X5$ 变量由 4 个二级变量组成，这些二级变量包括：$X5-1$ 规范引导；$X5-2$ 体系构建；$X5-3$ 科技创新；$X5-4$ 人才队伍建设。$X6$ 变量由 3 个二级变量组成，这些二级变量包括：$X6-1$ 政府；$X6-2$ 企业；$X6-3$ 高校。$X7$ 变量由 3 个二级变量组成，这些二级变量包括：$X7-1$ 正激励措施；$X7-2$ 负激励措施；$X7-3$ 监管。$X8$ 变量由 3 个二级变量组成，这些二级变量包括：$X8-1$ 短期（$1 \sim 3$ 年）；$X8-2$ 中期（$4 \sim 7$ 年）；$X8-3$ 长期（8 年以上）。$X9$ 变量由 4 个二级变量组成，这些二级变量包括：$X9-1$ 人才培育；$X9-2$ 人才吸引；$X9-3$ 人才创新；$X9-4$ 成果转化。$X10$ 变量由 1 个二级变量组成，这个二级变量为 $X10-1$ 上级政策。为了更直观地观察一级变量与二级变量之间的关系，绘制表 4.3。

表 4.3　科技特派员政策变量体系

政策	一级变量	二级变量
P	$X1$ 政策性质	$X1-1$ 预测 $X1-2$ 监管 $X1-3$ 建议 $X1-4$ 描述 $X1-5$ 引导 $X1-6$ 其他
	$X2$ 政策评价	$X2-1$ 依据充分 $X2-2$ 目标明确 $X2-3$ 方案科学 $X2-4$ 保障有力

政策	一级变量	二级变量
P	X3 发布机构	X3-1 中共中央 X3-2 国务院 X3-3 国家部委 X3-4 省市政府 X3-5 省市厅局 X3-6 其他部门
	X4 政策领域	X4-1 经济 X4-2 社会 X4-3 技术 X4-4 政治 X4-5 制度 X4-6 环境
	X5 政策目的	X5-1 规范引导 X5-2 体系构建 X5-3 科技创新 X5-4 人才队伍建设
	X6 涉及客体	X6-1 政府 X6-2 企业 X6-3 高校
	X7 针对措施	X7-1 正激励措施 X7-2 负激励措施 X7-3 监管
	X8 政策效力	X8-1 短期（1~3年） X8-2 中期（4~7年） X8-3 长期（8年以上）
	X9 政策指向	X9-1 人才培育 X9-2 人才吸引 X9-3 人才创新 X9-4 成果转化
	X10 政策依据	X10-1 上级政策

根据表4.3设置的变量，以及PMC的评分方法，对13项科技特派员政策进行变量计算，得到多投入产出表（表4.4）。

表 4.4　多投入产出表

序号	$X1-1$	$X1-2$	$X1-3$	$X1-4$	$X1-5$	$X1-6$	$X2-1$	$X2-2$	$X2-3$	$X2-4$
$P1$	0	1	0	1	1	0	1	1	1	1
$P2$	0	1	0	1	1	0	1	1	1	1
$P3$	1	0	1	1	1	0	1	1	1	1
$P4$	0	0	0	1	1	0	1	1	1	1
$P5$	0	1	0	1	1	0	1	1	1	1
$P6$	1	0	1	1	1	0	1	1	1	1
$P7$	0	0	1	1	1	0	1	1	1	1
$P8$	0	0	1	1	1	0	1	1	0	1
$P9$	0	1	0	1	1	0	1	1	1	1
$P10$	1	0	1	1	1	0	1	1	1	1
$P11$	0	1	0	1	1	0	0	1	1	1
$P12$	0	1	0	1	0	0	0	1	1	1
$P13$	1	0	1	1	1	0	1	1	1	1

序号	$X3-1$	$X3-2$	$X3-3$	$X3-4$	$X3-5$	$X3-6$	$X4-1$	$X4-2$	$X4-3$	$X4-4$
$P1$	0	0	0	0	1	0	0	1	1	0
$P2$	0	0	0	0	1	0	0	1	1	0
$P3$	0	0	0	0	1	1	0	1	1	0
$P4$	0	0	0	0	1	1	0	1	0	0
$P5$	0	0	0	0	1	1	0	1	0	0
$P6$	0	0	0	0	1	1	0	1	0	0
$P7$	0	0	0	1	0	0	0	1	0	0
$P8$	0	0	0	1	0	0	0	1	0	0
$P9$	0	0	0	1	0	0	0	1	0	0
$P10$	0	0	0	0	1	1	0	1	0	0
$P11$	0	0	0	0	1	0	0	0	0	0
$P12$	0	0	0	0	1	0	0	0	0	0
$P13$	0	0	0	0	1	0	0	1	0	0

续表

序号	X4-5	X4-6	X5-1	X5-2	X5-3	X5-4	X6-1	X6-2	X6-3	X7-1
P1	1	1	1	0	0	1	0	1	1	1
P2	0	1	1	0	0	1	1	1	1	1
P3	1	1	1	1	1	1	1	1	1	1
P4	1	1	1	0	0	1	1	0	0	1
P5	1	1	1	0	0	1	1	0	0	1
P6	1	1	1	1	1	1	1	1	1	1
P7	1	1	1	0	0	1	1	1	1	1
P8	1	1	1	1	0	1	1	1	1	1
P9	1	1	0	1	0	1	1	1	1	1
P10	1	1	1	0	0	1	1	1	1	1
P11	1	1	0	0	0	1	1	1	1	1
P12	1	1	1	0	0	1	1	0	0	1
P13	1	1	1	0	0	1	1	0	0	1

序号	X7-2	X7-3	X8-1	X8-2	X8-3	X9-1	X9-2	X9-3	X9-4	X10-1
P1	1	1	0	0	1	0	1	1	1	1
P2	1	1	1	0	0	0	1	1	0	1
P3	0	0	0	1	0	1	1	1	1	1
P4	1	0	1	0	0	0	1	0	0	1
P5	0	0	0	0	1	0	1	0	0	1
P6	0	1	0	1	0	1	1	1	1	1
P7	0	0	0	0	1	0	1	1	1	1
P8	0	0	0	1	0	0	1	0	0	1
P9	1	1	0	0	1	0	1	0	0	1
P10	0	0	0	1	0	0	1	0	0	1
P11	1	0	0	0	1	0	1	0	0	1
P12	1	1	1	0	0	0	1	0	0	1
P13	0	0	0	1	0	0	1	0	0	1

通过对各政策的二级变量进行评分后，根据表 4.4 并结合 PMC 指数分析的计算方法，我们可以计算出每项政策的一级变量值和 PMC 值，如表 4.5 所示。

表 4.5　13 项科技特派员政策 PMC 指数

单位：分

序号	X1	X2	X3	X4	X5	X6	X7	X8	X9	X10	PMC 值（取整数）
P1	0.50	1.00	0.17	0.67	0.50	0.67	1.00	0.33	0.75	1.00	7
P2	0.50	1.00	0.17	0.50	0.50	1.00	1.00	0.33	0.50	1.00	7
P3	0.67	1.00	0.33	0.67	1.00	1.00	0.33	0.33	1.00	1.00	7
P4	0.33	1.00	0.33	0.50	0.50	0.33	0.67	0.33	0.25	1.00	5
P5	0.50	1.00	0.33	0.50	0.50	0.33	0.33	0.33	0.25	1.00	5
P6	0.67	1.00	0.33	0.50	1.00	1.00	0.67	0.33	1.00	1.00	8
P7	0.50	1.00	0.17	0.50	0.50	1.00	0.33	0.33	0.75	1.00	6
P8	0.50	0.75	0.17	0.50	0.75	1.00	0.33	0.33	0.25	1.00	6
P9	0.50	1.00	0.17	0.50	0.50	1.00	1.00	0.33	0.25	1.00	6
P10	0.67	1.00	0.33	0.50	0.50	0.50	0.33	0.33	0.25	1.00	6
P11	0.50	0.75	0.17	0.33	0.25	1.00	0.67	0.33	0.25	1.00	5
P12	0.33	0.75	0.17	0.33	0.50	0.33	1.00	0.33	0.25	1.00	5
P13	0.67	1.00	0.17	0.50	0.50	0.33	0.33	0.33	0.25	1.00	5

根据表 4.5，我们得到了 13 项科技特派员政策各一级变量的分值，通过对各一级变量得分横向比较发现，$X2$、$X6$ 和 $X10$ 变量的得分普遍较高。其中，$X10$ 变量分值为满分的政策有 13 项，$X2$ 变量分值为满分的政策有 10 项，表明大部分政策都有上级政策作为支撑，有着充分的政策依据，同时具有明确的政策目标和科学的实施方案，并对政策实施提出了实质性的支持保障举措；$X6$ 变量分值为满分的政策有 8 项，表明在大部分科技特派员政策中涉及的主体较为全面，包括政府、企业和高校，反映出我国在制定科技特派员政策方面瞄准这 3 个典型科技服务主体进行制度安排，政策针对性强。相比之下，$X3$、$X8$ 和 $X9$ 变量分值普遍较低，$X3$ 变量分值为 0.17 分的政策有 8 项，其余 5 项政策的分值均为 0.33 分，表明我国科技特派员政策的发布机构绝大部分为单一层级的部门，且多为省市厅局，政策影响力有限；$X8$ 变量分值均为 0.33 分，表明政

策时效短期、中期、长期均有涉及，其中短期有 3 项，中期和长期各 5 项，说明我国对于科技特派员政策既偏重于制定短中期政策，具有一定的灵活性，操作性更强；又出台了长期政策，说明我国科技特派员政策注重连续性和稳定性。$X9$ 变量分值为 0.25 分的政策有 8 项，即大部分政策单指向人才吸引，这与科技特派员政策较关注人才队伍建设有关。

另外，通过对各个政策进行纵向比较，在 $P1$ 政策中，$X7$ 变量分值为 1.00 分，表明 $P1$ 在针对措施方面投入了很大的精力，正激励措施、负激励措施和监督都能在 $P1$ 中得到体现，$X4$ 变量分值也较高，为 0.67 分，表明该政策涉及领域较广泛，政策影响范围较大；在 $P2$ 政策中，$X7$ 变量分值为 1.00 分，表明该政策针对措施相当到位，该政策其他各项变量总体而言比较均衡，没有特别突出或存在明显的短板；在 $P3$ 中，除了 $X6$ 变量外，$X2$、$X5$、$X9$ 变量分值也为 1.00 分，表明该政策不仅满足目标明确、规划翔实、依据充分、方案科学等要求，而且具有很强的目的性，政策指向也很全面，不过在针对措施方面不到位，$X7$ 变量分值仅为 0.33 分，因此需考虑政策激励方面的改进；在 $P4$ 中，$X2$ 变量分值为 1.00 分，$X7$ 变量分值为 0.67 分，表明该政策在针对措施方面是到位的，但是其余领域分值较低，存在劣势，尤其在政策性质方面，应加强预测、监管、建议等功能；在 $P5$ 中，$X2$ 变量分值为 1.00 分，其他变量分值均较低，表明该政策在政策评价方面是到位的，但政策总体质量有待提升；在 $P6$ 中，$X2$、$X5$、$X6$、$X9$ 这 4 项变量的分值均为满分，表明该政策在政策评价、政策目的、涉及客体、政策指向上都具有明显优势，且其余变量分值也较高，反映出该政策有较高的政策质量；在 $P7$ 中，$X9$ 变量分值为 0.75 分，表明 $P7$ 的政策指向包括了人才吸引、人才创新等多方面，不过 $X7$ 变量的分值较低，仅有 0.33 分，表明 $P7$ 在针对措施方面还需要提升；在 $P8$ 中，除 $X6$ 变量外，$X2$ 和 $X5$ 变量分值较高，均为 0.75 分，说明该政策在政策评价方面是到位的，而且包含了多重政策目的，$X7$ 变量的低分值反映出了该政策针对措施有待加强；在 $P9$ 中，$X7$ 变量分值为满分，说明该政策的针对措施很全面，但 $X9$ 变量分值仅为 0.25 分，表明该政策的指向性较为模糊；在 $P10$ 中，相较其他政策来说，$X1$ 变量分值较高，为 0.67 分，表明该政策的性质和功能较为全面，$X9$ 变量分值最低，说明在政策指向方面存在不足；在 $P11$ 中，$X4$ 变量分值为 0.33 分，反映出 $P11$ 政策领域狭窄，$X5$ 变量分值为 0.25 分，表明该政策目的不明确，存在劣势；在 $P12$ 中，$X7$ 变量分值为满分，表明该政策注重激励措施和监管手段的运用，其余变量分值均不高，且政策时效较短，政策内容的完整性有待提升；在 $P13$ 中，$X1$ 变量分值为 0.67 分，反映出该政策具有预测、建议、引导等较为全面的功能，但其他方面分值不高，表明这些方面存在着不足。

如表 4.5 所示，我们得到了 13 项科技特派员政策的 PMC 值，接下来可以对政策进行总体评估。依据研究一致性等级对 PMC 值进行归类。分别为完美一致性、很好的一致性、可接受的一致性、低一致性。如果 PMC 值是 9 ~ 10 分，则研究具有完美一致性；如果 PMC 值是 7 ~ 8.99 分，则研究具有很好的一致性；如果 PMC 值是 5 ~ 6.99 分，则研究具有可接受的一致性；如果 PMC 值是 0 ~ 4.99 分，则研究具有低一致性。搜集到的 13 项科技特派员政策 PMC 值等级如表 4.6 所示。

表 4.6　13 项科技特派员政策 PMC 值等级

政策	PMC 值	标准
$P1$	7	很好的一致性
$P2$	7	很好的一致性
$P3$	7	很好的一致性
$P4$	5	可接受的一致性
$P5$	5	可接受的一致性
$P6$	8	很好的一致性
$P7$	6	可接受的一致性
$P8$	6	可接受的一致性
$P9$	6	可接受的一致性
$P10$	6	可接受的一致性
$P11$	5	可接受的一致性
$P12$	5	可接受的一致性
$P13$	5	可接受的一致性

由表 4.6 可知，在科技特派员政策中，$P1$、$P2$、$P3$ 和 $P6$ 政策质量最高，具有很好的一致性；其余 9 项政策也都在可接受的范围之内。由此可以看出，我国科技特派员政策总体上具有较好的合理性和一致性，也展现出地方政府对科技特派员的高度重视与支持。$P1$、$P2$、$P3$ 和 $P6$ 政策的 PMC 值较高，反映出这 4 项政策内容较为完整均衡，涉及领域广泛、目标清晰，基本上可以达到政策预期。其余 9 项政策具有可接受的一致性，表明政策内容同样合理，但是在某些具体方面，还需要加强相关工作。

为了更直观地探究每项科技特派员政策的优势和劣势，我们将每项政策的 PMC 值进行归类，由于各项政策在变量 $X10$ 上的分值均为 1.00 分，并且为了保证 PMC 三维曲面的平衡性与对称性，本节在绘制 PMC 三维曲面图时将 $X10$ 剔除。公式为

$$PMC_i = \begin{bmatrix} X1 & X2 & X3 \\ X4 & X5 & X6 \\ X7 & X8 & X9 \end{bmatrix} \text{。} \tag{4.1}$$

我们选取 PMC 值得分最高的 $P1$ 和得分最低的 $P13$，形成矩阵：

$$PMC_1 = \begin{bmatrix} 0.50 & 1.00 & 0.17 \\ 0.67 & 0.50 & 0.67 \\ 1.00 & 0.33 & 0.75 \end{bmatrix}, \qquad PMC_{13} = \begin{bmatrix} 0.67 & 1.00 & 0.17 \\ 0.50 & 0.50 & 0.33 \\ 0.33 & 0.33 & 0.25 \end{bmatrix} \text{。}$$

根据矩阵绘制 PMC 三维曲面图，如图 4.7 和图 4.8 所示。

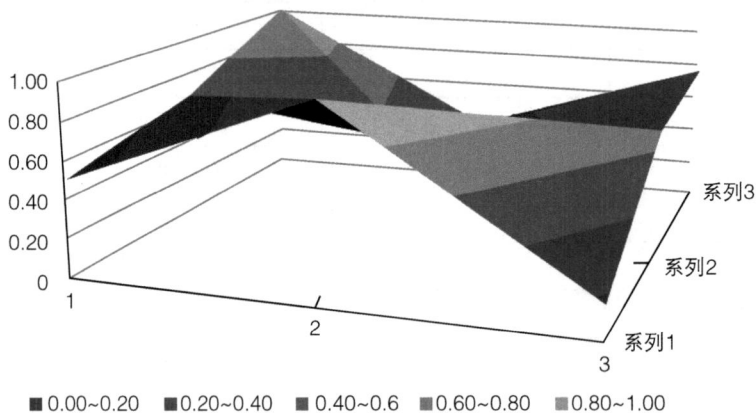

图 4.7 科技特派员政策 $P1$ 的 PMC 三维曲面图

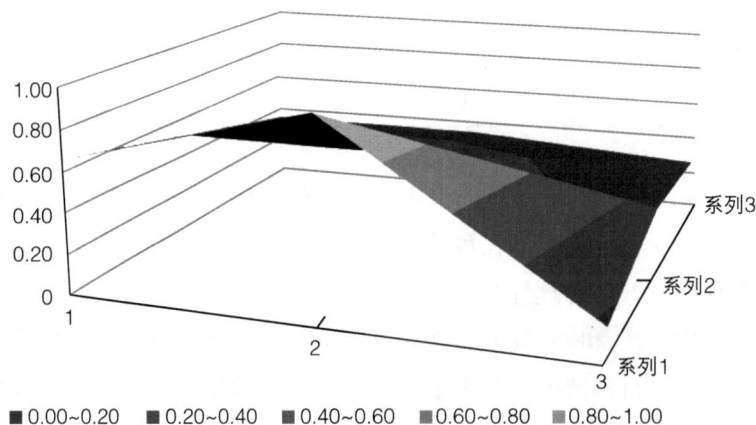

图 4.8 科技特派员政策 $P13$ 的 PMC 三维曲面图

4.2　科技扶贫政策

2020 年是扶贫攻坚战的关键一年，我国区域性绝对贫困问题基本得到解决，科技在扶贫工作中的作用至关重要。科技扶贫是指借助科学技术改变贫困地区传统经济模式，提高贫困人口科学文化素质、资源开发水平和劳动生产率，带动贫困地区商品经济发展，实现脱贫致富[①]。

从 1985 年颁布《民政部、中国科协关于开展科技扶贫工作的通知》至今，科技扶贫政策一直是我国大力实施智力扶贫的方向指引，广大科技人员投身脱贫攻坚第一线，将科技创新成果广泛应用于扶贫开发，走出了"科技扶贫发展产业、精准发力引领脱贫"的新路径。

4.2.1　政策外部特征分析

（1）政策数量统计

2019 年 7 月至 2020 年 12 月，将关键词科技扶贫、扶贫在收集到的科技政策中进行检索，共检索出 20 项科技扶贫政策，如表 4.7 所示。

表 4.7　科技扶贫政策一览

序号	政策名称	成文时间
1	农业农村部办公厅关于进一步推动科技助力产业扶贫的通知	2020 年 5 月 7 日
2	农业农村部 国家发展改革委 财政部 商务部关于实施"互联网＋"农产品出村进城工程的指导意见	2019 年 12 月 16 日
3	农业农村部 2020 年人才工作要点	2020 年 3 月 4 日
4	2020 年农业农村科教环能工作要点	2020 年 2 月 23 日
5	关于深入推进"互联网＋医疗健康""五个一"服务行动的通知	2020 年 12 月 4 日
6	关于深入推进科技扶贫助力乡村振兴若干措施	2019 年 9 月 5 日
7	河南省就业创业扶贫"百日攻坚"行动方案	2019 年 7 月 20 日
8	河南省人力资源和社会保障厅 河南省教育厅 河南省公安厅 河南省财政厅 中国人民银行郑州中心支行关于进一步做好当前形势下高校毕业生就业创业工作的通知	2019 年 10 月 18 日

[①] 付城，刘媛，周付军.中国科技扶贫政策工具的选择与优化：基于 1985—2019 年政策文本的量化分析［J］.世界农业，2020（11）：91-100.

序号	政策名称	成文时间
9	关于做好当前农民工就业创业工作的若干措施	2020 年 11 月 16 日
10	青海省职业技能提升行动实施方案（2019—2021 年）	2019 年 9 月 25 日
11	关于进一步推动返乡入乡创业工作的若干措施	2020 年 3 月 17 日
12	陕西省科学技术协会 2021 年科技助力脱贫攻坚工作要点	2020 年 4 月 24 日
13	2021 年河北省全民科学素质行动工作要点	2020 年 7 月 27 日
14	山西省促进大数据发展应用 2020 年行动计划	2020 年 7 月 7 日
15	安徽省"数字政府"建设规划（2020—2025 年）	2020 年 10 月 24 日
16	促进 2020 年高校毕业生就业创业十条措施	2020 年 3 月 17 日
17	省人民政府办公厅关于大力实施基础设施"六网会战"的通知	2019 年 7 月 31 日
18	贵州省职业技能提升行动实施方案（2019—2021 年）	2019 年 8 月 31 日
19	湖北省数字政府建设总体规划（2020—2022 年）	2020 年 6 月 16 日
20	广西加快数字乡村发展行动计划（2019—2022 年）	2019 年 10 月 23 日

2019 年 7 月至 2020 年 12 月国家与地方出台的科技扶贫政策共 20 项。其中，中央政府及部门出台的科技扶贫政策为 5 项，地方在国家科技扶贫政策出台之后相继出台了本地区的科技扶贫政策，共 15 项。

总体而言，我国出台的科技扶贫政策相对较多，体现出我国在科技方面对于扶贫支持的重视。在中央层面，我国出台了 5 项科技扶贫政策，其中 4 项是由农业农村部牵头发布的，由此可以看出贫困问题的主要发生地依然是在农村地区，同时有 2 项政策是由 3 个及以上的部门联合发文，代表这些政策的制定是在多个部门之间开展的。另外，一些重点扶贫省份，如贵州、青海等，各出台了 3 项科技扶贫政策，表明这些重点扶贫省份深刻认识到科技扶贫对于本地区的重要意义，才会不遗余力地制定并出台大量科技扶贫政策，用以解决贫困问题。

（2）政策类别统计

不同的科技扶贫政策具有不同的政策类别，通过对政策类别的统计分析，发现我国出台的科技扶贫政策的相同点及侧重点。本节对搜集到的 20 项科技扶贫政策进行整理，其类别统计如图 4.9 所示。

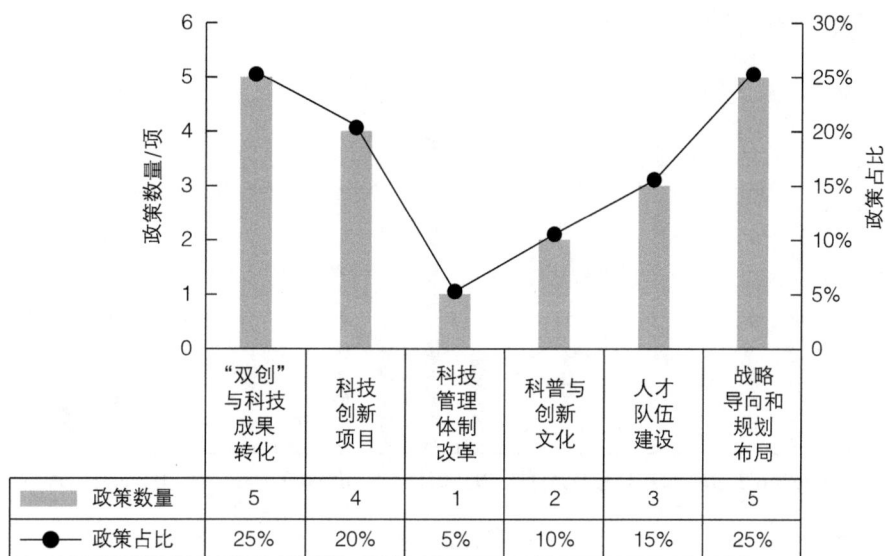

	"双创"与科技成果转化	科技创新项目	科技管理体制改革	科普与创新文化	人才队伍建设	战略导向和规划布局
政策数量	5	4	1	2	3	5
政策占比	25%	20%	5%	10%	15%	25%

图 4.9　科技扶贫政策类别统计

在搜集到的 20 项科技扶贫政策中，政策类别共有 6 项，分别为"双创"与科技成果转化、科技创新项目、科技管理体制改革、科普与创新文化、人才队伍建设、战略导向和规划布局。其中，政策数量较多的是"双创"与科技成果转化（5 项）、战略导向和规划布局（5 项），占比均达到 25%，数量较少的是科技管理体制改革（仅 1 项），占比 5%。不难发现，在科技扶贫政策中，需要不同类别的政策相互配合，涉及面相对较广。

"双创"与科技成果转化、科技创新项目类政策占比较多，表明我国在出台相应的科技扶贫政策时，侧重点在于科技项目创新与科技成果的转化，利用新方法、新模式、新思路去完成科技扶贫工作。战略导向和规划布局类政策文件可以指引扶贫工作的方向，促进地方经济，尤其是贫困落后的农村区域经济的发展。创新发展离不开科普与创新文化，还需要人才的支撑，科普与创新文化、人才队伍建设类政策所占比例较少，主要是因为政府把更多的注意力放在通过科技创新、成果转化帮助贫困地区产业发展，这两类政策是对产业发展的支撑。不过，我国针对科技管理体制改革的科技扶贫政策占比仅为 5%，表明政府仍未在体制改革方面投入太多精力，还有很大的提升空间。从长远来看，通过体制改革，能使科技创新为区域的均衡发展提供更大的动力。

（3）政策时间分布

国家与地方出台的科技扶贫政策在时间上有先有后，各地方出台科技扶贫政策也存在时间上的差别。通过对科技扶贫政策的发文时间进行统计分析，可以探究其发展规律和特点。因此，本节将搜集到的 20 项科技扶贫政策按照时间分布，绘制成图 4.10。

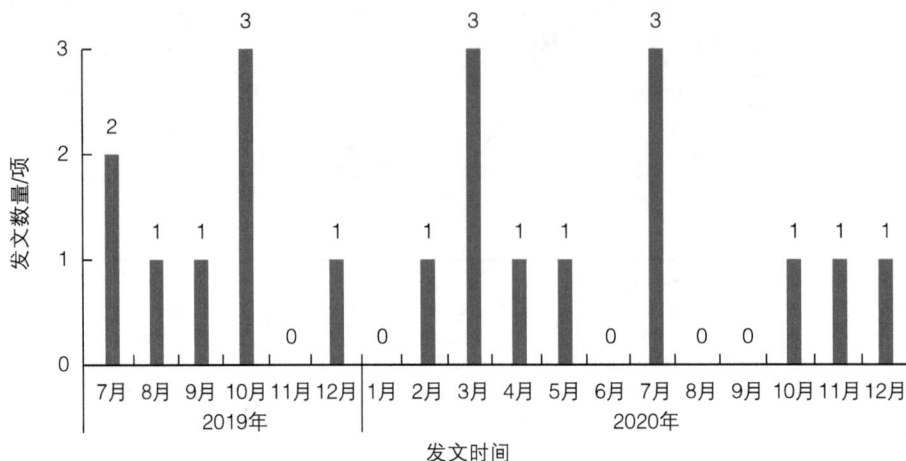

图 4.10　20 项科技扶贫政策时间分布

根据图 4.10 可知，我国科技扶贫政策在时间分布上是相对比较均衡的。出台政策最多的是 2019 年 10 月、2020 年 3 月和 2020 年 7 月，均为 3 项。2020 年是我国扶贫攻坚战的关键一年，因此 2019 年 10 月出台的科技扶贫政策较多；2020 年 3 月出台的政策较多，是因为 2019 年 12 月农业农村部等多部门联合出台《农业农村部　国家发展改革委　财政部　商务部关于实施"互联网＋"农产品出村进城工程的指导意见》，在该政策的指导下，地方出台了相关的科技扶贫政策；同样，农业农村部于 2020 年 5 月出台了《农业农村部办公厅关于进一步推动科技助力产业扶贫的通知》，也是导致 2020 年 7 月出台科技扶贫政策较多的原因。这些都反映出，在科技扶贫政策方面，地方能够积极响应中央的号召，贯彻中央精神。总体来说，我国科技扶贫政策的月出台数量为 0～3 项，波动幅度相对不大，这表明我国在科技扶贫政策出台方面保持了相对平稳的连贯性，也反映了我国无论是中央还是地方，都对扶贫给予了高度重视，该领域一直都在政府工作中占据重要地位。

（4）政策属性

不同科技扶贫政策的政策属性也会有差异，通过对科技扶贫政策的政策属性进行统计分析，可以发现不同属性的政策占比情况，进而分析我国科技扶贫政策的内在性质。因此，本节将搜集到的 20 项科技扶贫政策进行统计制图，如图 4.11 所示。

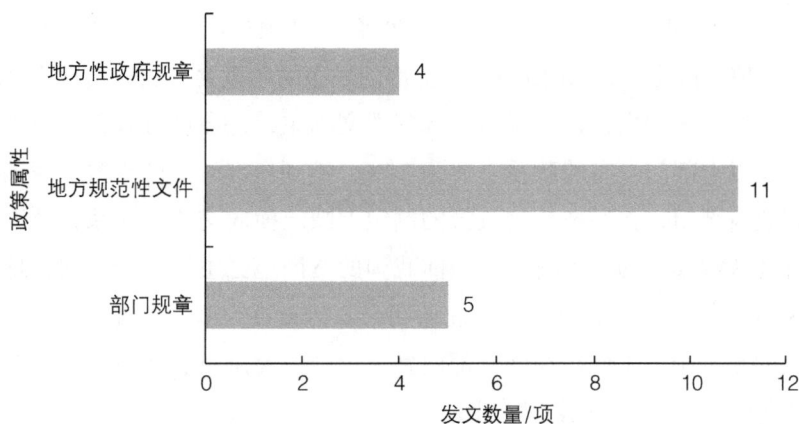

图 4.11　20 项科技扶贫政策属性

根据图 4.11，在搜集到的 20 项科技扶贫政策中，政策属性有地方性政府规章、地方规范性文件、部门规章 3 种形式，地方规范性文件占据主要地位。其中，地方规范性文件类政策 11 项，占全部政策的 55%；地方性政府规章 4 项，占比 20%；部门规章 5 项，占比 25%。这反映了我国出台的科技扶贫政策在政策属性上，中央主要以部门规章为主，地方主要以地方规范性文件为主，要求下级机关或部门对照上级的元政策精神进行本地区的政策制定工作。

（5）政策协同性

通过对政策发文主体的统计分析，可以探究该项政策的受重视程度和政策协同性。因此，将搜集到的 20 项科技扶贫政策依据发文主体数量对其进行统计分析，其协同性如图 4.12 所示。

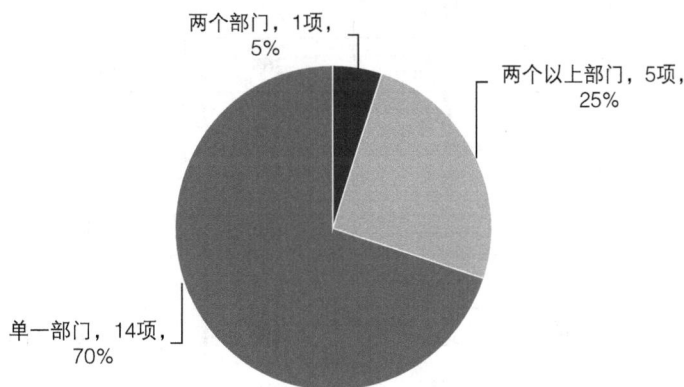

图 4.12　20 项科技扶贫政策协同性

根据图 4.12 可知，由单一部门发布的政策为 14 项，占比为 70%；由两个部门发布的政策为 1 项，占比为 5%；由两个以上部门发布的政策为 5 项，占比为 25%。这表明我国科技扶贫政策的出台仍然以单一部门发文为主，这在地方政策上体现得尤为明显，由两个及以上部门发布的政策占比为 30%，不到全部政策的半数。我国的部门，尤其是地方政府部门，在科技扶贫政策的制定上缺乏横向交流和联系，政策协同性较差，这与科技扶贫政策的内容有关，当前我国的贫困地区主要集中于农村地区（包括山区和牧区等），与农业农村部的工作密不可分，因此在大部分情况下，都是由该部门来完成相关的政策制定工作，在联合部门发文中，主要是由农业农村部牵头，反映出农业农村部在科技扶贫领域的巨大作用。

4.2.2 政策内部特征分析

（1）政策目标

政策目标可以从政策文本的高频词归纳而来，表 4.8 是对 20 项科技扶贫政策的政策文本处理后得到的高频词。通过 ROST CM 软件进行词频分析，选取词频大于 160 次的高频词，过滤一些无效的词、单独出现的高频词及剔除彼此无共现关系的词语，使用共词聚类分析法，得到表 4.8 所列出的 31 个高频词。

表 4.8　20 项科技扶贫政策高频词及词频

主题词	词频/次	主题词	词频/次	主题词	词频/次
服务	938	全省	286	安全	205
建设	890	能力	282	大数据	205
数据	542	数字	271	社会	204
平台	537	技术	263	业务	197
发展	383	体系	262	共享	192
应用	371	系统	241	支撑	171
政务	363	基础	240	机制	170
资源	337	保障	228	设施	168
管理	328	完善	218	公共	167
部门	306	创新	210		
政府	305	项目	209		

通过表 4.8 可知，在搜集到的 20 项科技扶贫政策中，出现频次在前 10 位的高频词分别是服务、建设、数据、平台、发展、应用、政务、资源、管理和部门，这些高频词的出现频次都达到 300 次以上。这反映出我国在科技扶贫政策的内容制定上紧扣了发展和科技两个主题，注重对数据平台的建设，关注发展与应用，这表明我国的科技扶贫政策就内容而言是相当成熟的。值得注意的是在科技扶贫政策里数据与平台的出现频次分别为 542 次和 537 次。为何这两个词汇在扶贫政策中会如此高频次地出现？一方面，体现出我国对于信息化建设的重视；另一方面，是由于具体扶贫经验中，数据平台的建设发挥了巨大的作用，互联网、电子商务在扶贫中的应用为我国绝对贫困问题的解决及农村地区的发展起到了积极的推动作用。从政策作用对象来看，宏观层面的主题词有机制、体系、公共和资源，而中观层面的有全省、技术、创新和系统，微观层面的有数据、平台、数字、项目、大数据和设施等，说明科技扶贫政策倾向于颁布微观层面的政策，重点关注数字平台的建设、数据扶贫，利用具体的互联网科技项目进行扶贫；其他的主题词则主要是正导向的动词，如服务、建设、发展、应用、保障、完善、共享和支撑。对上述高频词构建共词网络，如图 4.13 所示。

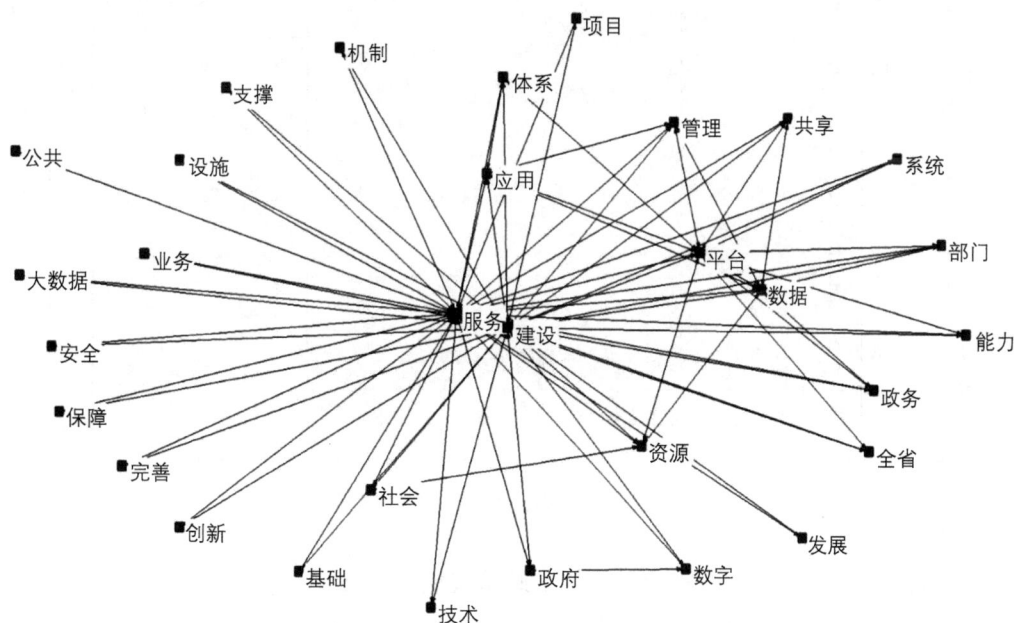

图 4.13　高频词共词网络

然后运用聚类分析法对 31 个有效高频词进行系统聚类和多维尺度分析，结合聚类分析结果，绘制高频词聚类分析谱系图，如图 4.14 所示。

使用平均连接（组间）的树状图
重新调整的距离聚类合并

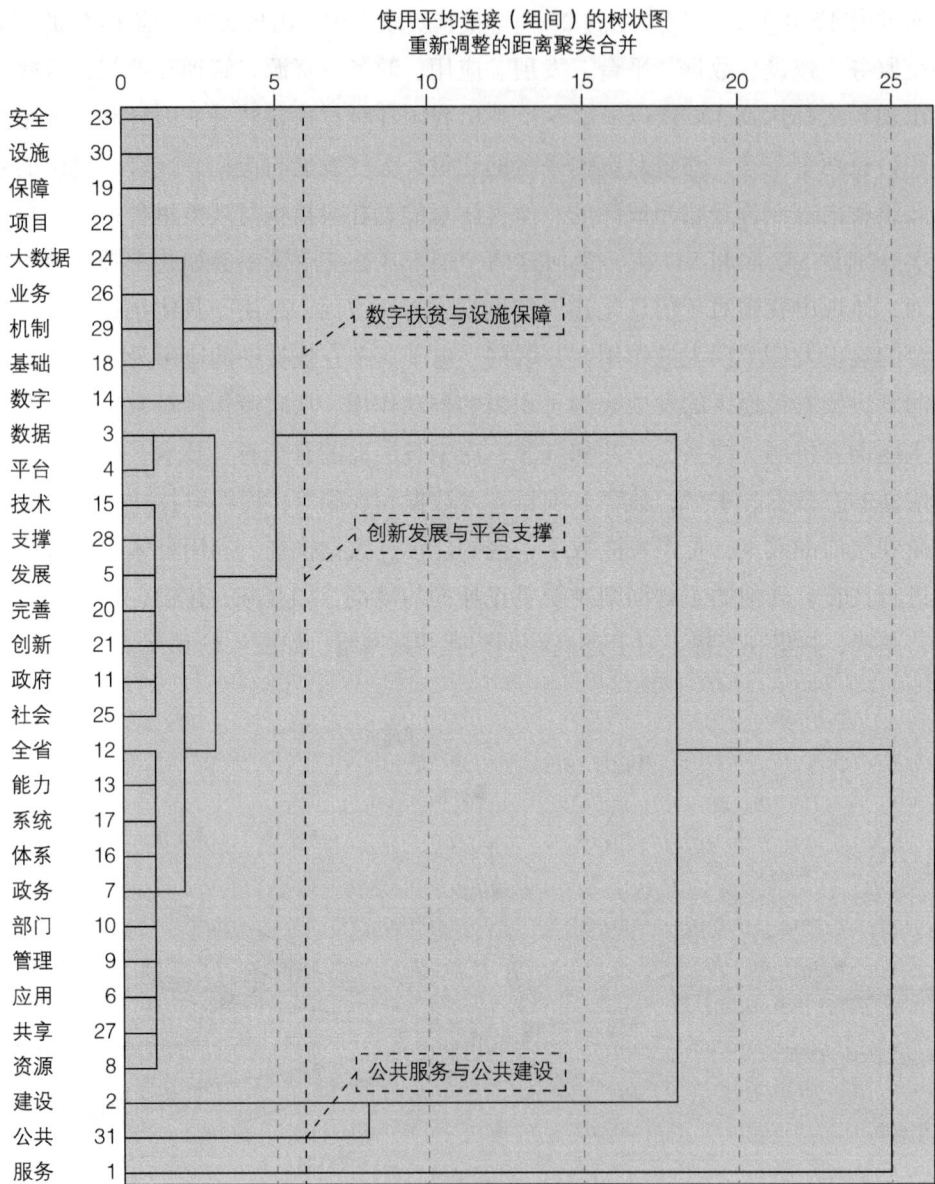

图 4.14　高频词聚类分析谱系图

结合图 4.13 与图 4.14，得出科技扶贫政策聚焦以下领域。

1）数字扶贫与设施保障

对于贫困地区，尤其是贫困的农村地区，坚持农业农村优先发展，紧紧抓住互联网发展机遇，加快推进信息技术在农业生产经营中的广泛应用，充分发挥网络、数据、技术和知识等要素作用，建立完善适应农产品网络销售的供应链体系、运营服务体系和支撑保障体系，促进农产品产销顺畅衔接、优质优价，带动农业转型升级、提质增效，拓宽农民就业增收渠道，以市场为导向推动构建现代农业产业体系、生产体系、经营体系，助力脱贫攻坚和农业农村现代化。

一是要加强产地基础设施建设。因地制宜采用有线宽带、移动网络、卫星网络等多种形式，覆盖农业生产、加工区域，满足农业用网需求。加强产地预冷、分等分级、初深加工、包装仓储等基础设施建设，推进共享共用，提升产地农产品商品化处理能力和设施设备使用效率。大力推进果蔬标准化基地、规模化种植养殖场（站）等生产条件建设，切实提升优质特色农产品持续供给能力。

二是要加强农产品物流体系建设。充分利用快递物流公司、邮政、供销合作社、益农信息社、电商服务站点等现有条件，完善县乡村三级物流体系，提高农村物流网络连通率和覆盖率。加强冷链物流集散中心建设，完善低温分拣加工、冷藏运输等设施设备，强化城市社区配送终端冷藏条件建设，做好销地与产地冷链衔接，构建覆盖农产品生产、加工、运输、储存、销售等环节的全程冷链物流体系。推动菜市场、社区菜店等农产品零售市场建设改造，完善末端销售网络。鼓励农产品物流技术创新，推广可循环使用的标准化包装，提高农产品包装保鲜技术水平。

三是要完善农产品网络销售体系。建立健全县级农产品产业化运营主体，引导其牵头联合全产业链各环节市场主体、带动小农户，统筹组织开展优质特色农产品生产、加工、仓储、物流、品牌、认证等服务，加强供应链管理和品质把控，对接网络销售平台，积极开拓网络市场，提高优质特色农产品的市场竞争能力。统筹建立县乡村三级农产品网络销售服务体系，满足小农户和新型农业经营主体需求，有针对性地提供电商培训、加工包装、物流仓储、网店运营、商标注册、营销推广、小额信贷等服务。综合利用线上线下渠道，大力发展多样化、多层次的农产品网络销售模式，鼓励农产品上网经营，推动传统批发零售渠道网络化，构建优质特色农产品网络展销平台，推动在县（市、区）设立优质特色农产品直销中心，探索创新农产品优质优价销售新模式。

四是要运用互联网发展新业态、新模式。鼓励支持各类市场主体和人才返乡入乡创业创新，利用现代信息技术和互联网平台，发展创意农业、观光农业、认养农业、都市农业、分享农业等新业态新模式，满足"三农"发展和城乡居民消费升级需求。鼓励支持各地建设一批农村互联网创业创新实训基地、孵化基地、创客空间、星创天地、创业园区，建立健全市场化促进机制，提供保障条件，全面降低成本，营造良好环境。

2）创新发展与平台支撑

加强机制创新，要结合扶贫实际，创新科技帮扶工作方式方法，建立健全领导责任、工作联系、考核评估、监督检查、信息报送、宣传报道等科技扶贫工作机制，加强工作监督检查，及时掌握科技扶贫工作进展，推动科技扶贫工作精准化管理。

夯实农业科技创新条件基础，优化农业农村重点实验室体系布局，创新运行机制。加快建设100个国家农业科学观测实验站，持续开展土壤质量、农业环境、病虫害等长期定位监测观测，强化数据汇集、分析和利用。推动重大设施项目落地，加快推进国家热带农业科学中心建设。强化农业科技国际合作，加大科技人员交流，推进联合实验室等平台基地建设。

加强基础前沿储备，面向国际前沿，围绕生物种业、智能农机装备、数字农业等领域，强化基因编辑、合成生物学、大数据、人工智能等基础前沿研究，增强原始创新能力。继续组织实施转基因生物新品种培育重大专项，进一步强化生物育种技术研究和产品熟化，推进优良新品系遴选和第三方验证，夯实产业化基础。

3）公共服务与公共建设

针对扶贫过程中的公共服务与公共建设，主要包括以下几点。

一是普及科学知识，通过广泛的教育和宣传活动，改变贫困地区干部、群众封闭落后的思想观念，树立创新创业意识、科技意识和市场意识，为科技扶贫创造良好的社会环境。"治穷先治愚，扶贫先扶志"。贫困地区基层干部、农民企业家和科技示范户对于科技扶贫工作开展具有举足轻重的作用。因此，加强对贫困地区关键少数和重要群体科学技术知识的普及，提升其科学文化素质，是科技扶贫的重要目标之一。

二是加强人才队伍建设。例如，加快基层农技推广人才建设、农业农村公共服务人才建设、农村专业服务型人才建设，强化农业技能人才培养、农业农村各类专业人才培养。鼓励各类人才到乡村创新创业，搭建乡村创新创业平台。推动地方加强农村创新创业服务平台载体建设，择优推荐一批功能完善、环境良好的全国农村创新创业孵化实训基地，为人才提供更好的实习实训平台。举办全国农村创新创业博览会和全国创新创业项目创意大赛，宣传推介农村创新创业带头人。加大创新创业人才培养力度；加强农业国际合作人才培养和农业引智工作；完善农业农村人才评价激励机制；深化农业技术人员职称制度改革；支持和鼓励事业单位科研人员创新创业；积极搭建人才发现、激励平台。

三是加强贫困地区远程医疗体系建设应用。贵州省坚持高位推动，完善政策机制，多措并举，充分调动医疗机构和医务人员参与远程医疗服务的积极性，充分发挥医共体县级牵头医院的辐射带动作用，为乡镇卫生院提供远程会诊、影像诊断、心电诊断等县乡一体的同质化服务。优化协作机制，以东西部协作健康扶贫工作为契机，积极推动省内受援医院与省外支援医院建立远程医疗协作关系，打造一支"不走"的专家医疗队。云南省全省家庭医生签约系统和国家健康扶贫动态系统实现对接，目前全省建档立卡户四类慢性病人群的管理和随访记录已全部推送到扶贫动态系统中，基层不用重复采集录入，实现数据共享和业务协同，创新基本公共卫生服务的绩效考核模式，进一步减轻基层工作量，提高工作效率。宁夏回族自治区打造"一体化"医疗服务新模式。推进各级诊断数据共享和结果互认，实现区域医疗服务同质化、标准化，群众不出远门就可以享受到全国优质医疗专家资源。通过大数据、云计算、服务总线等信息技术手段实现先诊疗后付费一站式结算；以"数据多跑路，百姓少跑腿"为思路，整合医保、商保、民政、残联、扶贫等机构医疗费用报销补助政策，构建商业补充保险与基本医疗保险、大病保险、医疗救助之间互联互通机制，实现全部人群、全范围医疗费用一站式即时结算。

（2）PMC 指数分析

对搜集到的科技扶贫政策进行 PMC 指数分析，可以发现每项政策的优势和劣势，探究该政策的一致性程度。PMC 指数模型是由 Estrada 建立的，他在充分借鉴辩证法关于一切事物都是运动、普遍联系的这一思想精髓的基础上，主张要尽可能多地将相关变量囊括在内，不应将各变量差异化。因此，该模型具有两个突出特点：一是要求变量数量足够多，所以对变量数量不设上限；二是强调不同变量的效力一致，因此不对变量设置权重。同时，为了更科学、合理地进行模型分析，规定变量的取值应服从 $0 \sim 1$ 分布。Estrada 认为 PMC 指数分析主要有以下 4 个步骤：一是变量分类及参数识别；二是构建多投入产出表；三是量化 PMC 指数；四是绘制 PMC 三维曲面图。

本节以 20 项科技扶贫政策作为科技扶贫政策的分析文本（详见表 4.7），借鉴 Estrada[8]、张永安等[9]、胡峰等[10]、丁潇君等[11]、臧维等[12]构建的 PMC 指数模型，充分结合科技扶贫政策特征，对既有框架调整与修改，从而构建了囊括 10 个一级变量、41 个二级变量在内的变量体系。

1）PMC 指数模型

用 P 表示搜集到的政策，按照 PMC 指数分析的步骤，针对政策内容划分 10 个一级变量，用 $X1 \sim X10$ 表示，并在每个一级变量下划分若干个二级变量，用 $X1-n \sim X10-n$ 表示，具体变量如下。

*X*1 政策性质；*X*2 政策评价；*X*3 发布机构；*X*4 政策领域；*X*5 政策目的；*X*6 涉及客体；*X*7 针对措施；*X*8 政策效力；*X*9 政策指向；*X*10 政策依据。*X*1 变量由 6 个二级变量组成，这些二级变量包括：*X*1–1 预测；*X*1–2 监管；*X*1–3 建议；*X*1–4 描述；*X*1–5 引导；*X*1–6 其他。*X*2 变量由 4 个二级变量组成，这些二级变量包括：*X*2–1 依据充分；*X*2–2 目标明确；*X*2–3 方案科学；*X*2–4 保障有力。*X*3 变量由 6 个二级变量组成，这些二级变量包括：*X*3–1 中共中央；*X*3–2 国务院；*X*3–3 国家部委；*X*3–4 省市政府；*X*3–5 省市厅局；*X*3–6 其他部门。*X*4 变量由 6 个二级变量组成，这些二级变量包括：*X*4–1 经济；*X*4–2 社会；*X*4–3 技术；*X*4–4 政治；*X*4–5 制度；*X*4–6 环境。*X*5 变量由 5 个二级变量组成，这些二级变量包括：*X*5–1 规范引导；*X*5–2 体系构建；*X*5–3 创新改革；*X*5–4 产业发展；*X*5–5 平台建设。*X*6 变量由 3 个二级变量组成，这些二级变量包括：*X*6–1 政府；*X*6–2 企业；*X*6–3 高校。*X*7 变量由 3 个二级变量组成，这些二级变量包括：*X*7–1 正激励措施；*X*7–2 负激励措施；*X*7–3 监管。*X*8 变量由 3 个二级变量组成，这些二级变量包括：*X*8–1 短期（1～3 年）；*X*8–2 中期（4～7 年）；*X*8–3 长期（8 年以上）。*X*9 变量由 4 个二级变量组成，这些二级变量包括：*X*9–1 产业培育；*X*9–2 人才建设；*X*9–3 技术创新；*X*9–4 成果转化。*X*10 变量由 1 个二级变量组成，这个二级变量为 *X*10–1 上级政策。为了更直观地观察一级变量与二级变量之间的关系，绘制表 4.9。

表 4.9　20 项科技扶贫政策变量体系

政策	一级变量	二级变量
P	*X*1 政策性质	*X*1–1 预测 *X*1–2 监管 *X*1–3 建议 *X*1–4 描述 *X*1–5 引导 *X*1–6 其他
	*X*2 政策评价	*X*2–1 依据充分 *X*2–2 目标明确 *X*2–3 方案科学 *X*2–4 保障有力

政策	一级变量	二级变量
P	*X*3 发布机构	*X*3-1 中共中央 *X*3-2 国务院 *X*3-3 国家部委 *X*3-4 省市政府 *X*3-5 省市厅局 *X*3-6 其他部门
	*X*4 政策领域	*X*4-1 经济 *X*4-2 社会 *X*4-3 技术 *X*4-4 政治 *X*4-5 制度 *X*4-6 环境
	*X*5 政策目的	*X*5-1 规范引导 *X*5-2 体系构建 *X*5-3 创新改革 *X*5-4 产业发展 *X*5-5 平台建设
	*X*6 涉及客体	*X*6-1 政府 *X*6-2 企业 *X*6-3 高校
	*X*7 针对措施	*X*7-1 正激励措施 *X*7-2 负激励措施 *X*7-3 监管
	*X*8 政策效力	*X*8-1 短期（1～3 年） *X*8-2 中期（4～7 年） *X*8-3 长期（8 年以上）
	*X*9 政策指向	*X*9-1 产业培育 *X*9-2 人才建设 *X*9-3 技术创新 *X*9-4 成果转化
	*X*10 政策依据	*X*10-1 上级政策

根据表 4.9 设置的变量，据 PMC 的评分方法，对 20 项科技扶贫政策进行变量计算，得到多投入产出表，如表 4.10 所示。

表 4.10 多投入产出表

序号	$X1-1$	$X1-2$	$X1-3$	$X1-4$	$X1-5$	$X1-6$	$X2-1$	$X2-2$	$X2-3$	$X2-4$
$P1$	0	1	1	1	1	0	1	1	1	1
$P2$	0	0	0	0	1	0	0	1	1	1
$P3$	0	0	0	1	0	0	0	1	1	1
$P4$	0	0	0	1	0	0	0	1	1	0
$P5$	0	0	0	1	0	0	0	1	1	1
$P6$	0	0	0	1	0	0	1	1	1	1
$P7$	0	0	0	1	0	0	1	1	1	1
$P8$	0	0	0	0	1	0	1	0	0	1
$P9$	0	0	0	1	0	0	1	0	0	0
$P10$	0	1	0	0	1	0	1	1	0	1
$P11$	0	0	0	1	0	0	1	0	0	1
$P12$	0	0	0	1	0	0	0	0	1	0
$P13$	0	0	0	1	1	0	1	1	0	0
$P14$	0	0	0	0	1	0	1	1	0	0
$P15$	1	0	0	1	1	0	1	1	1	1
$P16$	0	0	0	1	1	0	0	1	0	0
$P17$	0	0	0	1	1	0	1	1	1	1
$P18$	0	1	0	1	1	0	1	1	0	1
$P19$	1	0	0	1	1	0	1	1	1	1
$P20$	1	0	0	1	1	0	1	1	1	1
序号	$X3-1$	$X3-2$	$X3-3$	$X3-4$	$X3-5$	$X3-6$	$X4-1$	$X4-2$	$X4-3$	$X4-4$
$P1$	0	0	1	0	0	0	1	1	1	0
$P2$	0	0	1	0	0	0	1	1	1	0
$P3$	0	0	1	0	0	0	0	1	0	0
$P4$	0	0	1	0	0	0	0	1	1	0
$P5$	0	0	1	0	0	0	0	1	1	0

续表

序号	X3-1	X3-2	X3-3	X3-4	X3-5	X3-6	X4-1	X4-2	X4-3	X4-4
P6	0	0	0	0	1	0	1	1	1	0
P7	0	0	0	0	1	0	1	1	1	0
P8	0	0	0	0	1	0	0	1	0	0
P9	0	0	0	0	1	0	0	1	0	0
P10	0	0	0	1	0	0	1	1	0	0
P11	0	0	0	0	1	0	1	1	0	0
P12	0	0	0	0	0	1	0	1	1	0
P13	0	0	0	1	0	0	0	1	1	0
P14	0	0	0	0	1	0	1	1	1	0
P15	0	0	0	1	0	0	1	1	1	1
P16	0	0	0	0	1	0	1	1	0	0
P17	0	0	0	1	0	0	1	1	1	0
P18	0	0	0	1	0	0	1	1	1	0
P19	0	0	0	1	0	0	1	1	1	0
P20	0	0	0	1	0	0	1	1	1	0

序号	X4-5	X4-6	X5-1	X5-2	X5-3	X5-4	X5-5	X6-1	X6-2	X6-3	X7-1
P1	0	0	1	0	1	1	1	1	1	1	0
P2	0	0	1	0	1	1	1	1	1	0	1
P3	1	0	1	1	1	0	0	1	1	1	1
P4	0	1	1	0	1	0	1	1	1	1	0
P5	0	1	1	1	0	0	0	1	0	0	0
P6	0	0	1	1	0	0	1	1	1	0	0
P7	0	0	1	1	0	0	0	1	0	0	0
P8	0	0	1	1	1	0	0	1	1	1	0
P9	0	0	1	0	0	0	0	1	1	0	0
P10	0	0	1	0	0	0	0	1	1	1	0

序号	X4-5	X4-6	X5-1	X5-2	X5-3	X5-4	X5-5	X6-1	X6-2	X6-3	X7-1
P11	0	0	1	0	0	1	1	1	1	1	0
P12	0	0	1	1	0	0	1	1	0	0	1
P13	0	0	1	1	0	0	1	1	0	1	0
P14	0	1	1	0	1	1	1	1	1	1	1
P15	1	1	1	1	1	1	1	1	1	1	0
P16	0	0	1	0	1	0	0	1	1	1	0
P17	0	1	1	1	1	0	0	1	1	0	0
P18	0	0	1	0	0	0	1	1	1	1	1
P19	1	0	1	1	1	1	1	1	1	1	0
P20	1	0	1	1	1	1	1	1	1	1	0

序号	X7-2	X7-3	X8-1	X8-2	X8-3	X9-1	X9-2	X9-3	X9-4	X10-1
P1	0	1	1	0	0	1	1	1	0	0
P2	0	1	1	0	0	1	0	1	0	0
P3	0	0	1	0	0	0	1	0	0	0
P4	0	0	1	0	0	1	1	1	0	0
P5	0	1	1	0	0	0	0	1	0	1
P6	0	1	1	0	0	1	1	1	0	1
P7	0	1	1	0	0	0	0	0	0	1
P8	0	1	1	0	0	0	1	0	0	1
P9	0	1	1	0	0	1	1	0	0	1
P10	0	1	1	0	0	0	1	0	1	1
P11	0	1	1	0	0	0	1	0	1	1
P12	0	0	1	0	0	1	1	0	0	0
P13	0	0	1	0	0	0	1	0	0	1
P14	0	0	1	0	0	1	1	1	1	1
P15	0	1	0	1	0	1	1	1	1	1

序号	$X7-2$	$X7-3$	$X8-1$	$X8-2$	$X8-3$	$X9-1$	$X9-2$	$X9-3$	$X9-4$	$X10-1$
$P16$	0	0	1	0	0	0	1	0	0	0
$P17$	0	1	1	0	0	1	0	0	0	1
$P18$	0	0	1	0	0	0	1	0	0	1
$P19$	0	1	1	0	0	1	1	1	1	1
$P20$	0	1	0	0	1	1	1	1	0	1

2）PMC 指数计算

根据 Estrada 提出的 PMC 指数计算公式[①]，可以得到基础科学研究政策评估的 PMC 指数计算方法，公式为

$$
PMC_i = \left[\begin{array}{l} X1\left(\sum_{j=1}^{6}\frac{X1j}{6}\right)+X2\left(\sum_{k=1}^{4}\frac{X2k}{4}\right)+X3\left(\sum_{l=1}^{6}\frac{X3l}{6}\right)+X4\left(\sum_{m=1}^{6}\frac{X4m}{6}\right)+X5\left(\sum_{n=1}^{5}\frac{X5n}{5}\right)+ \\ X6\left(\sum_{o=1}^{3}\frac{X6o}{3}\right)+X7\left(\sum_{p=1}^{3}\frac{X7p}{3}\right)+X8\left(\sum_{q=1}^{3}\frac{X8q}{3}\right)+X9\left(\sum_{r=1}^{4}\frac{X9r}{4}\right)+X10 \end{array} \right]。
$$

$$(4.2)$$

其中，i 表示第 i 项政策，$j \sim r$ 表示各项二级变量，据此得到各项基础科学研究政策的 PMC 指数（表 4.11）。

表 4.11　科技扶贫政策 PMC 指数

单位：分

序号	$X1$	$X2$	$X3$	$X4$	$X5$	$X6$	$X7$	$X8$	$X9$	$X10$	PMC 值（取整数）
$P1$	0.67	1.00	0.17	0.50	0.80	1.00	0.33	0.33	0.75	0.00	6
$P2$	0.17	0.75	0.17	0.50	0.80	0.67	0.67	0.33	0.50	0.00	5
$P3$	0.17	0.75	0.17	0.33	0.60	1.00	0.33	0.33	0.25	0.00	4
$P4$	0.17	0.50	0.17	0.50	0.60	1.00	0.00	0.33	0.75	0.00	4
$P5$	0.17	0.75	0.17	0.50	0.40	0.33	0.33	0.33	0.25	1.00	4
$P6$	0.17	1.00	0.17	0.50	0.60	0.67	0.33	0.33	0.75	1.00	6

① RUIZ ESTRADA M A. The policy modeling research consistencyIndex（PMC-Index）[EB/OL].（2010-10-01）[2019-08-01]. https://www.researchgate.net/publication/228302925_The_Policy_Modeling_Research_Consistency_Index_PMC-Index.

序号	X1	X2	X3	X4	X5	X6	X7	X8	X9	X10	PMC 值（取整数）
P7	0.17	1.00	0.17	0.50	0.40	0.33	0.33	0.33	0.00	1.00	4
P8	0.17	0.50	0.17	0.17	0.60	1.00	0.33	0.33	0.25	1.00	5
P9	0.17	0.25	0.17	0.17	0.20	0.67	0.33	0.33	0.50	1.00	4
P10	0.33	0.75	0.17	0.33	0.20	1.00	0.33	0.33	0.50	1.00	5
P11	0.17	0.50	0.17	0.33	0.60	1.00	0.33	0.33	0.50	1.00	5
P12	0.17	0.25	0.17	0.33	0.60	0.33	0.33	0.33	0.50	0.00	3
P13	0.33	0.50	0.17	0.33	0.60	0.67	0.00	0.33	0.25	1.00	4
P14	0.17	0.50	0.17	0.67	0.80	1.00	0.33	0.33	1.00	1.00	6
P15	0.50	1.00	0.17	1.00	1.00	1.00	0.33	0.33	1.00	1.00	7
P16	0.33	0.25	0.17	0.33	0.40	1.00	0.00	0.33	0.25	0.00	3
P17	0.33	1.00	0.17	0.67	0.60	0.67	0.33	0.33	0.25	1.00	5
P18	0.50	0.75	0.17	0.50	0.40	1.00	0.33	0.33	0.25	1.00	5
P19	0.50	1.00	0.17	0.67	1.00	1.00	0.33	0.33	1.00	1.00	7
P20	0.50	1.00	0.17	0.67	1.00	1.00	0.33	0.33	0.75	1.00	7

根据表 4.11，得到了 20 项科技扶贫政策各一级变量的分值。通过对 20 项科技扶贫政策进行横向比较，从指标评价层面看，$X2$、$X6$ 和 $X10$ 变量分值较高，其中，$X2$ 变量分值为满分的有 7 项政策；$X6$ 变量分值为满分的有 12 项政策；$X10$ 变量分值为满分的有 14 项政策。$X2$ 变量的高分值表明，我国的科技扶贫政策有着明确的目标和科学的实施方案，在保障方面也很充分，有着明确的保障措施；$X6$ 变量分值较高，表明在出台的科技扶贫政策中，大部分政策涉及客体是很全面的，包括了政府、企业和高校，反映出我国在制定科技扶贫政策方面有很全面的考量；$X10$ 变量分值较高，表明我国政策，尤其是地方政策基本都有上级政策作为支撑。另外，$X5$ 变量分值在 0.60 分及以上的政策有 14 项，表明我国科技扶贫政策目的是非常明确且很广泛的，包括了规范引导等 5 个欲达成的目标。需要注意的是所有科技扶贫政策 $X8$ 变量分值均为 0.33 分，而且绝大部分都是短期效力，这主要是因为 2020 年是扶贫攻坚的决战年，政策更注重实际效果的体现。

另外通过对各个政策进行纵向比较，从政策层次分布看，在 P1 政策中，$X2$、$X6$ 变量分值较高，均为 1.00 分，表明 P1 的依据、目标、方案、保障都非常充分，同时涉及的客体也较为全面，$X10$ 变量为 0.00 分的主要原因是其没有上级政策，这与其发布部门为中央部门，其文件内容属于与引导地方政策有关。在 5 项由中央发布的科技扶贫政策中，4 项都没有明确的上级文件，而在 15 项地方科技扶贫政策中，只有 2 项没有明确的上级政策，这是由于地方科技扶贫政策更多的是对上级政策的执行。在 $P2$ 中，分值最高的 $X5$ 变量为 0.80 分，代表其政策目标覆盖合理，分值最低的 $X1$ 为 0.17 分，表明其政策性质较为单一；在 $P3$ 中，$X6$ 变量分值为 1.00 分，表明该政策涉及客体比较全面，不过 $X1$ 变量分值较低，仅有 0.17 分，表明政策性质较为单一；在 $P4$ 中，$X6$ 变量分值最高，其次为 $X9$ 变量，达到了 0.75 分，说明政策指向方面做得相当到位，但是 $X7$ 变量的低分值反映出针对措施没有跟进；在 $P5$ 中，$X2$ 变量分值较高，表明政策评价较高，但是 $X1$ 变量低分值表现出了 $P5$ 在政策性质方面的单一性；在 $P6$ 中，$X2$ 变量分值为满分，表明政策评价到位，同时 $X6$、$X9$ 变量分值也很高，说明政策涉及客体比较全面，指向性也很好，但 $X1$ 变量分值偏低说明其在政策性质方面较为单一；在 $P7$ 中，除 $X2$、$X10$ 变量为满分，其余变量分值偏低，尤其是 $X9$ 变量为 0.00 分，表明其政策指向性不明；在 $P8$ 中，$X6$ 变量分值最高，为 1.00 分，表明该政策涉及客体比较全面，值得注意的是，$P8$ 与 $P9$ 的 $X4$ 变量分值均为最低的 0.17 分，代表其政策涉及的领域比较单一，可能与这两个政策都是针对农村贫困地区就业有关；在 $P9$ ~ $P20$ 的 12 项政策中，$P9$、$P12$、$P13$ 和 $P17$ 政策的 $X6$ 变量分值为非满分，相对来说这 4 项政策的涉及面有待提高；$P12$ 和 $P16$ 均没有明确的上级政策的引用，这在地方政策的制定中较为少见，其政策依据及政策继承上有很大改进空间，并且在 $P16$ 中，除了 $X6$ 变量，其他变量分值均较低，最高的仅为 0.40 分，均表明该政策总体而言质量有待提升；$P15$、$P19$、$P20$ 属于得分较高的政策，均是规划方向的政策，均有 4 项及以上的满分项，均为满分的为 $X2$、$X5$、$X6$ 和 $X10$ 变量，说明这 3 项政策在政策评价、政策目的、涉及客体和政策依据方面都表现良好，$P15$ 更是多达 6 项满分，其 $X4$ 与 $X9$ 也是满分，说明其政策领域和政策指向的表现都比较突出。

得到了 20 项科技扶贫政策的 PMC 值，接下来可以对政策进行总体评估。依据一致性等级对 PMC 值进行归类，分别为完美一致性、很好的一致性、可接受的一致性、低一致性。如果 PMC 值为 9 ~ 10 分，则研究具有完美一致性；如果 PMC 值为 7 ~ 8.99 分，则研究具有很好的一致性；如果 PMC 值为 5 ~ 6.99 分，则研究具有可接受的一致性；如果 PMC 值为 0 ~ 4.99 分，则研究具有低一致性。搜集到的 20 项科技扶贫政策 PMC 值等级如表 4.12 所示。

表 4.12　科技扶贫政策 PMC 值等级

政策	PMC 值/分	标准
P1	6	可接受的一致性
P2	5	可接受的一致性
P3	4	低一致性
P4	4	低一致性
P5	4	低一致性
P6	6	可接受的一致性
P7	4	低一致性
P8	5	可接受的一致性
P9	4	低一致性
P10	5	可接受的一致性
P11	5	可接受的一致性
P12	3	低一致性
P13	4	低一致性
P14	6	可接受的一致性
P15	7	很好的一致性
P16	3	低一致性
P17	5	可接受的一致性
P18	5	可接受的一致性
P19	7	很好的一致性
P20	7	很好的一致性

依据表 4.12 可以看出，在科技扶贫政策中，$P15$、$P19$ 和 $P20$ 政策质量最高，具有很好的一致性，$P1$、$P2$、$P6$、$P8$、$P10$、$P11$、$P14$、$P17$ 和 $P18$ 具有可接受的一致性；而其他 8 项政策具有低一致性。

经过上面的分析可以知道，科技扶贫政策设计较为合理。20 项政策中表现较好的政策有 12 项，占政策总数的 60%，表明总体而言我国科技扶贫政策是基本到位的，这也充分说明了国务院与地方政府非常重视科技扶贫工作，从政策工具、政策评价、政策领域、政策客体等多维度推动科技扶贫工作的开展。但是，从 20 项政策的一级变量及二级变量的分值来看，科技扶贫政策的制定仍需改进：一是绝大部分政策时效为短期 [1 项政策（P15）为中期规划，1 项政策（P20）为长期规划]，大部分政策仅设定了短期目标，这也在某种程度上制约了科技扶贫政策的效率与效果；二是有 8 项政策的评分较低，其中 4 分的政策有 6 项，3 分的政策有 2 项，有待进一步的改善。

3）PMC 三维曲面图绘制

通过各项政策的 PMC 指数，可以绘制出 PMC 三维曲面图，旨在更直观地观察与分析各项政策的优势与缺陷。绘制 PMC 三维曲面图，要根据各项政策的一级变量得分构建 PMC 矩阵，公式为

$$PMC_i = \begin{bmatrix} X1 & X2 & X3 \\ X4 & X5 & X6 \\ X7 & X8 & X9 \end{bmatrix}。 \tag{4.3}$$

为了更直观地探究科技扶贫政策的优势和劣势，选择 PMC 值得分最高的 P15 和得分最低的 P16 进行展示：

$$PMC_{15} = \begin{bmatrix} 0.50 & 1.00 & 0.17 \\ 1.00 & 1.00 & 1.00 \\ 0.33 & 0.33 & 1.00 \end{bmatrix}, \qquad PMC_{16} = \begin{bmatrix} 0.33 & 0.25 & 0.17 \\ 0.33 & 0.40 & 1.00 \\ 0.00 & 0.33 & 0.25 \end{bmatrix}。$$

根据矩阵绘制 PMC 三维曲面图，如图 4.15 和图 4.16 所示。

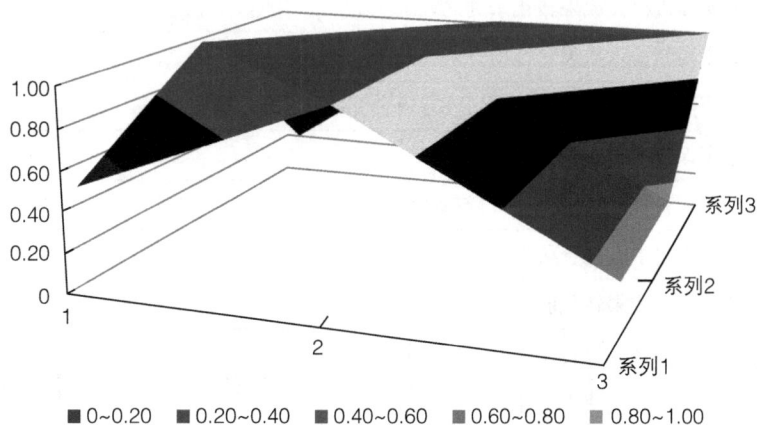

■ 0~0.20　■ 0.20~0.40　■ 0.40~0.60　■ 0.60~0.80　■ 0.80~1.00

图 4.15　科技扶贫政策 P15 的 PMC 三维曲面图

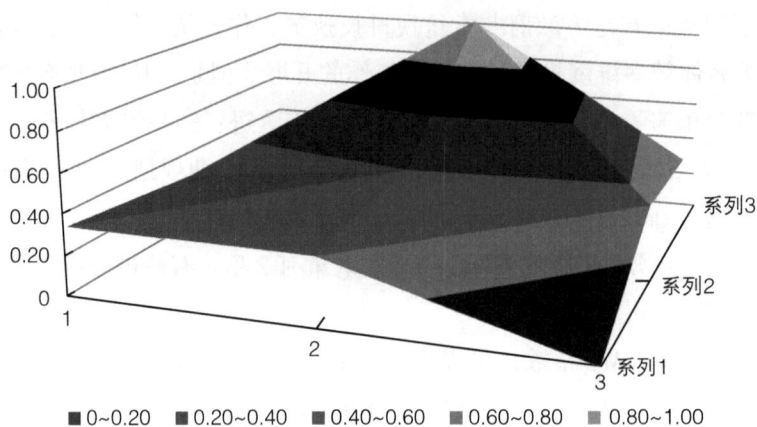

■ 0~0.20　■ 0.20~0.40　■ 0.40~0.60　■ 0.60~0.80　■ 0.80~1.00

图 4.16　科技扶贫政策 *P*16 的 PMC 三维曲面图

4.3　科技成果转化政策

4.3.1　政策外部特征

（1）政策数量统计

本节共搜集到 29 项科技成果转化政策（表 4.13）。

表 4.13　科技成果转化政策一览

序号	政策名称
1	黑龙江省支持重大科技成果转化项目实施细则
2	山西省促进科技成果转化条例
3	上海市高新技术成果转化项目认定办法
4	上海市高新技术成果转化专项扶持资金管理办法
5	北京市促进科技成果转化条例
6	陕西百项科技成果转化项目行动计划方案
7	广西壮族自治区社会科学优秀成果评选奖励办法
8	贵州省科技成果转化股权投资管理暂行办法
9	广西促进科技成果转化实施股权和分红奖励办法
10	河南省促进科技成果转化条例
11	湖北省高新技术成果转化项目认定与扶持暂行办法
12	关于进一步促进科技成果转化若干措施的通知

序号	政策名称
13	江西省人民政府关于进一步促进高等学校科技成果落地江西的实施意见
14	关于进一步促进科技成果转化和产业化的若干措施
15	关于强化高价值专利运营 促进科技成果转化的若干措施
16	辽宁省科技成果转化和技术转移奖励性后补助实施细则（试行）
17	河北省农业科技成果转化与技术推广服务财政补助资金使用及绩效管理办法
18	省属高等学校、科研院所科技成果转化综合试点实施方案
19	关于进一步加大授权力度促进科技成果转化的通知
20	自治区人民政府办公厅关于促进科技成果转移转化的实施意见
21	云南省促进科技成果转化条例
22	云南省科技成果转化奖补资金管理办法
23	云南省人民政府办公厅关于财政支持和促进科技成果转化的实施意见
24	安徽科技成果转化引导基金专家咨询委员会规程
25	安徽省科技成果转化引导基金投资管理暂行办法
26	内蒙古自治区科技成果评价工作方案（试行）
27	省属高等学校、科研院所科技成果转化综合试点实施方案
28	广西壮族自治区职务科技成果权属改革试点实施方案
29	强化技术创新加快新产品研发促进工业高质量发展的若干政策措施

总体而言，我国出台的科技成果转化政策数量相对较多，体现出了我国在科技方面对于成果转化的重视。在中央层面，我国出台了多项科技成果转化政策，这表明对科技成果转化的重视已经上升到了国家战略层次，并且是在多个部门之间开展。此外，有些地方并非只出台了一项科技成果转化政策，而是出台了两项，乃至更多的科技成果转化政策。这表明，地方也深刻了解科技成果转化对于本地区的重要意义。因此，地方才会不遗余力地制定并出台大量科技成果转化政策，进而提高科技成果转化效率，将成果更好地运用到社会发展中，以更好地适应经济社会的飞速发展。

（2）政策类别统计

不同的科技成果转化政策具有不同的政策类别，通过对政策类别的统计分析，可以发现我国的科技成果转化政策存在的相同点和侧重点。本节对搜集到的 29 项科技成果转化政策类别进行统计，如图 4.17 所示。

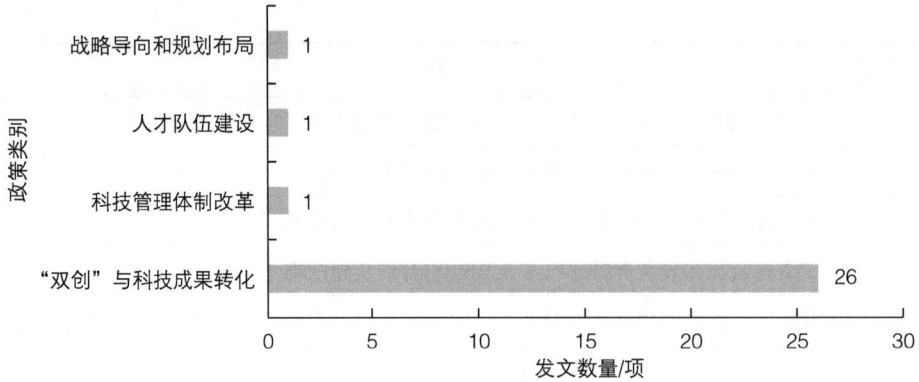

图 4.17　科技成果转化政策类别统计

（3）政策发布时间

从图 4.18 可以看出，地方层面的科技成果转化政策大体分布在 2019 年底、2020 年初，或者两会之后。年初的政策多为上一年度制定，经多轮修改完善，于年初发布。2—3 月多为两会的筹备期，两会后，党中央、国务院会结合上年度的实际情况，提出新的举措，因此国务院各部委及各省（区、市）政府一般会在两会后，结合新理论、新观点、新举措修改完善已制定但未出台的政策，这些政策多在 4—7 月发布；尚未起草的政策需经一段时间的酝酿、起草、修改等，多在年底或次年年初发布。这样的政策颁布节奏基本符合我国的公共政策议程设置特点。

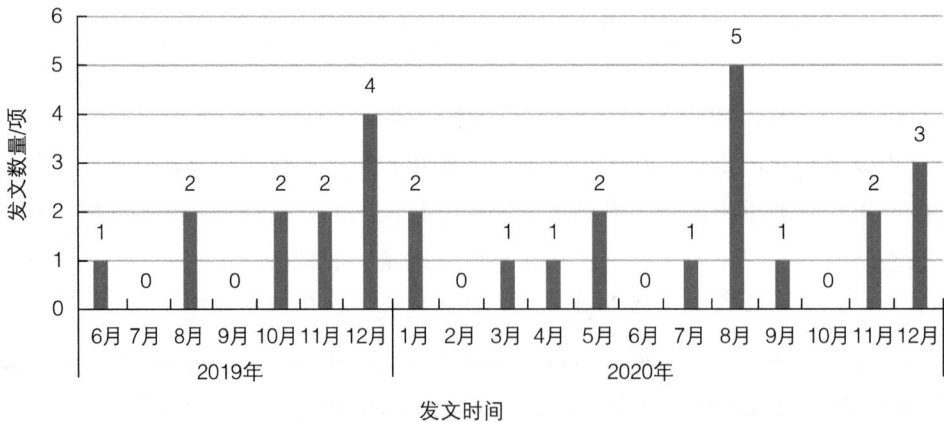

图 4.18　科技成果转化政策时间分布

（4）政策属性

不同的科技成果转化政策，其政策属性也会有差异，通过对科技成果转化政策的属性进行统计分析，可以发现不同属性的政策占比情况，进而分析我国科技成果转化政策属性所归。因此，本节将收集到的 29 项科技成果转化政策进行统计，如图 4.19 所示。

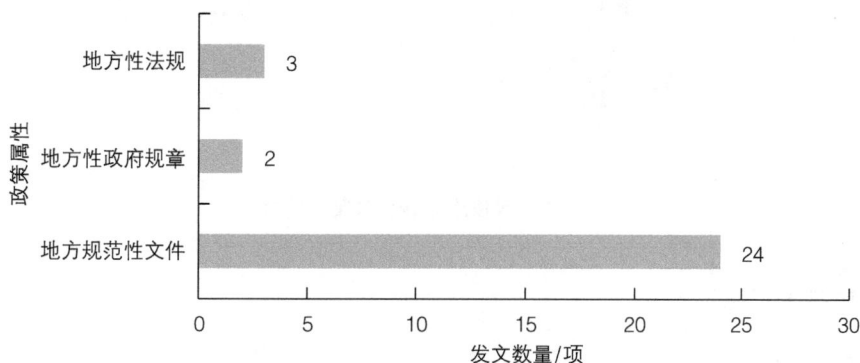

图 4.19 科技成果转化政策属性统计

根据图 4.19 可知：在搜集到的 29 项科技成果转化政策中，属于地方规范性文件的政策数量最多，有 24 项，占比高达 82.76%；其次是属于地方性法规的政策，有 3 项，占比 10.34%；属于地方性政府规章的政策数量最少，有 2 项，仅占 6.90%。通过对上述内容的分析可以看出，我国科技成果转化政策的出台大多由地方政府及其职能部门发文，中央层级各部委参与发文较少。

（5）政策协同性

本节以搜集到的科技成果转化政策的数据为基础，对政策发文主体进行统计分析，在 29 项政策中，由单一主体发文的有 17 项，占总量的 59%；由 2 个部门及以上联合发文的有 12 项，占比 41%（图 4.20）。这表明我国以单一主体出台的科技成果转化政策的数量较多，但同时 2 个部门及以上发文的政策占比达 41%。由此可知，这两种发文方式的政策数量结构较为合理。单独发文具有权力集中、责任明确、指挥便利等优势，联合发文可以增强政策一致性，多部门相互配合可以形成政策合力，提升政策绩效，因此我国地方政府在出台科技成果转化政策时，也应平衡两种发文方式，发挥不同机构的作用和积极性，加强不同机关和机构间的政策协同，更好地促进地方科技成果转化政策的实施与运行，以取得预期的政策效果。除此之外，各地方科技成果转化政策单独发文的主体以政府及科技主管部门居多，2 个部门及以上联合发文中则以科技部门牵头居多，其次财政部门也参与较多，这主要是由于科技成果转化是科技和市场的结合，我国科技成果转化政策大多涉及人才队伍建设，因此应考虑加强与人力资源社会保障部门的相互配合。

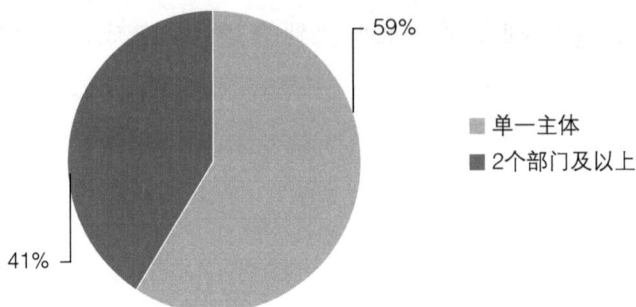

图 4.20　科技成果转化政策协同性

4.3.2　政策内部特征

（1）政策目标

本节通过 ROST CM 软件对搜集到的 29 项科技成果转化政策进行统计分析，并对其进行词频分析，其高频词及词频如表 4.14 所示。

表 4.14　科技成果转化政策高频词及词频

主题词	词频/次	主题词	词频/次
科技	1807	服务	301
成果	1539	资金	254
转化	1079	人员	207
技术	523	部门	189
项目	517	促进	173
机构	439	开展	171
企业	413	开发	168
单位	396	发展	160
管理	329	规定	156
创新	314	奖励	151

对上述高频词构建共词网络，如图 4.21 所示。

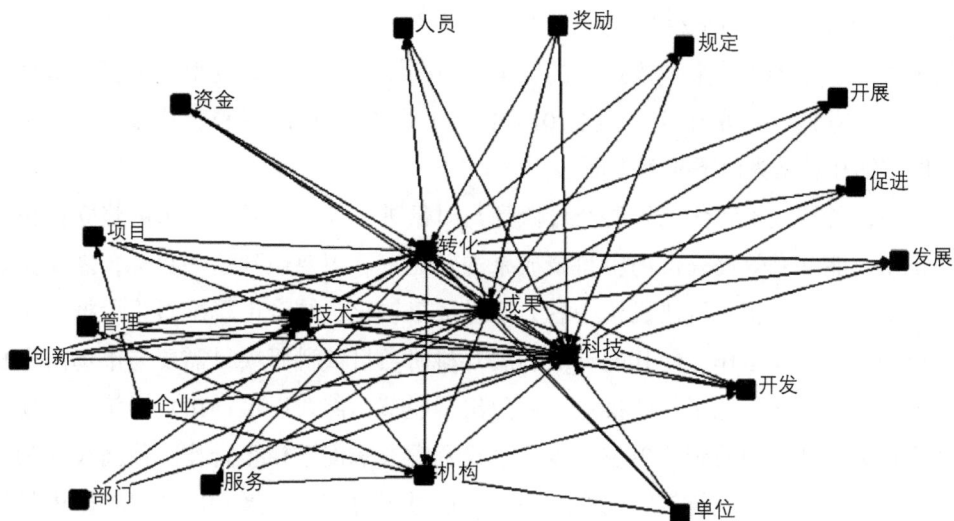

图 4.21　高频词共词网络

　　构建 20 个有效高频词的共词矩阵，进而构建它们的相异系数矩阵并运用 SPSS 软件进行系统聚类分析，得到高频词聚类分析谱系图（图 4.22）。

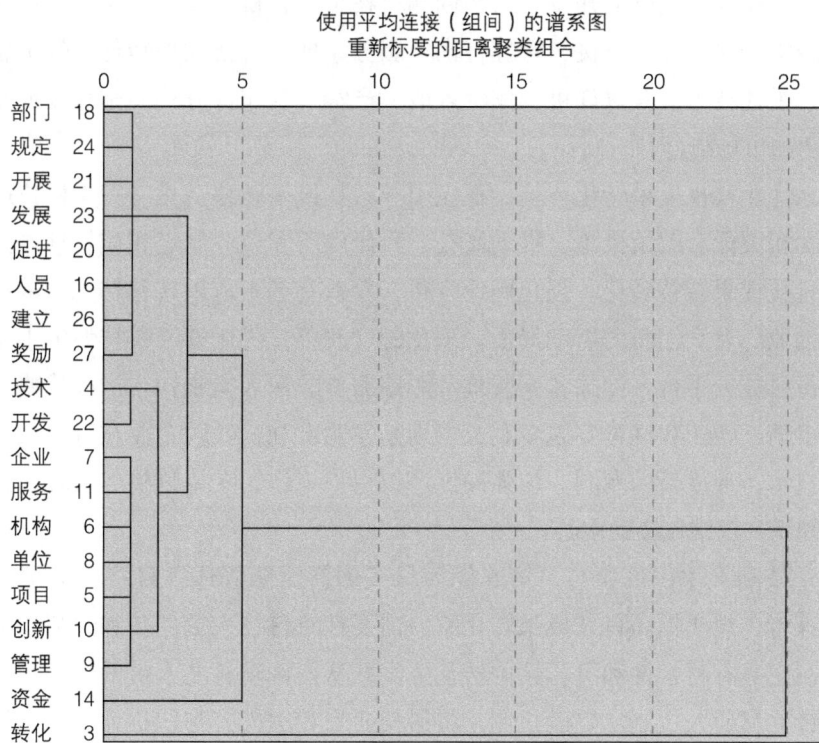

图 4.22　高频词聚类分析谱系图

将 20 个高频词放回 29 项政策文本的具体语境中，理解每个词团及其包含高频词的具体含义，分析政策文本传达出的政策焦点与主题。结合共词聚类分析、多维尺度分析，并参考具体政策内容，可将 2019 年 7 月至 2020 年 12 月科技成果转化政策的政策主题归纳和总结为以下 4 个方面。

第一，科技成果转化工作要充分做到与时俱进。结合市场发展形势建立科技成果转化机制，能够有效提高市场中科技成果的转化率。想要做到这一目标，需要做好下面几项工作：要在相关科研机构中着力推进成果转化，结合市场配置手段推向市场，通过市场的引导和运作，使其能够顺利展开科研项目；科研项目需要与市场需求相结合，加大成果转化落地工作的推进，避免出现脱节，需要以带动市场经济、实现创新发展为目标；社会中的企业单位可以通过投资等方式促进校企合作，使高校成为企业创新的基地；建立专业科技转化服务团队，通过了解市场发展动向，以及国内外的市场需求，正确引导科研项目顺利展开，与此同时，团队人员不仅需要具备专业能力，还要具有丰富管理经验；科技管理部门需要针对科技成果设立转化基金，同时整合出市场中已经完成的科技成果，具有发展前景的科技成果需要与企业同时筹备资金，逐步完成中间试验阶段，为后续发展奠定良好的基础。例如，《山西省促进科技成果转化条例》提到，鼓励省级以上开发区为初创期科技企业和科技成果转化项目提供孵化场租用、投融资对接、技术对接、管理咨询等服务，推动科技成果转化，鼓励企业通过自主研发、受让技术、获取许可、作价入股、产学研合作等方式实施科技成果转化，充分将企业和市场结合。

第二，优化科技成果转化环境，积极引导科技成果转移转化。完善科技成果转化政策，落实相关配套政策措施，推动高校、科研院所和企业制定相应管理办法，依法依规促进科技成果转移转化。强化舆论宣传，营造有利于成果转移转化的浓厚氛围，形成大众创业、万众创新的生动局面。深化制度改革，优化省级科技型中小企业认定条件，推行科技云平台一站式备案管理和跟踪服务。深入实施知识产权战略，支持企业开发、申请、转让和许可实施专利，特别是发明专利，鼓励企业在科技成果转移转化中创新技术，形成新的专利。加强知识产权保护工作，支持科技成果转移转化示范单位建立知识产权维权援助中心。

第三，鼓励人才积极参与，培养优秀科技创新团队群体。科技人员是科技成果转化的执行者，想要提高科技成果转化率，需要针对科技人员创新和改革当前的科研体制，并制定具有科学性和可行性的转化方案，从而调动科技人员的创新积极性。同时，需要针对科研人员制定奖励机制，将科技研发相关内容与职称评定、岗位聘用等内容相结合，从而提高科技成果的转化率，使其实现从"0"到"1"的跨越式发展目标。

培育科技创新人才团队，引进支持一批能够突破关键技术、发展高新技术产业、带动新兴学科的学科带头人、科技领军人才、高层次创新创业人才和团队。培育创新型企业家，提升企业家能力素质、培育企业家精神、增强企业自主创新能力，如《云南省科技成果转化奖补资金管理办法》提到，"诺贝尔奖获得者、国内外院士在滇创办拥有自主知识产权的科技型企业，国家杰出青年科学基金获得者、'长江学者奖励计划'特聘教授等领军人才在滇创办具有自主知识产权的科技型企业并担任董事长或总经理，和首（订）购首台（套）技术装备等，对应《意见》的'（一）实施财政资金奖补'条款中第5条、第6条和第8条，包括创办科技型企业奖补、首（订）购首台（套）技术装备奖补2类"。

第四，优化管理程序。为贯彻"放管服"改革要求，各地进一步加大省级设立的省级研究开发机构、高等院校科技成果转化有关国有资产管理授权力度，充分发挥国有资产在科技成果转移转化中的支撑作用，落实创新驱动发展战略，促进科技成果转移转化，支持科技创新。例如，辽宁省发布的《关于进一步加大授权力度促进科技成果转化的通知》提到的"加大授权力度，简化管理程序""优化评估管理，明确收益归属""落实主体责任，加强监督管理"等条目，充分体现了政策在科技成果转化运行层面对管理程序的强化。

（2）PMC模型

借鉴 Estrada[8]、张永安等[9]、胡峰等[10]、丁潇君等[11]、臧维等[12]构建的 PMC 指数模型，对搜集到的科技成果转化政策进行 PMC 指数分析，可以发现每项政策的优势和劣势，探究该政策的一致性程度。以 P 表示搜集到的政策，首先按照 PMC 指数分析的步骤，针对政策内容，划分10个一级变量，用 $X1 \sim X10$ 表示；其次在每个一级变量下划分若干个二级变量，用 $X1-n \sim X10-n$ 表示，具体变量如下。

$X1$ 政策性质；$X2$ 政策时效；$X3$ 政策视角；$X4$ 政策评价；$X5$ 政策组合；$X6$ 政策领域；$X7$ 政策内容；$X8$ 政策功能；$X9$ 政策重点；$X10$ 政策公开。$X1$ 变量由6个二级变量组成，这些二级变量包括：$X1-1$ 预测；$X1-2$ 监管；$X1-3$ 建议；$X1-4$ 描述；$X1-5$ 引导；$X1-6$ 其他。$X2$ 变量由4个二级变量组成，这些二级变量包括：$X2-1$ 长期；$X2-2$ 中期；$X2-3$ 短期；$X2-4$ 本年内。$X3$ 变量由2个二级变量组成，这些二级变量包括：$X3-1$ 宏观；$X3-2$ 微观。$X4$ 变量由4个二级变量组成，这些二级变量包括：$X4-1$ 目标明确；$X4-2$ 规划翔实；$X4-3$ 依据充分；$X4-4$ 方案科学。$X5$ 变量由2个二级变量组成，这些二级变量包括：$X5-1$ 一项；$X5-2$ 两项以上。$X6$ 变量由5个二级变量组成，这些二级变量包括：$X6-1$ 经济；$X6-2$ 社会；$X6-3$ 政治；$X6-4$ 技术；$X6-5$ 其他。$X7$ 变量由4个二级变量组成，这些二级变量包括：

$X7-1$ 权益归属；$X7-2$ 税收优惠；$X7-3$ 政府资助；$X7-4$ 综合类。$X8$ 变量由 4 个二级变量组成，这些二级变量包括：$X8-1$ 经济效益；$X8-2$ 社会效益；$X8-3$ 市场效益；$X8-4$ 环境效益。$X9$ 变量由 4 个二级变量组成，这些二级变量包括：$X9-1$ 供给；$X9-2$ 需求；$X9-3$ 转移；$X9-4$ 优化。$X10$ 变量没有二级变量。为了更直观地观察一级变量与二级变量之间的关系，绘制表 4.15。

表 4.15　科技成果转化政策变量体系

政策	一级变量	二级变量
P	$X1$ 政策性质	$X1-1$ 预测 $X1-2$ 监管 $X1-3$ 建议 $X1-4$ 描述 $X1-5$ 引导 $X1-6$ 其他
	$X2$ 政策时效	$X2-1$ 长期 $X2-2$ 中期 $X2-3$ 短期 $X2-4$ 本年内
	$X3$ 政策视角	$X3-1$ 宏观 $X3-2$ 微观
	$X4$ 政策评价	$X4-1$ 目标明确 $X4-2$ 规划翔实 $X4-3$ 依据充分 $X4-4$ 方案科学
	$X5$ 政策组合	$X5-1$ 一项 $X5-2$ 两项以上
	$X6$ 政策领域	$X6-1$ 经济 $X6-2$ 社会 $X6-3$ 政治 $X6-4$ 技术 $X6-5$ 其他

政策	一级变量	二级变量
P	X7 政策内容	X7-1 权益归属 X7-2 税收优惠 X7-3 政府资助 X7-4 综合类
	X8 政策功能	X8-1 经济效益 X8-2 社会效益 X8-3 市场效益 X8-4 环境效益
	X9 政策重点	X9-1 供给 X9-2 需求 X9-3 转移 X9-4 优化
	X10 政策公开	

根据表 4.15 设置的变量，依据 PMC 的评分方法，对 29 项科技成果转化政策进行变量计算，得到多投入产出表，如表 4.16 所示。

表 4.16　多投入产出表

序号	X1-1	X1-2	X1-3	X1-4	X1-5	X1-6	X2-1	X2-2	X2-3	X2-4
P1	0	1	0	1	1	0	1	0	0	0
P2	0	1	0	1	1	0	0	0	1	0
P3	1	0	1	1	1	0	0	0	0	1
P4	0	0	0	1	1	0	0	0	1	0
P5	0	1	0	1	1	0	1	0	0	0
P6	1	0	1	1	1	0	0	0	1	0
P7	0	0	1	1	1	0	0	0	1	0
P8	0	0	1	1	1	0	1	0	0	0
P9	0	1	0	1	1	0	1	0	0	0
P10	1	0	1	1	1	0	0	1	0	0

序号	X1-1	X1-2	X1-3	X1-4	X1-5	X1-6	X2-1	X2-2	X2-3	X2-4
P11	0	1	0	1	1	0	0	1	0	0
P12	0	1	0	1	0	0	0	0	0	1
P13	1	0	1	1	1	0	0	0	1	0
P14	1	0	1	0	0	0	1	0	0	0
P15	0	0	0	0	0	1	0	1	0	0
P16	1	0	0	0	1	0	0	0	0	1
P17	1	1	0	0	1	0	0	0	1	0
P18	1	0	0	1	1	0	1	0	0	0
P19	1	1	1	1	1	0	0	1	0	0
P20	0	0	1	0	0	1	0	0	1	0
P21	0	1	1	0	0	0	1	0	0	0
P22	0	0	0	1	1	1	0	0	0	1
P23	1	0	1	0	1	0	1	0	0	0
P24	1	0	0	1	1	1	0	0	1	0
P25	1	1	0	0	1	0	1	0	0	0
P26	0	0	1	1	1	0	0	1	0	0
P27	0	1	1	0	1	1	0	0	0	1
P28	1	0	1	0	0	1	0	1	0	1
P29	1	0	1	1	1	0	0	0	1	0

序号	X3-1	X3-2	X4-1	X4-2	X4-3	X4-4	X5-1	X5-2	X6-1	X6-2
P1	0	1	0	0	1	0	0	1	1	0
P2	0	1	0	0	1	0	0	1	1	0
P3	1	0	0	0	1	1	0	1	1	0
P4	1	0	0	0	1	1	0	1	0	0
P5	1	0	0	0	1	1	0	1	0	0
P6	1	0	0	0	1	1	0	1	0	0

续表

序号	$X3-1$	$X3-2$	$X4-1$	$X4-2$	$X4-3$	$X4-4$	$X5-1$	$X5-2$	$X6-1$	$X6-2$
$P7$	0	1	0	1	0	0	0	1	0	0
$P8$	0	1	0	1	0	0	0	1	0	0
$P9$	0	1	0	1	0	0	0	1	0	0
$P10$	1	0	0	0	1	1	0	1	0	0
$P11$	0	1	0	0	1	0	1	0	0	0
$P12$	0	1	0	0	1	0	1	0	0	0
$P13$	1	0	1	1	1	1	0	1	1	0
$P14$	0	1	0	0	0	1	1	0	0	0
$P15$	1	0	1	1	1	0	1	0	0	1
$P16$	1	0	1	1	1	1	1	0	1	0
$P17$	1	0	0	1	1	0	0	1	0	1
$P18$	0	1	1	1	1	0	0	1	1	0
$P19$	1	0	1	0	0	1	0	1	1	1
$P20$	0	1	1	0	0	0	0	1	0	1
$P21$	1	0	0	1	1	1	0	1	0	1
$P22$	1	0	1	0	1	0	1	0	0	0
$P23$	1	0	0	1	1	1	0	0	1	1
$P24$	0	1	0	0	1	0	1	0	1	1
$P25$	1	0	1	1	1	1	0	1	0	0
$P26$	0	1	1	0	1	1	1	0	1	1
$P27$	1	0	1	0	0	1	0	1	0	0
$P28$	1	0	1	1	1	0	1	0	1	1
$P29$	1	0	0	0	1	0	0	1	0	1

序号	$X6-3$	$X6-4$	$X6-5$	$X7-1$	$X7-2$	$X7-3$	$X7-4$	$X8-1$	$X8-2$	$X8-3$
$P1$	1	1	1	0	0	1	0	1	1	1
$P2$	0	1	1	0	0	1	1	1	1	1

序号	X6-3	X6-4	X6-5	X7-1	X7-2	X7-3	X7-4	X8-1	X8-2	X8-3
P3	1	1	1	1	1	1	1	1	1	1
P4	1	1	1	0	0	1	1	0	0	1
P5	1	1	1	0	0	1	1	0	0	1
P6	1	1	1	1	1	1	1	1	1	1
P7	1	1	1	0	0	1	1	1	1	1
P8	1	1	1	1	0	1	1	1	1	1
P9	1	1	0	1	0	1	1	1	1	1
P10	1	1	1	0	0	1	1	1	1	1
P11	1	1	0	0	0	1	1	1	1	1
P12	1	1	1	0	0	1	1	0	0	1
P13	1	1	1	1	1	1	1	1	1	0
P14	1	0	1	0	0	1	0	1	1	0
P15	1	0	0	0	1	0	0	0	0	1
P16	1	1	0	0	1	0	0	0	1	0
P17	1	0	0	1	1	0	1	1	0	1
P18	1	1	1	1	1	0	1	1	1	0
P19	0	0	1	0	0	1	0	1	1	1
P20	0	1	1	1	0	0	1	1	0	1
P21	0	0	0	0	1	1	1	1	0	1
P22	1	0	1	0	1	0	1	1	1	0
P23	1	0	0	1	1	1	0	0	1	1
P24	1	1	0	0	1	0	1	0	1	1
P25	1	1	1	1	1	1	1	1	0	0
P26	0	1	1	0	1	1	1	0	1	1
P27	1	0	1	0	0	1	1	1	0	0
P28	1	0	1	1	1	0	0	0	1	1
P29	1	1	0	0	1	0	1	1	0	1

序号	$X8-4$	$X9-1$	$X9-2$	$X9-3$	$X9-4$	$X10$
$P1$	1	1	0	0	1	1
$P2$	1	1	1	0	0	1
$P3$	0	0	0	1	0	1
$P4$	1	0	1	0	0	1
$P5$	0	0	0	0	1	1
$P6$	0	1	0	1	0	1
$P7$	0	0	0	0	1	1
$P8$	0	0	0	1	0	1
$P9$	1	1	0	0	1	1
$P10$	0	0	0	1	0	1
$P11$	1	0	0	0	1	1
$P12$	1	1	1	0	0	1
$P13$	1	1	1	1	0	1
$P14$	1	1	1	1	0	1
$P15$	0	0	0	1	1	1
$P16$	0	0	0	1	0	1
$P17$	0	1	1	0	1	1
$P18$	0	1	1	1	0	1
$P19$	1	0	1	1	1	1
$P20$	0	1	1	0	1	1
$P21$	1	1	1	0	1	1
$P22$	0	1	0	0	0	1
$P23$	1	0	0	1	1	1
$P24$	0	1	0	1	1	1
$P25$	1	1	1	0	0	1
$P26$	1	1	0	1	1	1
$P27$	1	1	1	0	0	1
$P28$	0	0	0	1	1	1
$P29$	0	1	1	0	1	1

通过对各二级变量进行评分后，根据表 4.16 并结合 PMC 指数分析的计算方法，可以计算出每一项政策的一级变量值和 PMC 值（表 4.17）。

表 4.17 科技成果转化政策 PMC 指数

单位：分

序号	X1	X2	X3	X4	X5	X6	X7	X8	X9	X10	PMC 值（取整数）
P1	0.50	0.25	0.50	0.25	0.50	0.80	0.25	1.00	0.50	1.00	6
P2	0.50	0.25	0.50	0.25	0.50	0.60	0.50	1.00	0.50	1.00	5
P3	0.67	0.25	0.50	0.50	0.50	0.80	1.00	0.75	0.25	1.00	6
P4	0.33	0.25	0.50	0.50	0.50	0.60	0.50	0.50	0.25	1.00	5
P5	0.50	0.25	0.50	0.50	0.50	0.60	0.50	0.25	0.50	1.00	5
P6	0.67	0.25	0.50	0.75	0.50	0.60	1.00	0.75	0.50	1.00	7
P7	0.50	0.25	0.50	0.25	0.50	0.60	0.50	0.75	0.25	1.00	5
P8	0.50	0.75	0.17	0.50	0.75	1.00	0.33	0.33	0.25	1.00	6
P9	0.50	0.25	0.50	0.25	0.50	0.40	0.75	1.00	0.50	1.00	6
P10	0.67	0.25	0.50	0.50	0.50	0.60	1.00	0.75	0.25	1.00	6
P11	0.50	0.25	0.50	0.25	0.50	0.40	1.00	1.00	0.75	1.00	6
P12	0.33	0.25	0.50	0.25	0.50	0.60	1.00	0.50	0.50	1.00	5
P13	0.67	0.25	0.50	1.00	0.50	0.80	0.75	0.75	0.75	1.00	7
P14	0.33	0.25	0.50	0.25	0.50	0.40	0.25	0.75	0.75	1.00	5
P15	0.17	0.25	0.50	0.75	0.50	0.40	0.25	0.25	0.50	1.00	5
P16	0.33	0.25	0.50	1.00	0.50	0.60	0.25	0.25	0.50	1.00	5
P17	0.50	0.25	0.50	0.50	0.50	0.40	0.75	0.25	0.75	1.00	5
P18	0.50	0.25	0.50	0.75	0.50	0.80	0.75	0.50	0.75	1.00	6
P19	0.83	0.25	0.50	0.50	0.50	0.60	0.25	1.00	0.75	1.00	6
P20	0.33	0.25	0.50	0.25	0.50	0.20	0.50	0.75	0.75	1.00	5
P21	0.33	0.25	0.50	0.25	0.50	0.60	0.50	0.50	0.75	1.00	5
P22	0.50	0.25	0.50	0.50	0.50	0.40	0.50	0.50	0.25	1.00	5
P23	0.50	0.25	0.50	0.50	0.50	0.40	0.75	0.50	0.50	1.00	5

序号	X1	X2	X3	X4	X5	X6	X7	X8	X9	X10	PMC 值（取整数）
P24	0.67	0.25	0.50	0.25	0.50	0.80	0.50	0.50	0.75	1.00	6
P25	0.50	0.25	0.50	1.00	0.50	0.60	1.00	0.50	0.50	1.00	6
P26	0.50	0.25	0.50	0.75	0.50	0.80	0.75	0.75	0.75	1.00	7
P27	0.67	0.25	0.50	0.50	0.50	0.40	0.50	0.50	0.50	1.00	5
P28	0.50	0.25	0.50	0.75	0.50	0.80	0.50	0.50	0.50	1.00	6
P29	0.67	0.25	0.50	0.25	0.50	0.60	0.50	0.50	0.75	1.00	6

根据表 4.16，我们得到了 29 项科技成果转化政策各一级变量的分值，通过对各一级变量得分横向比较发现，$X4$、$X8$ 和 $X10$ 变量的分值普遍较高，$X2$ 和 $X3$ 变量的分值大部分是一致的。其中，$X10$ 变量分值为满分的政策有 29 项，表明大部分政策都是公开且涉及多领域的，有着充分的政策依据，同时具有明确的政策目标和科学的实施方案，并对政策实施提出了实质性的支持保障举措；$X4$ 变量分值为满分的政策有 3 项，$X8$ 变量分值为满分的政策有 5 项。在大部分科技成果转化政策中涉及领域较为全面，包括经济、社会、政治、技术等，反映出我国在制定科技成果转化政策方面瞄准多领域进行制度安排，政策针对性强。相比之下，$X5$、$X7$ 和 $X9$ 变量的分值普遍较低，$X5$ 变量分值在 0.75 分的政策仅有 1 项，其余 28 项政策的分值均为 0.50 分，表明我国科技成果转化政策组合有限；$X7$ 变量分值较低，体现我国政策更倾向于专业化；$X2$ 变量对短期、中期、长期、本年内均有涉及，表明我国在科技成果转化政策方面既偏重于制定短中期政策（具有一定的灵活性，操作性更强），又出台了长期政策，表明注重科技成果转化政策的连续性和稳定性。

得到了 29 项科技成果转化政策的 PMC 值，接下来可以对政策进行总体评估。依据研究一致性等级对 PMC 值进行归类，分别为完美一致性、很好的一致性、可接受的一致性、低一致性。如果 PMC 值为 9 ~ 10 分，则研究具有完美一致性；如果 PMC 值为 7 ~ 8.99 分，则研究具有很好的一致性；如果 PMC 值为 5 ~ 6.99 分，则研究具有可接受的一致性；如果 PMC 值为 0 ~ 4.99 分，则研究具有低一致性（表 4.18）。

表 4.18　科技成果转化政策 PMC 值等级

政策	PMC 值	标准
P1	6	可接受的一致性
P2	5	可接受的一致性
P3	6	可接受的一致性
P4	5	可接受的一致性
P5	5	可接受的一致性
P6	7	很好的一致性
P7	5	可接受的一致性
P8	6	可接受的一致性
P9	6	可接受的一致性
P10	6	可接受的一致性
P11	6	可接受的一致性
P12	5	可接受的一致性
P13	7	很好的一致性
P14	5	可接受的一致性
P15	5	可接受的一致性
P16	5	可接受的一致性
P17	5	可接受的一致性
P18	6	可接受的一致性
P19	6	可接受的一致性
P20	5	可接受的一致性
P21	5	可接受的一致性
P22	5	可接受的一致性
P23	5	可接受的一致性
P24	6	可接受的一致性
P25	6	可接受的一致性
P26	7	很好的一致性
P27	5	可接受的一致性
P28	6	可接受的一致性
P29	6	可接受的一致性

依据表 4.18 可以发现，$P6$、$P13$、$P26$ 的政策质量最高，具有很好的一致性；其余 26 项政策也都在可接受的范围之内。由此可以看出，我国科技成果转化政策总体上具有较好的合理性和一致性，也展现出地方政府对科技成果转化的高度重视与支持。$P6$、$P13$ 和 $P26$ 政策 PMC 指数得分较高，反映出这 3 项政策内容较为完整均衡，涉及领域广泛、目标清晰，基本上可以达到政策预期。其余 26 项政策为可接受的一致性，表明政策内容同样合理，但是在某些具体方面，还需要加强相关工作。

为了更直观地探究每项科技成果转化政策的优势和劣势，将每项政策的 PMC 值进行归类，由于各项政策在 $X10$ 变量上的取值均为 1.00，并且为了保证 PMC 三维曲面图的平衡性与对称性，本节将 $X10$ 剔除，公式为

$$PMC_i = \begin{bmatrix} X1 & X2 & X3 \\ X4 & X5 & X6 \\ X7 & X8 & X9 \end{bmatrix}。 \tag{4.4}$$

选择 PMC 值得分最高的 $P13$ 和得分最低的 $P14$ 进行展示：

$$PMC_{13} = \begin{bmatrix} 0.67 & 0.25 & 0.50 \\ 1.00 & 0.50 & 0.80 \\ 0.75 & 0.75 & 0.75 \end{bmatrix}, \qquad PMC_{14} = \begin{bmatrix} 0.33 & 0.25 & 0.50 \\ 0.25 & 0.50 & 0.40 \\ 0.25 & 0.75 & 0.75 \end{bmatrix}。$$

根据矩阵，绘制 PMC 三维曲面图，如图 4.23 和图 4.24 所示。

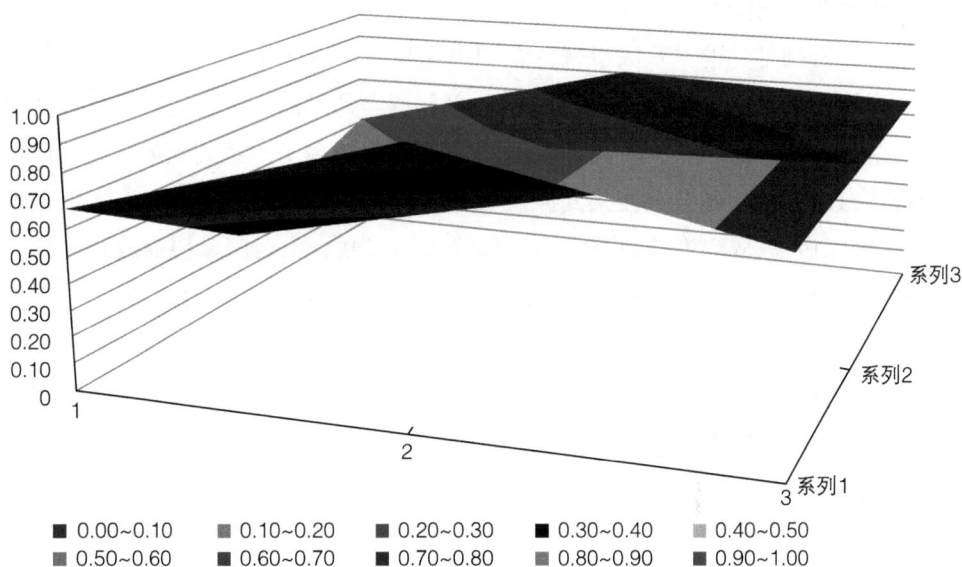

图 4.23 科技成果转化政策 $P13$ 的 PMC 三维曲面图

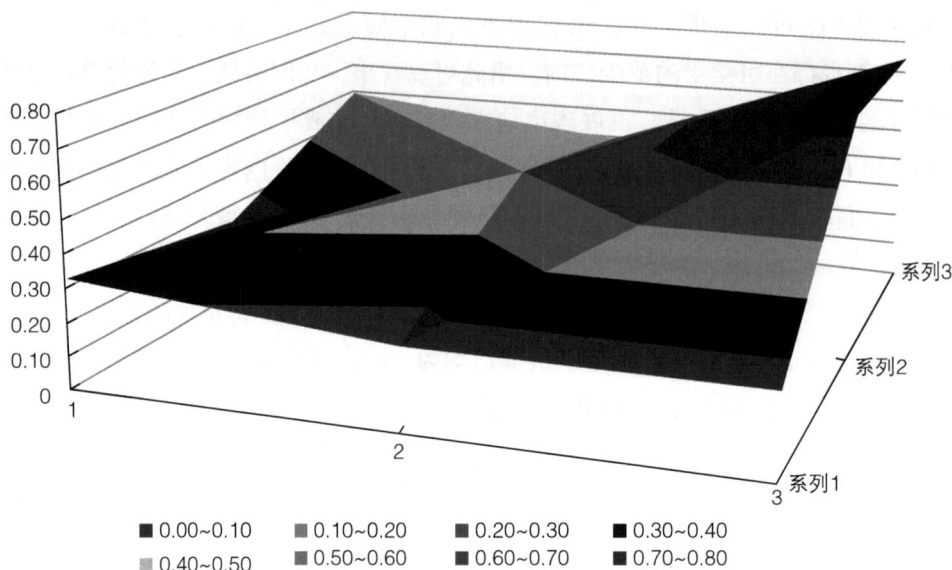

图 4.24　科技成果转化政策 P14 的 PMC 三维曲面图

4.4　文化和科技融合政策

4.4.1　政策外部特征

（1）政策数量统计

近年来，特别是党的十八大以来，党和国家高度重视文化与科技的融合发展，作出了一系列战略部署，如 2019 年科技部等六部门联合印发的《关于促进文化和科技深度融合的指导意见》，各地区政府也参照国家的做法，出台了一系列政策措施，以促进文化与科技有机融合。本节共搜集到涉及文化和科技融合的部门规章与地方规范性文件 12 项（表 4.19）。从政策效力看，科技部等六部门联合出台国家层面政策 1 项，占文化和科技融合政策总数的 8.33%；辽宁、浙江、山东、陕西等出台政策 11 项，占文化和科技融合政策总数的 91.67%。从发文数量看，辽宁和山东各出台文化和科技融合政策 2 项，两省出台政策总数占文化和科技融合政策总数的 33.33%；其余 8 个国家机关（地方政府）共出台政策 8 项，占文化和科技融合政策总数的 66.67%。

表 4.19　文化和科技融合政策一览

序号	政策名称
1	关于促进文化和科技深度融合的指导意见
2	关于推进文化和科技深度融合发展的实施意见
3	关于加快推动山东省文化和科技深度融合的实施意见
4	山东省文化和科技融合示范基地认定管理办法
5	关于推动文化和科技深度融合的实施意见
6	浙江省关于促进文化和科技深度融合的实施意见
7	天津市关于促进文化和科技深度融合的实施意见
8	辽宁省关于促进文化和科技深度融合的实施意见
9	辽宁省文化和科技融合示范基地评选培育管理办法（试行）
10	自治区文化和科技融合发展三年行动计划
11	陕西省关于促进文化和科技深度融合的实施意见
12	湖南省文化和科技融合示范基地（单体类）认定管理暂行办法

（2）政策类别统计

政策类别就是对同一范畴内的政策按其政策内容的侧重点进行归类，因此同一范畴内的政策亦可分属不同的政策类别。通过对文化和科技融合政策的类别进行统计分析，发现可将 12 项文化和科技融合政策归为 4 类，分别是"双创"与科技成果转化、科技创新项目、科普与创新文化、战略导向和规划布局（图 4.25）。其中，属于"双创"与科技成果转化的政策有 4 项，占文化和科技融合政策总数的 33.33%；属于科技创新项目的政策有 1 项，占比 8.33%；属于科普与创新文化的政策有 5 项，占比 41.67%；属于战略导向和规划布局的政策有 2 项，占比 16.67%。不难发现，在所有文化和科技融合政策中，属于科普与创新文化的数量最多，"双创"与科技成果转化次之。这既表明各地区出台的文化和科技融合政策的目标具有相似性，又说明各地区出台的政策具有差异性。例如，山东、辽宁等关注发挥创新体系对文化产业的推动作用；浙江、天津等关注文化产业成果的商业化；宁夏等立足长远，以目标为导向进行规划与战略布局；辽宁等着眼现实，注重具体项目的落实。

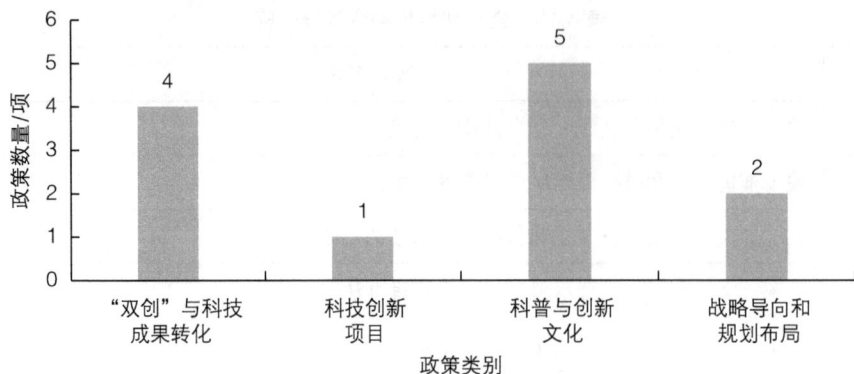

图 4.25　文化和科技融合政策类别统计

（3）政策时间分布

所有的公共政策都是在特定的时空中进行的，整个政策过程始终贯穿着时间因素 [①]。打造公共政策意涵的初始资源、贯穿其实践的根本因素、续展其要旨的基础义项、衡量其目标的关键尺度等都包含着时间。深入研究有关公共政策的"时间"问题，有助于政府科学制定和有效施行公共政策 [②]。2019 年，为促进文化和科技深度融合，全面提升文化科技创新能力，科技部等六部门出台了《关于促进文化和科技深度融合的指导意见》。为深入贯彻落实上级政策，各地区政府相继出台系列文化和科技融合政策文件，如图 4.26 所示，地方文化和科技融合政策出台时间普遍晚于国家政策出台的时间（主要分布在 2020 年），其中 2020 年 1 月出台 1 项政策，4 月、5 月、9 月各出台 2 项政策，11 月出台 3 项政策，12 月出台 1 项政策。

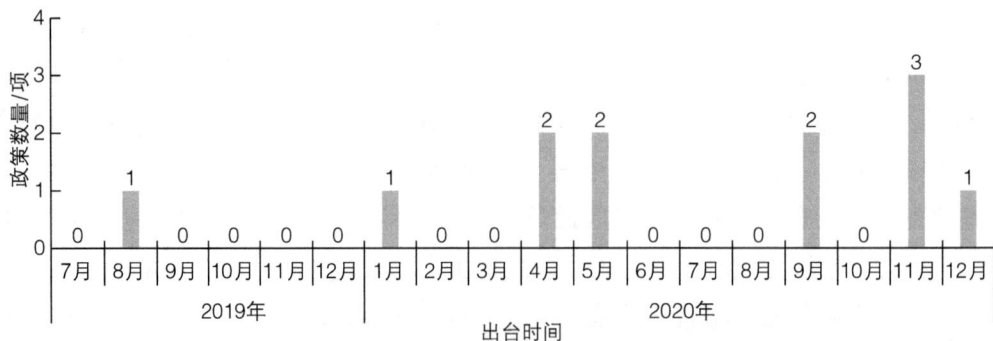

图 4.26　文化和科技融合政策时间分布

---

① 堵琴囡，唐贤兴.找回时间：一项新的公共政策研究议程［J］.公共行政评论，2016，9（2）：155-181，208.
② 周晓中.公共政策的"时间"问题［J］.中共中央党校学报，2012，16（2）：70-74.

（4）政策属性统计

政策属性的强弱直接影响文化和科技融合工作的推进效率与质量。政策属性越强，政策执行的效率可能越高，文化和科技融合工作的质量可能越好。通过对文化和科技融合政策的政策属性进行统计分析，可以发现不同政策属性的应用比例，进而探究我国文化和科技融合政策的内在逻辑。因此，本节对 12 项文化和科技融合政策的政策属性进行统计并制图（图 4.27）。在 12 项文化和科技融合政策中，地方规范性文件 11 项，数量最多，所占比例高达 91.67%；部门规章仅有 1 项，占比为 8.33%。

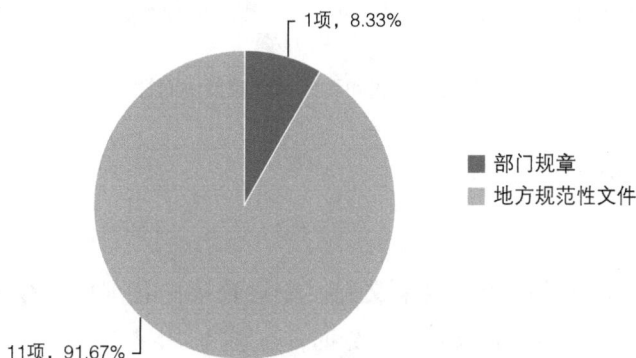

图 4.27 文化和科技融合政策的政策属性统计

（5）政策协同性

公共政策是经由一定的政治过程而制定的行为规范或准则，受政治体制、政府结构等多种因素的影响，在我国条块管理体制下，政策能否有效执行，在很大程度上取决于政策制定与执行机构间的协调与配合。而政策协同性正是对政策执行机构间协同程度的表征，因此通过对政策发文主体协同性的分析，可以探究该项政策执行主体间的协同程度及政策间的协同性。因此，通过对 12 项文化与科技融合政策发文主体数量的统计分析（图 4.28），可以发现 12 项政策均为联合发文。其中，由 2 个部门联合发文的政策有 1 项，占总数的 8.33%；由 5 个部门联合发文的政策有 2 项，占总数的 16.67%；由 6 个部门联合发文的政策有 7 项，占政策总数的 58.33%；由 7 个部门联合发文的政策有 2 项，占政策总数的 16.67%。这表明我国文化和科技融合政策的政策协同性较好，即文化和科技融合政策在制定过程中与同级国家机关有更多的交流和联系，有更好的协同与配合，也可推断出该政策在政策执行过程中会更容易就产生的问题达成共识，益于政策目标的达成与政策效果的实现。

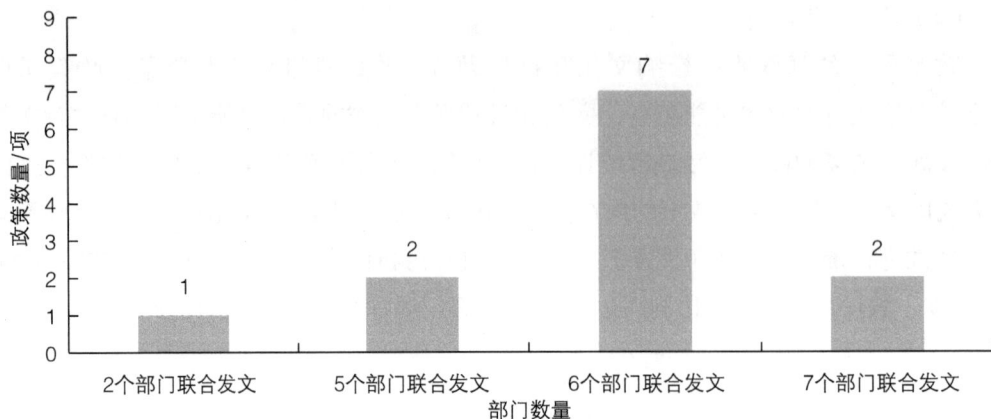

图 4.28　文化和科技融合政策协同性

4.4.2　政策内部特征

（1）政策目标

通读 12 项文化和科技融合政策文件，在对政策内容理解透彻的前提下，利用 ROST CM 软件对搜集到的政策文件进行分词，在剔除"本办法""提高"等无意义的词语后统计各高频词出现的频次。最终选择词频大于 90 次的高频词作为政策文本分析的对象，得到 16 个文化和科技融合政策高频词（表 4.20）。

表 4.20　文化和科技融合政策高频词及词频（节选）

主题词	词频/次	主题词	词频/次
文化	734	建设	168
科技	375	示范	160
技术	260	服务	130
发展	220	推动	119
企业	215	领域	112
创新	207	平台	104
基地	204	管理	92
文化和科技融合	197	融合	91

运用聚类分析法对高频词矩阵进行系统聚类，绘制高频词聚类分析谱系图（图 4.29），得到文化和科技融合政策聚焦领域后，绘制高频词共词网络，如图 4.30 所示。

使用平均连接（组间）的谱系图
重新标度的距离聚类组合

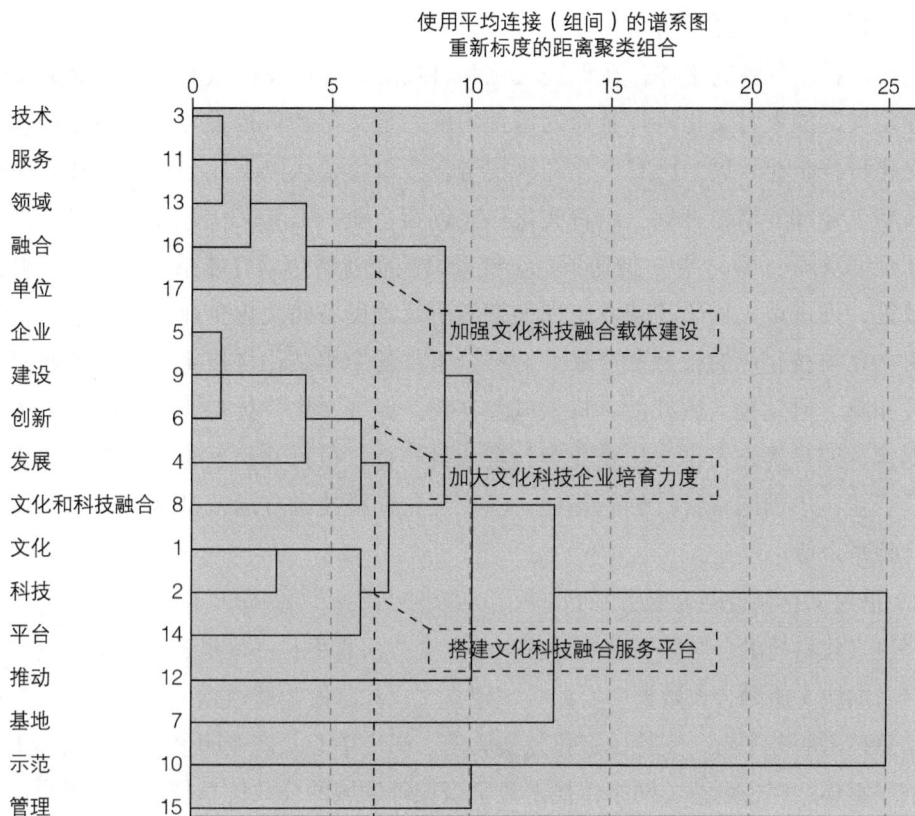

图 4.29　高频词聚类分析谱系图

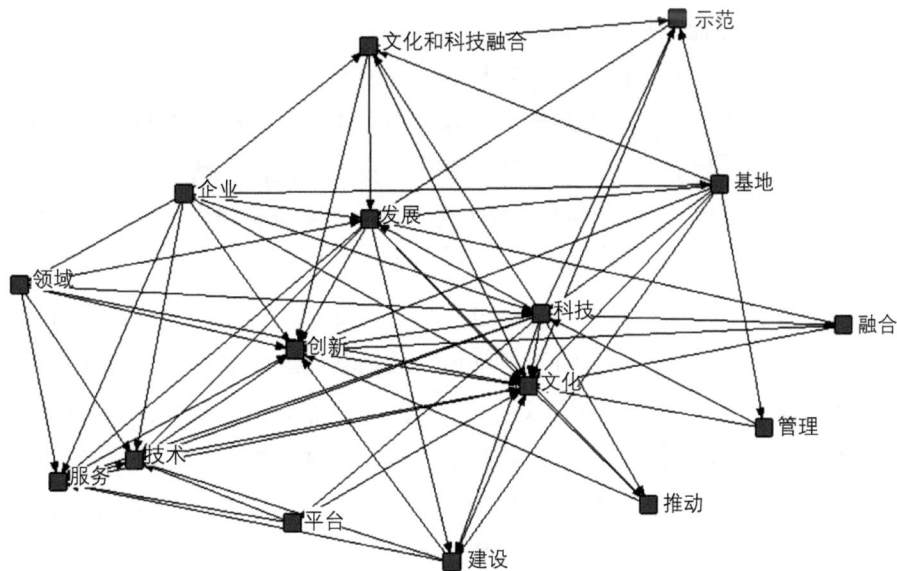

图 4.30　高频词共词网络

1）加大文化科技企业培育力度

企业是技术创新的主体，在促进文化和科技融合方面发挥重要作用。促进文化科技企业发展，加大对文化科技企业的培育力度，是文化和科技融合的应用之意。如何促进文化科技企业发展？已有文化和科技融合政策主要从以下几个方面展开：一是实施科技型企业梯度培育计划，培育文化科技创新企业，引导文化企业加大研发投入，构建"众创空间—孵化器—加速器"全链条科技企业孵化培育体系；二是落实科技创新券政策，推进重大科研基础设施和大型科研仪器设备向文化企业开放共享；三是设计针对文化科技企业的投融资产品，对符合条件的中小文化科技企业给予企业研发费用加计扣除、研发投入后补助、贷款风险补偿，促进文化科技企业与多层次资本市场有效对接；四是优先安排文化企业参与企业科技特派员行动；五是引导重点文化产业基地、企业，争创国家科技创新基地、国家文化和科技融合示范基地、国家文化和科技融合领军企业。

2）搭建文化科技融合服务平台

搭建文化科技融合服务平台主要从以下3个方面着手：一是搭建公共文化资源数字化平台，加快文旅融合大数据中心建设，建立文化和旅游消费数据监测体系；二是搭建公共信息技术服务平台，支持国家重点实验室、研究中心及产业园区，构建面向工业设计、数字媒体、广告创意、网络传播、数字版权等领域的公共信息技术服务平台；三是搭建文化科技成果转化平台，支持5G高新视频、文化创意产业和智能制造、数字媒体金融创新创业共同体建设，促进"政产学研金服用"创新要素有效集聚和优化配置。

3）加强文化科技融合载体建设

一是建设文化和科技融合人才培养基地。鼓励文化科技融合示范基地和企业、高等院校、科研机构共建人才培养基地，培养更多文化和科技融合创新领军人才、特殊人才、紧缺人才和高技能人才，发展壮大文化科技人才队伍。通过基地和园区"筑巢引凤"，吸引国内外优秀人才，锻炼中青年骨干人才，培育青年后备人才，加快打造结构合理、富有活力的创新人才梯队。二是建设文化和科技融合示范基地。例如，陕西提出支持西安国家级文化和科技融合示范基地、西安文化科技创业城产业园等国家级示范基地做大做强，新建一批省级示范基地，鼓励条件成熟的省级示范基地创建国家级示范基地，构建"点—线—面"文化科技融合产业集群式布局。江西提出加快江西国家数字出版基地、国家印刷包装产业基地建设，促进传统新闻出版和印刷复制产业数字化转型升级。三是建设文化和科技融合中试基地。以技术示范带动成果转化，培育和发展面向社会从事文化科技咨询、技术评估、技术转移、成果转化的文化科技服务，有效降低文化科技创新风险，加速推进文化和科技融合成果产业化。

（2）PMC 指数模型

PMC 指数模型是由 Estrada 建立的，其主张要尽可能多地将相关变量囊括在内，不应将各变量差异化。因此，该模型具有两个突出特点：一是要求变量数量足够多，因此对变量的数量不设上限；二是强调不同变量的效力一致，因此不对变量设置权重。同时，为了更科学、合理地进行模型分析，该模型规定变量的取值应服从 0 ~ 1 分布。在明确基本概念与假设后，如何构建 PMC 指数模型？ Estrada 认为主要有以下 4 个步骤：一是变量分类及参数识别；二是构建多投入产出表；三是量化 PMC 指数，四是绘制 PMC 三维曲面图。

在 Estrada[8] 所提出理论框架的基础上，借鉴张永安等[9]、胡峰等[10]、丁潇君等[11]、臧维等[12] 构建的 PMC 指数模型，并充分结合文化和科技融合政策特征，对既有框架进行调整与修改，从而构建了如表 4.21 所示的囊括 10 个一级变量、41 个二级变量在内的变量体系。

政策目标（$X1$）：旨在衡量文化和科技融合政策计划实现的政策目标，包括创新体系（$X1-1$）、创新基地（$X1-2$）、示范基地（$X1-3$）、领先企业（$X1-4$）、其他（$X1-5$）。

政策工具（$X2$）：旨在衡量为实现文化和科技融合政策目标而制定的措施和路径，按照政策应用工具的类型划分为供给型政策工具（$X2-1$）、需求型政策工具（$X2-2$）和环境型政策工具（$X2-3$）。

政策时效（$X3$）：旨在衡量文化和科技融合政策的时效性特征，包括长期（$X3-1$）、中期（$X3-2$）、短期（$X3-3$）。

政策性质（$X4$）：旨在衡量文化和科技融合政策的功能，包括预测（$X4-1$）、监管（$X4-2$）、指导（$X4-3$）、建议（$X4-4$）和规范（$X4-5$）。

政策效力（$X5$）：旨在衡量文化和科技融合政策的效力层次，包括法律（$X5-1$）、行政法规（$X5-2$）、部门规章（$X5-3$）、地方性法规（$X5-4$）、地方性政府规章（$X5-5$）和地方规范性文件（$X5-6$）。

政策视角（$X6$）：旨在衡量文化和科技融合政策解决问题的角度，包括宏观（$X6-1$）、中观（$X6-2$）和微观（$X6-3$）。

保障激励（$X7$）：旨在衡量文化和科技融合政策是否提及政策贯彻落实的保障措施，包括税收优惠（$X7-1$）、财政支持（$X7-2$）、金融支持（$X7-3$）、知识产权服务（$X7-4$）、人才激励（$X7-5$）、开展试点（$X7-6$）等。

政策客体（$X8$）：旨在衡量文化和科技融合政策中提到的目标对象，包括政府（$X8-1$）、企业（$X8-2$）、高校（$X8-3$）、科研院所（$X8-4$）、其他（$X8-5$）。

政策评价（$X9$）：旨在衡量文化和科技融合政策的内容、要素的完善程度，包括依据充分（$X9-1$）、目标明确（$X9-2$）、内容翔实（$X9-3$）、保障有力（$X9-4$）。

政策依据（X10）：判断政策文本是否有上位法律、法规等的指导，即上级政策（$X10-1$）。

表 4.21　文化和科技融合政策变量体系

政策	一级变量	二级变量
P	X1 政策目标	$X1-1$ 创新体系 $X1-2$ 创新基地 $X1-3$ 示范基地 $X1-4$ 领先企业 $X1-5$ 其他
	X2 政策工具	$X2-1$ 供给型政策工具 $X2-2$ 需求型政策工具 $X2-3$ 环境型政策工具
	X3 政策时效	$X3-1$ 长期 $X3-2$ 中期 $X3-3$ 短期
	X4 政策性质	$X4-1$ 预测 $X4-2$ 监管 $X4-3$ 指导 $X4-4$ 建议 $X4-5$ 规范
	X5 政策效力	$X5-1$ 法律 $X5-2$ 行政法规 $X5-3$ 部门规章 $X5-4$ 地方性法规 $X5-5$ 地方性政府规章 $X5-6$ 地方规范性文件
	X6 政策视角	$X6-1$ 宏观 $X6-2$ 中观 $X6-3$ 微观
	X7 保障激励	$X7-1$ 税收优惠 $X7-2$ 财政支持 $X7-3$ 金融支持 $X7-4$ 知识产权服务 $X7-5$ 人才激励 $X7-6$ 开展试点
	X8 政策客体	$X8-1$ 政府 $X8-2$ 企业 $X8-3$ 高校 $X8-4$ 科研院所 $X8-5$ 其他

政策	一级变量	二级变量
P	*X*9 政策评价	*X*9-1 依据充分 *X*9-2 目标明确 *X*9-3 内容翔实 *X*9-4 保障有力
	*X*10 政策依据	*X*10-1 上级政策

参数识别：若文化和科技融合政策符合某项二级变量的描述与基本要求，则将该项二级变量的参数记为 1，否则记为 0。

1）构建多投入产出表

多投入产出表是 PMC 指数计算与 PMC 三维曲面图绘制的前提与关键，其本质是构建一套基于变量及其参数值的整体分析框架，以便对政策文本进行多维量化。因此，根据 10 个一级变量与 41 个二级变量的参数识别结果，构建出多投入产出表（表 4.22），根据表 4.21 设置的变量，依据 PMC 的评分方法，对 12 项文化和科技融合政策进行变量计算。

表 4.22　多投入产出表

序号	*X*1-1	*X*1-2	*X*1-3	*X*1-4	*X*1-5	*X*2-1	*X*2-2	*X*2-3	*X*3-1	*X*3-2	*X*3-3
*P*1	1	1	1	1	0	1	1	1	1	0	0
*P*2	0	0	1	1	0	1	1	1	1	0	0
*P*3	1	0	1	1	0	1	0	1	0	1	0
*P*4	0	1	1	1	1	1	0	1	0	0	1
*P*5	1	0	1	1	1	1	1	1	0	1	0
*P*6	1	1	1	1	1	1	0	1	0	1	0
*P*7	0	0	1	1	0	1	1	1	0	1	0
*P*8	1	0	1	1	0	1	0	1	0	1	0
*P*9	0	0	1	1	0	1	0	1	0	1	0
*P*10	1	0	1	1	0	1	0	1	0	0	1
*P*11	1	0	1	1	0	1	0	0	1	0	1
*P*12	0	0	1	1	0	0	0	1	0	0	1

续表

序号	X4-1	X4-2	X4-3	X4-4	X4-5	X5-1	X5-2	X5-3	X5-4	X5-5	X5-6
P1	0	1	1	1	1	0	0	1	0	0	0
P2	0	1	1	0	1	0	0	0	0	0	1
P3	0	0	1	1	1	0	0	0	0	0	1
P4	0	0	1	0	1	0	0	0	0	0	1
P5	0	0	1	1	1	0	0	0	0	0	1
P6	1	0	1	0	1	0	0	0	0	0	1
P7	1	0	1	0	1	0	0	0	0	0	1
P8	0	0	1	0	1	0	0	0	0	0	1
P9	0	1	1	1	1	0	0	0	0	0	1
P10	0	0	1	1	1	0	0	0	0	0	1
P11	0	0	1	1	1	0	0	0	0	0	1
P12	0	0	1	0	1	0	0	0	0	0	1

序号	X6-1	X6-2	X6-3	X7-1	X7-2	X7-3	X7-4	X7-5	X7-6
P1	0	1	0	0	1	1	1	1	1
P2	0	1	0	1	1	1	1	1	0
P3	0	1	0	1	1	1	0	1	0
P4	0	0	1	1	1	1	1	1	0
P5	0	1	0	0	1	1	1	1	1
P6	0	1	0	1	1	1	1	1	1
P7	0	1	0	1	1	1	1	1	0
P8	0	1	0	0	1	0	1	1	1
P9	0	0	1	0	1	1	1	1	0
P10	0	1	0	1	1	1	1	1	0
P11	0	1	0	0	1	1	1	1	0
P12	0	0	1	0	0	0	1	0	0

序号	X8-1	X8-2	X8-3	X8-4	X8-5	X9-1	X9-2	X9-3	X9-4	X10-1
P1	1	1	1	1	1	1	1	1	1	0
P2	1	1	1	1	1	1	1	1	1	1
P3	1	1	1	1	0	1	1	1	1	1

序号	$X8-1$	$X8-2$	$X8-3$	$X8-4$	$X8-5$	$X9-1$	$X9-2$	$X9-3$	$X9-4$	$X10-1$
$P4$	1	1	0	0	0	1	1	1	0	1
$P5$	1	1	1	1	1	1	1	1	1	1
$P6$	1	1	1	1	1	1	1	1	1	1
$P7$	1	1	1	1	1	1	1	1	1	1
$P8$	1	1	1	1	1	1	1	1	0	1
$P9$	1	1	0	0	0	1	1	1	1	1
$P10$	1	1	1	1	0	1	1	1	1	1
$P11$	1	1	1	1	1	1	1	1	1	1
$P12$	0	1	1	1	0	1	1	1	0	1

2）PMC 指数计算

通过对各个政策的二级变量进行评分后，根据表 4.22，结合 PMC 指数分析的计算方法，可以计算出每项政策的一级变量值和 PMC 值。依据研究一致性等级对 PMC 值进行归类。分别为完美一致性、很好的一致性、可接受一致性、低一致性。如果 PMC 值为 9 ~ 10 分，则研究具有完美一致性，属Ⅰ级政策；如果 PMC 值为 7 ~ 8.99 分，则研究具有很好的一致性，属Ⅱ级政策；若 PMC 值为 5 ~ 6.99 分，则研究具有可接受的一致性，属Ⅲ级政策；若 PMC 值为 0 ~ 4.99 分，则研究具有低一致性，属Ⅳ级政策（表 4.23）。

表 4.23　文化和科技融合政策 PMC 指数

序号	$X1$	$X2$	$X3$	$X4$	$X5$	$X6$	$X7$	$X8$	$X9$	$X10$	PMC 值	级别
$P1$	0.80	1.00	0.67	0.80	0.33	0.67	0.83	1.00	1.00	0.00	7.10	Ⅱ级
$P2$	0.40	1.00	0.67	0.60	0.33	0.67	0.83	1.00	1.00	1.00	7.50	Ⅱ级
$P3$	0.60	0.67	0.67	0.60	0.33	0.67	0.67	0.80	1.00	1.00	7.01	Ⅱ级
$P4$	0.80	0.67	0.33	0.40	0.33	0.33	0.83	0.40	0.75	1.00	5.84	Ⅲ级
$P5$	0.80	1.00	0.67	0.60	0.33	0.67	0.83	1.00	1.00	1.00	7.90	Ⅱ级
$P6$	1.00	0.67	0.67	0.60	0.33	0.67	1.00	1.00	1.00	1.00	7.94	Ⅱ级
$P7$	0.40	1.00	0.67	0.60	0.33	0.67	0.83	1.00	1.00	1.00	7.50	Ⅱ级
$P8$	0.60	0.67	0.67	0.40	0.33	0.67	0.67	1.00	0.75	1.00	6.76	Ⅲ级

序号	X1	X2	X3	X4	X5	X6	X7	X8	X9	X10	PMC 值	级别
P9	0.40	0.67	0.67	0.80	0.33	0.33	0.67	0.40	1.00	1.00	6.27	Ⅲ级
P10	0.60	0.67	0.33	0.60	0.33	0.67	0.83	0.80	1.00	1.00	6.83	Ⅲ级
P11	0.60	0.67	0.67	0.60	0.33	0.67	0.67	1.00	1.00	1.00	7.21	Ⅱ级
P12	0.40	0.33	0.33	0.40	0.33	0.33	0.17	0.60	0.75	1.00	4.64	Ⅳ级
均值	0.62	0.75	0.59	0.58	0.33	0.59	0.74	0.83	0.94	0.92	6.88	Ⅲ级

在指标评价方面，从整体评分看，12 项文化和科技融合政策 PMC 指数的均值为 6.88，说明 12 项文化和科技融合政策整体具有可接受的一致性。从单项指标看，政策目标（$X1$）的均值为 0.62，说明多数文化与科技融合政策设定的目标数量在 3 ~ 4 个，与国家出台政策的目标数量与内容保持一致。政策工具（$X2$）的均值为 0.75，说明文化和科技融合政策在工具选取方面灵活、多样，涵盖供给型、需求型、环境型政策工具。政策时效（$X3$）的均值为 0.59，结合各政策时效的集中与离散趋势，可知大部分文化和科技融合政策更看中政策的中期效应与影响，但也有个别文化与科技融合政策更关注政策的短期效应。政策性质（$X4$）的均值为 0.58，说明当前文化和科技融合政策内容主要体现在指导、规范、监管等方面。政策效力（$X5$）的均值为 0.33，说明多数文化和科技融合政策通过地方规范性文件的方式发布。政策视角（$X6$）的均值为 0.59，说明文化和科技融合政策既具有中观的视角，又包含微观的执行。保障激励（$X7$）的均值为 0.74，说明为保证政策取得预期效果，各地区政府部门在税收优惠、财政支持、金融支持等多方面进行发力，以保证政策的有效执行。从激励措施看，政府部门更倾向于选取财政支持、金融支持、知识产权与人才激励。政策客体（$X8$）的均值为 0.83，表明文化和科技融合政策涵盖政府、企业、高校、科研院所等多客体，说明政策的实施需要多组织共同努力。政策评价（$X9$）的均值为 0.94，说明各项政策的表述清晰，依据充分，既有定性的目标，又有定量指标，政策内容翔实、丰富，政策保障措施多样、有力。政策依据（$X10$）的均值为 0.92，表明多数人文和科技融合政策具有明确的上级政策支持。

在具体政策方面，从表 4.23 中可以看出 12 项政策样本按得分高低排序依次为 P6、P5、P2、P7、P11、P1、P3、P10、P8、P9、P4、P12。在 12 项文化和科技融合政策中，具有很好的一致性的政策有 7 项，占文化和科技融合政策总数的 58.33%，表明被评价的各项政策文本内容的设置较为良好；具有可接受的一致性的政策有 4 项，占比为 33.33%，说明这 4 项政策内容还需进一步修改完善；具有低一致性的政策仅有

1 项，占比为 3.33%，说明此项政策内容单一，整体结构不平衡，需要丰富与完善。政策 P6 得分排名第一，根据评价结果可知 P6 设置的政策目标清晰，使用的政策工具类型全面，涉及的政策客体广泛，使用的保障激励手段众多，表明该项政策的质量较高。政策 P5 得分排名第二，通过对其一级变量得分进行分析，发现与政策 P6 相比，差异主要存在于保障激励措施中的财政支持与金融支持等方面，没有考虑税收优惠等措施的激励作用，工具的选择不够全面。政策 P2 与 P7 得分排名并列第三，与政策 P6 相比，发现差异主要存在于政策目标覆盖不全与保障激励措施不够丰富。政策目标覆盖不全，表现为该政策设定的目标数量少于其上级政策设定的政策目标数量；保障激励措施不够丰富，表现为没有考虑开展试点等对文化和科技融合方面的促进作用。政策 P11 得分排名第四，分析发现与政策 P6 相比，该政策主要存在保障措施覆盖不全，即缺少税收方面的保障措施、忽视了政策试点的积极作用。与政策 P2、P7 相比，该政策在目标设定上具有相对优势，涵盖了创新体系、示范基地等多方面内容。政策 P1 得分排名第五，与政策 P6 相比，该政策在保障激励方面，没有通过税收手段对文化和科技融合企业予以激励，但该政策在政策工具选择方面，覆盖了供给型、需求型和环境型 3 种政策工具类型。政策 P3 得分排名第六，在 12 项政策中，排名居中，与政策 P6 相比还存在诸多不足，如该政策存在政策目标覆盖不全、政策工具使用不均衡、政策对象覆盖不全、激励措施不丰富等问题。政策 P10 得分排名第七，与排名较高的政策相比，该政策缺少创新基地方面的目标设定，更关注政策的短期效应，在政策对象方面，仅关注高校、企业、科研院所等客体，忽视了其他社会组织的带动作用。政策 P8 得分排名第八，综合各一级指标得分看，该政策更看重政策的指导与规范功能，没有发挥政策的预测、监管与建议功能。政策 P9 得分排名第九，该政策侧重示范基地的培育，倾向于选择供给型政策工具与环境型政策工具，注重发挥企业的作用，忽视了高校、科研院所及其他组织在文化和科技融合方面的作用。政策 P4 得分排名第十，该政策关注政策的短期效应，注重政策的指导与规范作用，政策客体覆盖不全面，保障手段等有待丰富。政策 P12 得分排名第十一，该政策旨在示范基地建设和领先企业培育，关注政策的短期效应，以及税收优惠、财政支持、金融支持等措施的激励作用，忽略了社会组织的积极作用。

　　3）PMC 三维曲面图绘制

　　通过各项政策的 PMC 指数，可以绘制出 PMC 三维曲面图，旨在更直观地观察与分析各项政策的优势与缺陷。绘制 PMC 三维曲面图，要根据政策的一级变量得分构建 PMC 矩阵。为了保证 PMC 曲面的平衡性与对称性，本节绘制 PMC 三维曲面图时将 $X10$ 剔除。

为了更直观地探究每项文化和科技融合政策的优势和劣势，将其 PMC 值进行归类，公式为

$$PMC_i = \begin{bmatrix} X1 & X2 & X3 \\ X4 & X5 & X6 \\ X7 & X8 & X9 \end{bmatrix}。 \tag{4.5}$$

选择 PMC 值得分最高的 P6 和得分最低的 P12 进行展示，并形成 PMC 矩阵：

$$PMC_6 = \begin{bmatrix} 1.00 & 0.67 & 0.67 \\ 0.60 & 0.33 & 0.67 \\ 1.00 & 1.00 & 1.00 \end{bmatrix}, \qquad PMC_{12} = \begin{bmatrix} 0.40 & 0.33 & 0.33 \\ 0.40 & 0.33 & 0.33 \\ 0.17 & 0.60 & 0.75 \end{bmatrix}。$$

根据矩阵绘制 PMC 三维曲面图（图 4.31 和图 4.32）。

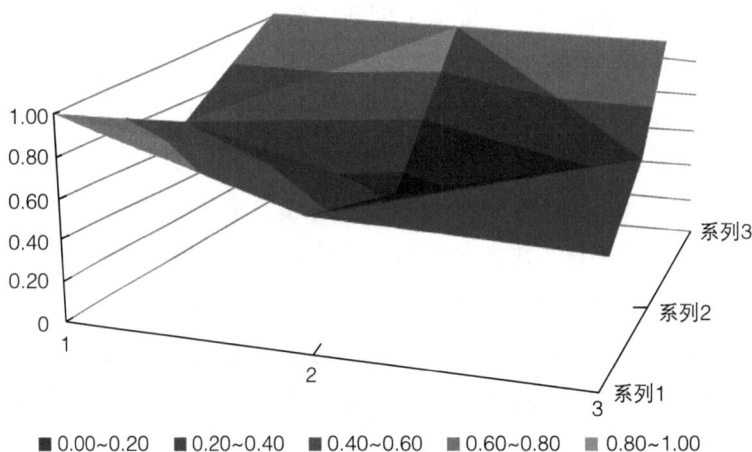

■ 0.00~0.20　■ 0.20~0.40　■ 0.40~0.60　■ 0.60~0.80　■ 0.80~1.00

图 4.31　文化和科技融合政策 P6 的 PMC 三维曲面图

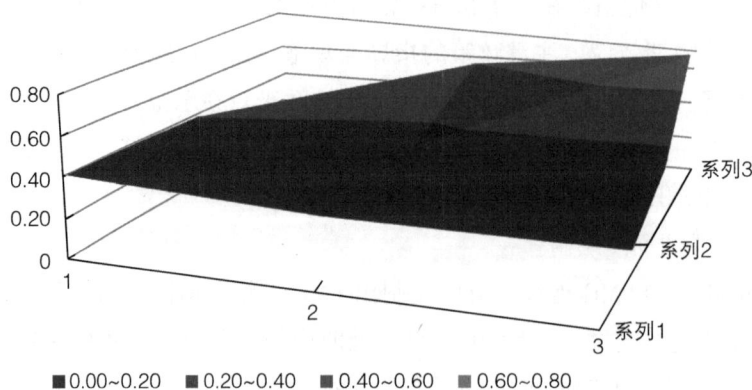

■ 0.00~0.20　■ 0.20~0.40　■ 0.40~0.60　■ 0.60~0.80

图 4.32　文化和科技融合政策 P12 的 PMC 三维曲面图

4.5 众创空间政策

4.5.1 政策外部特征

（1）政策数量统计

本节搜集到 11 项众创空间政策，如表 4.24 所示。

表 4.24 众创空间政策一览

序号	政策名称
1	重庆市众创空间认定和管理办法
2	山东省科技企业孵化器和众创空间管理办法
3	内蒙古自治区众创空间管理办法（试行）
4	安徽省科技企业孵化器认定、众创空间备案及绩效评价管理办法（试行）
5	江苏省众创空间备案办法（试行）
6	关于推动众创空间市场化的若干措施
7	吉林省科技企业孵化器和众创空间认定管理办法
8	河南省众创空间管理办法
9	湖北省众创空间管理办法（试行）
10	青海省科技企业孵化器和众创空间绩效评价细则（试行）
11	青海省众创空间认定管理办法

众创空间作为创新创业重要载体之一，是高新技术产业的发展源头和创新创业人才的集聚地，在科技发展中起着至关重要的作用。2015 年 3 月，国务院办公厅颁布了《国务院办公厅关于发展众创空间推进大众创新创业的指导意见》，提出发展众创空间的主要措施，从而拉开了众创空间全面建设与发展的序幕。此后，各中央政府部门、地区纷纷出台相应的政策文件鼓励众创空间发展。2015 年 9 月，科技部出台了《发展众创空间工作指引》；2016 年 2 月，国务院办公厅印发了《国务院办公厅关于加快众创空间发展服务实体经济转型升级的指导意见》。省级政府也积极响应党和国家号召，依据本地区的实际情况出台有关众创空间的配套政策。2019 年 7 月至 2020 年 12 月，中央层面未出台新的政策；在地方层面，山东、重庆、吉林等 10 个省（区、市）都出台了有关众创空间的政策，其中青海出台了 2 项。相关政策的高效力、高密度出台，

也表明众创空间受到各级政府的高度重视。地方政府也认识到众创空间在提供开放式的创新创业平台、激发大众人民创新创业活力、营造浓厚创新创业氛围方面发挥的重要作用。

（2）政策类别统计

通过对政策类别的统计分析，可以发现我国出台的众创空间政策存在的相同点及侧重点。本节将搜集到的 11 项众创空间政策进行整理，其类别统计如图 4.33 所示。

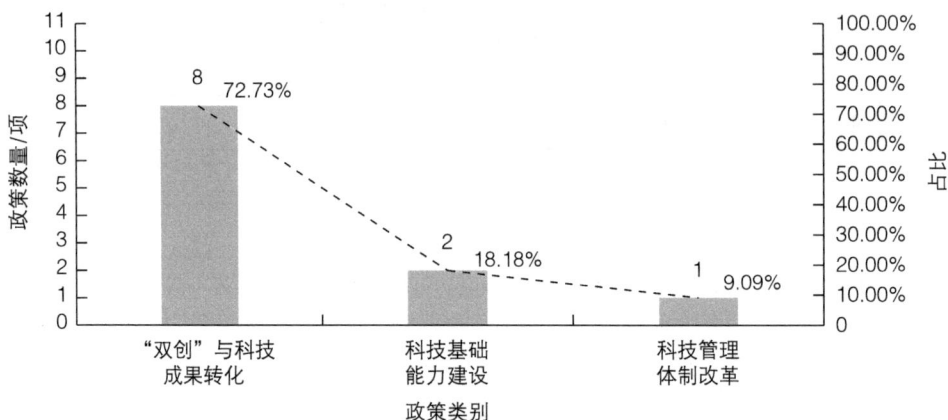

图 4.33　众创空间政策类别统计

根据图 4.33，在搜集到的 11 项众创空间政策中，政策类别一共有 3 种，分别为"双创"与科技成果转化、科技基础能力建设和科技管理体制改革。其中，众创空间政策类别为"双创"与科技成果转化的有 8 项，占全部政策类别的 72.73%；政策类别为科技基础能力建设的有 2 项，占比为 18.18%；政策类别为科技管理体制改革的仅有 1 项，占比为 9.09%。不难发现，在所有众创空间政策中，数量最多的为"双创"与科技成果转化类政策，占据绝对优势地位。这表明，我国在出台相应的众创空间政策时，侧重点在"双创"与科技成果转化方面。众创空间政策是政府营造"大众创业、万众创新"氛围，推动创新驱动发展的重要手段和工具。"大众创业、万众创新"成为我国经济新常态下重要的发展动力，地方政府通过侧重"双创"与科技成果转化这一政策类别，完善众创空间这一"双创"载体建设。除此之外，我国也出台了 2 项政策类别为科技基础能力建设的众创空间政策，可以看出我国对涉及科技基础能力建设的众创空间政策较为关注，众创空间可以为小微企业和个人创业发展提供低成本、便利化、全方面服务的平台，众创空间政策通过发挥这一作用，加强创新基地建设，提升众创空间为创新创业者服务的能力与水平，推动众创空间的发展。相比之下，类别为科技管理体制改革的政策数量最少，仅 1 项，表明我国众创空间政策对科技管理体制改革方面的关注较少，在这方面我国应当增加有关推进众创空间政策完善与创新的政策数量。

（3）政策时间分布

2019 年 7 月至 2020 年 12 月，我国众创空间政策颁布时间分布在 2019 年的 7 月、8 月和 9 月，以及 2020 年 6 月、7 月、8 月、10 月和 12 月，其余月份没有颁布政策（图 4.34）。总体来看，颁布政策的时间在第三季度和第四季度较为集中，其中颁布最多的月份为 2019 年 8 月，以及 2020 年的 8 月和 10 月，均颁布 2 项。由于 2020 年上半年受新冠肺炎疫情的影响，小微企业和创客普遍面临较大压力，因此，各省（区、市）政府结合新形势和新举措，集中于下半年推进一批政策，加大对众创空间建设的政策支持力度；有 5 个月均颁布 1 项政策，整体上出台的共创空间政策数量呈增长趋势。

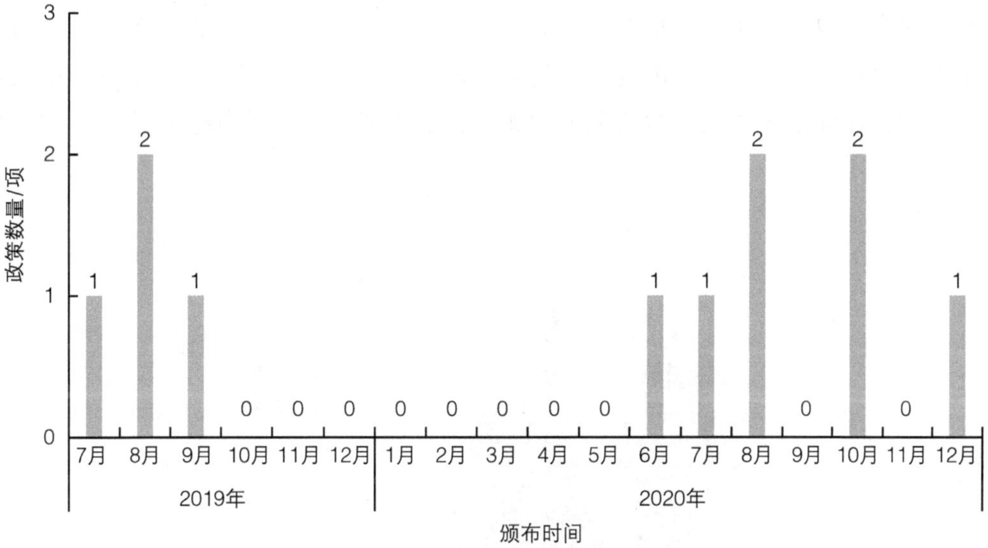

图 4.34　我国众创空间政策时间分布

（4）政策属性

本节通过对 11 项众创空间政策的政策属性进行分析，发现我国在 2019 年 7 月至 2020 年 12 月出台的众创空间政策全部属于地方规范性文件，主要是关于众创空间认定和绩效评价的管理办法，旨在加强众创空间的建设与发展。由此可以看出，我国此时段出台众创空间政策的主体以地方政府的职能部门为主，对照上级元政策精神进行本地区的政策制定工作，各级政府在众创空间政策的制定中所涉及的政策属性较为单一，多样性不足。

（5）政策协同性

本节以收集到的众创空间政策的数据为基础，对政策发文主体进行统计分析，在 11 项政策文件中，由单一部门发文的有 10 项，占总量的 91%；由两个部门发文的有 1 项，占总量的 9%（图 4.35）。可以看出我国大多数众创空间政策由单一部门出台，并且都是由各省（区、市）的科技厅出台，说明我国的部门在众创空间政策的制定上缺乏横向交流和联系，体现出众创空间政策的政策协同性较差。这与众创空间政策的内容有关，我国的众创空间政策大多涉及创新创业活动、创新平台建设和科技服务支持，这与科技部门密不可分，因此大部分情况下，都是由该部门来完成相关的政策指定工作，缺少与其他部门的相互合作。除此之外，只有河北省《关于推动众创空间市场化的若干措施》是由河北省科学技术厅和河北省教育厅两个部门联合发文，由于其中涉及支持大学生创新创业及释放高校创新创业活力等政策内容，所以河北省教育厅也参与了政策的制定。联合发文可以增强政策一致性，多部门之间相互配合可以提升政策效果，因此我国地方政府在出台众创空间政策时也应平衡两种发文方式，加强不同机关和机构间的政策协同，更好地促进共创空间政策的实施与运行。

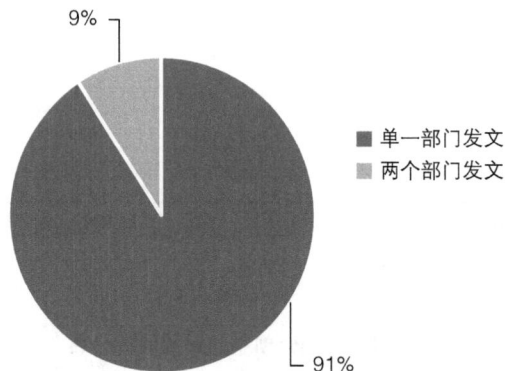

图 4.35　众创空间政策协同性

4.5.2　政策内部特征

（1）政策目标

本节通过 ROST CM 软件对搜集到的 11 项众创空间政策进行统计分析，得到高频词并对其进行词频分析（表 4.25）。

表 4.25　众创空间政策高频词及词频

主题词	词频/次	主题词	词频/次
企业	305	孵化	116
创业	290	团队	96
服务	278	认定	88
科技	201	备案	88
孵化器	174	发展	77
创新	154	办法	75
管理	146		

对上述高频词构建共词网络，如图 4.36 所示。

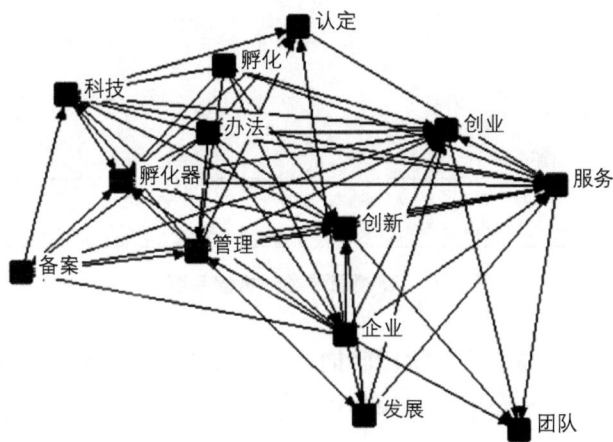

图 4.36　高频词共词网络

构建 13 个有效高频词的共词矩阵，进而构建它们的相异系数矩阵并运用 SPSS 软件进行系统聚类分析，得到高频词聚类分析谱系图（图 4.37）。

使用平均连接（组间）的谱系图
重新标度的距离聚类组合

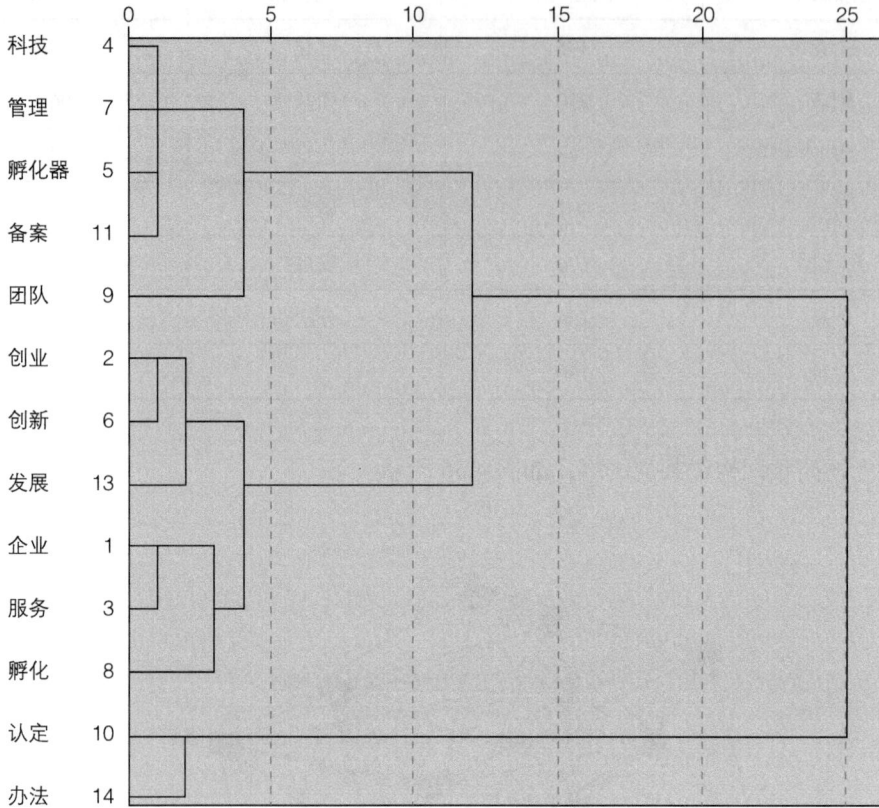

图 4.37　高频词聚类分析谱系图

当前，我国经济已由高速增长阶段转向高质量发展阶段，对推动大众创业、万众创新提出了新的更高要求。众创空间作为创新创业的重要阵地，专业化变革是顺应时代的新发展方向。截至 2020 年底，全国已有 3 批共 73 家众创空间获批国家专业化众创空间。在所选取的政策文本中发现，中国众创空间政策还是有着较多问题。

1）区域发展不平衡

中国的专业化众创空间在区域发展上呈现不平衡态势。北京、天津、上海、深圳等城市的众创空间建设较为完善，但是在本年度里没有直接的政策出台。经济较为发达的江苏、浙江、上海中仅江苏有明确政策，而北方经济较为不发达的西北地区和东北区域出台的政策较多。由于经济不够发达，这些地区众创空间的建设较为缓慢，但是半年度出台的较多政策证明政府已经提起重视，这将有利于区域之间的平衡发展。

2）专业化服务水平有待提升

我国综合性创新创业服务体系建设已有成效，而专业化服务的广度和深度仍需提升。相较广泛的创新创业服务，专业化服务要求众创空间对入驻的企业（团队）提供个性化、精准化、定制化的服务，这对众创空间在领域资源、导师专业、平台建设等方面提出了更高的要求。河北省《关于推进众创空间市场化的若干措施》规定，推动众创空间专业化发展，需要建设大企业平台型众创空间。实施科技领军企业平台化转型工程，支持科技领军企业参照"海尔创新生态圈""小米生态链"等模式，依托产业链资源优势，围绕垂直细分领域建设专业化众创空间，构建开放式、协同式创新创业平台，为内部员工和外部大学生创新创业提供支撑，实现大中小企业融通发展；需要实施众创空间专业化升级行动，支持众创空间结合自身发展基础和服务优势，重点选择某一产业细分领域作为主要方向，建设专业化的研发设计、模型加工、中试生产等服务设施，为创客和小微企业提供技术、信息、资本、供应链、市场对接等个性化、定制化服务。这充分证明我国众创空间政策有着较快较好的发展。

3）加强孵化管理和绩效考核

11 项政策中有 7 项为管理办法，涉及多省市地区，可见 2019 年 7 月至 2020 年 12 月政府更加注重对众创空间的有效管理，加强绩效考核，鼓励优质空间建设，避免资金浪费。例如，《湖北省众创空间管理办法（试行）》规定，众创空间需要具备以下服务能力方可申请：创业企业集聚能力、创业孵化服务能力、创业融资服务能力、资源汇聚对接能力、创业活动组织能力、创业导师建设能力、创业政策落实能力。其程序较为严格，真正严格推进政策进步。

（2）PMC 指数分析

借鉴 Estrada[8]、张永安等[9]、胡峰等[10]、丁潇君等[11]、臧维等[12] 构建的 PMC 指数模型，对搜集到的众创空间政策进行 PMC 指数分析，可以发现每项政策的优势和劣势，探究该政策的一致性程度。用 P 表示搜集到的政策，首先按照 PMC 指数分析的步骤，针对政策内容，划分 10 个一级变量，用 $X1 \sim X10$ 表示；其次在每个一级变量下划分若干个二级变量，用 $X1-n \sim X10-n$ 表示，具体变量如下。

$X1$ 政策性质；$X2$ 政策评价；$X3$ 发布机构；$X4$ 政策领域；$X5$ 政策目的；$X6$ 涉及客体；$X7$ 针对措施；$X8$ 政策效力；$X9$ 政策指向；$X10$ 政策依据。$X1$ 变量由 6 个二级变量组成，这些二级变量包括：$X1-1$ 预测；$X1-2$ 监管；$X1-3$ 建议；$X1-4$ 描述；$X1-5$ 引导；$X1-6$ 其他。$X2$ 变量由 4 个二级变量组成，这些二级变量包括：$X2-1$ 依据充分；$X2-2$ 目标明确；$X2-3$ 方案科学；$X2-4$ 保障有力。$X3$ 变量由 6 个二级变量组成，这些二级变量包括：$X3-1$ 中共中央；$X3-2$ 国务院；$X3-3$ 国家部委；$X3-4$ 省市政府；$X3-5$ 省市厅局；$X3-6$ 其他部门。$X4$ 变量由 6 个二级变量组成，这些二级变量包括：$X4-1$ 经济；$X4-2$ 社会；$X4-3$ 技术；$X4-4$ 政治；$X4-5$ 制度；$X4-6$ 环境。$X5$ 变量由 4 个二级变量组成，这些二级变量包括：$X5-1$ 规范引导；$X5-2$ 体系构建；$X5-3$ 科技创新；$X5-4$ 推动创业。$X6$ 变量由 3 个二级变量组成，这些二级变量包括：$X6-1$ 政府；$X6-2$ 企业；$X6-3$ 高校。$X7$ 变量由 3 个二级变量组成，这些二级变量包括：$X7-1$ 正激励措施；$X7-2$ 负激励措施；$X7-3$ 监管。$X8$ 变量由 3 个二级变量组成，这些二级变量包括：$X8-1$ 短期（1～3 年）；$X8-2$ 中期（4～7 年）；$X8-3$ 长期（8 年以上）。$X9$ 变量由 4 个二级变量组成，这些二级变量包括：$X9-1$ 创新创业；$X9-2$ 配套服务；$X9-3$ 项目孵化；$X9-4$ 科技成果转化；$X10$ 变量由 1 个二级变量组成，这个二级变量为 $X10-1$ 上级政策。为了更直观地观察一级变量与二级变量之间的关系，绘制表 4.26。

表 4.26　众创空间政策变量体系

政策	一级变量	二级变量
	$X1$ 政策性质	$X1-1$ 预测 $X1-2$ 监管 $X1-3$ 建议 $X1-4$ 描述 $X1-5$ 引导 $X1-6$ 其他
P	$X2$ 政策评价	$X2-1$ 依据充分 $X2-2$ 目标明确 $X2-3$ 方案科学 $X2-4$ 保障有力
	$X3$ 发布机构	$X3-1$ 中共中央 $X3-2$ 国务院 $X3-3$ 国家部委 $X3-4$ 省市政府 $X3-5$ 省市厅局 $X3-6$ 其他部门

政策	一级变量	二级变量
P	X4 政策领域	X4-1 经济 X4-2 社会 X4-3 技术 X4-4 政治 X4-5 制度 X4-6 环境
	X5 政策目的	X5-1 规范引导 X5-2 体系构建 X5-3 科技创新 X5-4 推动创业
	X6 涉及客体	X6-1 政府 X6-2 企业 X6-3 高校
	X7 针对措施	X7-1 正激励措施 X7-2 负激励措施 X7-3 监管
	X8 政策效力	X8-1 短期（1～3年） X8-2 中期（4～7年） X8-3 长期（8年以上）
	X9 政策指向	X9-1 创新创业 X9-2 配套服务 X9-3 项目孵化 X9-4 科技成果转化
	X10 政策依据	X10-1 上级政策

　　根据表 4.26 设置的变量，依据 PMC 的评分方法，对 11 项众创空间政策进行变量计算，多投入产出如表 4.27 所示。

表 4.27 多投入产出表

序号	$X1-1$	$X1-2$	$X1-3$	$X1-4$	$X1-5$	$X1-6$	$X2-1$	$X2-2$	$X2-3$	$X2-4$
$P1$	0	1	0	1	1	0	1	1	1	1
$P2$	0	1	0	1	1	0	1	1	1	1
$P3$	0	1	0	1	1	0	1	1	0	1
$P4$	0	1	0	1	1	0	1	1	1	1
$P5$	0	1	0	1	1	0	1	1	1	1
$P6$	0	0	1	1	1	0	0	1	0	0
$P7$	0	1	0	1	1	0	1	1	1	1
$P8$	0	1	0	1	1	0	1	1	1	0
$P9$	0	1	0	1	1	0	1	1	1	0
$P10$	0	1	0	0	0	0	1	1	1	0
$P11$	0	1	0	1	1	0	1	1	1	1

序号	$X3-1$	$X3-2$	$X3-3$	$X3-4$	$X3-5$	$X3-6$	$X4-1$	$X4-2$	$X4-3$	$X4-4$
$P1$	0	0	0	0	1	0	1	1	1	0
$P2$	0	0	0	0	1	0	1	1	1	0
$P3$	0	0	0	0	1	0	1	1	0	0
$P4$	0	0	0	0	1	0	1	1	1	0
$P5$	0	0	0	0	1	0	1	1	1	0
$P6$	0	0	0	0	1	0	1	1	1	0
$P7$	0	0	0	0	1	0	1	1	1	0
$P8$	0	0	0	0	1	0	1	1	1	0
$P9$	0	0	0	0	1	0	1	1	1	0
$P10$	0	0	0	0	1	0	1	1	0	0
$P11$	0	0	0	0	1	0	1	1	1	0

序号	$X4-5$	$X4-6$	$X5-1$	$X5-2$	$X5-3$	$X5-4$	$X6-1$	$X6-2$	$X6-3$	$X7-1$
$P1$	0	0	1	0	1	1	1	1	0	1
$P2$	0	0	1	0	1	1	1	1	1	0

序号	X4-5	X4-6	X5-1	X5-2	X5-3	X5-4	X6-1	X6-2	X6-3	X7-1
P3	0	0	1	0	0	1	1	1	0	1
P4	0	0	1	1	1	1	1	1	1	1
P5	0	0	1	0	1	1	1	1	1	0
P6	0	0	0	0	1	1	1	1	1	1
P7	0	0	1	1	1	1	1	1	0	1
P8	0	0	1	0	0	1	1	1	0	0
P9	0	0	1	1	0	1	1	1	1	0
P10	0	0	1	0	0	0	1	1	0	0
P11	0	0	1	0	1	0	1	1	0	1

序号	X7-2	X7-3	X8-1	X8-2	X8-3	X9-1	X9-2	X9-3	X9-4	X10-1
P1	1	1	0	1	0	0	1	1	0	1
P2	1	1	1	0	0	1	1	1	0	1
P3	1	1	0	1	0	1	1	1	0	1
P4	1	1	0	1	0	1	1	1	1	1
P5	1	1	0	1	0	1	1	1	1	1
P6	0	0	0	1	0	1	1	0	0	1
P7	1	1	0	1	0	1	1	1	0	1
P8	1	1	0	1	0	1	1	1	0	1
P9	0	1	0	1	0	1	1	1	0	1
P10	0	1	1	0	0	1	1	1	0	1
P11	1	1	0	1	0	1	1	1	0	1

通过对各政策的二级变量进行评分后，根据表 4.27，结合 PMC 指数分析的计算方法，可以计算出每项政策的一级变量值和 PMC 值（表 4.28）。

表 4.28 众创空间政策 PMC 指数

序号	X1	X2	X3	X4	X5	X6	X7	X8	X9	X10	PMC 值（取整数）
P1	0.50	1.00	0.17	0.50	0.75	0.67	1.00	0.33	0.50	1.00	6
P2	0.50	1.00	0.17	0.50	0.75	1.00	0.67	0.33	0.75	1.00	7
P3	0.50	0.75	0.17	0.33	0.50	0.67	1.00	0.33	0.75	1.00	6
P4	0.50	1.00	0.17	0.50	1.00	1.00	1.00	0.33	1.00	1.00	8
P5	0.50	1.00	0.17	0.50	0.75	1.00	0.67	0.33	1.00	1.00	7
P6	0.50	0.25	0.17	0.50	0.50	1.00	0.33	0.33	0.50	1.00	5
P7	0.50	1.00	0.17	0.50	1.00	0.67	1.00	0.33	0.75	1.00	7
P8	0.50	0.75	0.17	0.50	0.50	0.67	0.67	0.33	0.75	1.00	6
P9	0.50	0.75	0.17	0.50	0.75	1.00	0.33	0.33	0.75	1.00	6
P10	0.17	0.75	0.17	0.33	0.25	0.67	0.33	0.33	0.75	1.00	5
P11	0.50	1.00	0.17	0.50	0.50	0.67	1.00	0.33	0.75	1.00	6

根据表 4.28，可以得到每项众创空间政策一级变量下的分值。通过对 11 项众创空间政策进行横向比较，发现 $X2$、$X6$、$X9$ 和 $X10$ 变量的得分普遍较高。其中，$X2$ 变量分值为满分的有 6 项政策，这表明在出台的众创空间政策中，有着明确的目标和科学的实施方案；$X6$ 变量分值为满分的有 5 项政策，说明众创空间政策涉及客体较为全面；$X10$ 变量分值为满分的有 11 项政策，这表明众创空间政策涉及。$X5$ 变量的高分值表明，我国众创空间的政策目的是非常明确且很广泛的，包括了规范引导、体系构建等 4 个欲达成的目标。$X9$ 变量高分值表明众创空间政策的政策指向明确。$X3$ 变量分值均分最低，为 0.17 分，表明我国众创空间政策绝大部分都为单一层级的部门发文。需要注意的是 $X8$ 变量分值均为 0.33 分，且多为中期政策，表明我国众创空间政策的政策效力有一定的一致性，从侧面反映了我国政策具有一定的连续性和稳定性。

另外，通过对各个政策进行纵向比较，发现在 11 项政策中，$P4$ 的得分最高，其中 6 个变量达到满分，分别是：$X2$、$X5$、$X6$、$X7$、$X9$ 和 $X10$，说明其政策评价较高，政策目的明确，涉及客体广泛（包含政府、企业和高校），针对措施到位（正负激励和监管都有），政策指向也非常明确。$P6$ 和 $P10$ 得分最低，PMC 值只有 5 分，$P6$ 中，$X2$、$X5$ 和 $X9$ 变量分值偏低是导致整体分值较低的主要原因，$P6$ 属于针对众创空间未来发展的建议性文件，没有明确的实施方案和措施保障，同时政策目的比较模糊，政策指向也不够明确。$P10$ 得分较低的原因与 $P6$ 类似，主要是其属于众创空间绩效评价标准的政策，$X1$、$X4$、$X5$ 和 $X7$ 变量分值较低，表明其政策性质单一，政策领域有限，政策目的单一

（只是对众创空间的评分细则），针对措施也比较单一（主要是监管）。其余还有 3 项政策表现较好，分别是 $P2$、$P5$ 和 $P7$，其中 $P2$ 有 3 项满分，$P5$ 和 $P7$ 有 4 项满分，政策表现整体较好。

得到了 11 项众创空间政策的 PMC 值，接下来对政策进行总体评估。依据研究一致性等级对 PMC 值进行归类。分别为完美一致性、很好的一致性、可接受的一致性、低一致性。如果 PMC 值为 9 ~ 10 分，则研究具有完美一致性；如果 PMC 值为 7 ~ 8.99 分，则研究具有很好的一致性；如果 PMC 值为 5 ~ 6.99 分，则研究具有可接受的一致性；如果 PMC 值为 0 ~ 4.99 分，则研究具有低一致性（表 4.29）。

表 4.29　众创空间政策 PMC 值等级

政策	PMC 值	标准
$P1$	6	可接受的一致性
$P2$	7	很好的一致性
$P3$	6	可接受的一致性
$P4$	8	很好的一致性
$P5$	7	很好的一致性
$P6$	5	可接受的一致性
$P7$	7	很好的一致性
$P8$	6	可接受的一致性
$P9$	6	可接受的一致性
$P10$	5	可接受的一致性
$P11$	6	可接受的一致性

依据表 4.29，可以在众创空间政策中发现，$P2$、$P4$、$P5$ 和 $P7$ 质量较高，具有很好的一致性，其余 7 项政策具有可接受的一致性，表明虽然我国众创空间政策总体而言是到位的，但是在某些具体方面，还需要加强相关工作。

为了更直观地探究每项众创空间政策的优势和劣势，将每项政策的 PMC 值进行归类，由于各项政策在变量 $X10$ 上的取值均为 1.00，并且为了保证 PMC 三维曲面图的平衡性与对称性，本节在绘制 PMC 三维曲面图时将 $X10$ 剔除，公式为

$$PMC_i = \begin{bmatrix} X1 & X2 & X3 \\ X4 & X5 & X6 \\ X7 & X8 & X9 \end{bmatrix}。 \qquad\qquad (4.6)$$

选择 PMC 值得分最高的 P4 和得分最低的 P6 进行展示，形成矩阵：

$$PMC_4 = \begin{bmatrix} 0.50 & 1.00 & 0.17 \\ 0.50 & 1.00 & 1.00 \\ 1.00 & 0.33 & 1.00 \end{bmatrix}, \qquad PMC_6 = \begin{bmatrix} 0.50 & 0.25 & 0.17 \\ 0.50 & 0.50 & 1.00 \\ 0.33 & 0.33 & 0.50 \end{bmatrix}。$$

根据矩阵绘制 PMC 三维曲面图（图 4.38 和图 4.39）。

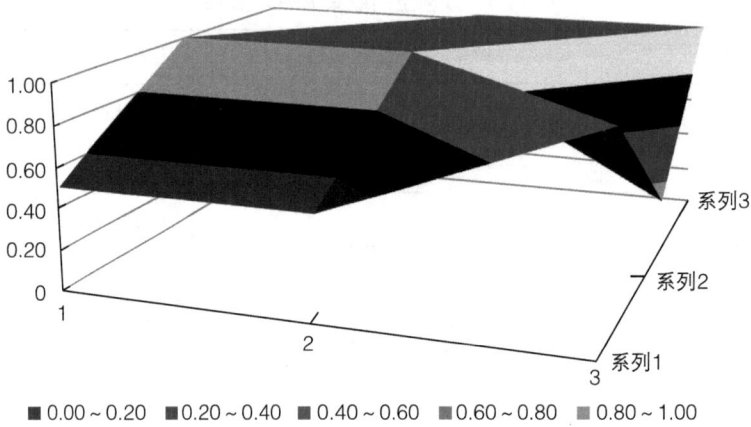

■ 0.00～0.20　■ 0.20～0.40　■ 0.40～0.60　■ 0.60～0.80　■ 0.80～1.00

图 4.38　众创空间政策 P4 的 PMC 三维曲面图

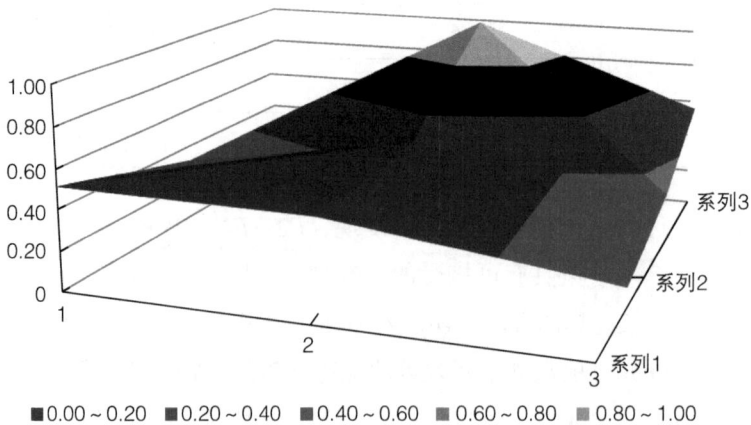

■ 0.00～0.20　■ 0.20～0.40　■ 0.40～0.60　■ 0.60～0.80　■ 0.80～1.00

图 4.39　众创空间政策 P6 的 PMC 三维曲面图

第5章

科技政策类学术研究状况分析

5.1　科技政策类学术会议状况分析

5.1.1　国内科技政策类学术会议状况分析

学术会议是科学交流与融合的重要途径。在当前信息技术不断发展的新时代，学术会议的举办更加便捷和频繁。科技政策领域历来重视学术交流和学术会议，这对展示此领域的前沿成果、揭示领域的未来发展趋势有重要作用。无论是学者、学生，还是广大从业人员，学术会议都为他们提供了一个可分享研究成果的平台，为其深入研究启发灵感和拓宽思路。本章以科学网、中国学术会议网、艾会网、会道网、科技政策研究微信公众号作为学术会议信息检索平台，以"科学""科技""技术""科学技术""创新"作为检索词语，将 2019 年 7 月至 2020 年 12 月作为检索时间跨度，共搜集并筛选出与科技政策密切相关的国内学术会议 26 场。

（1）国内科技政策类学术会议合作机构分析

学术会议具有促进技术进步和产业发展、人才成长和交流合作等多方面的作用。学术会议的顺利召开需要主办单位、承办单位、协办单位、赞助商等各方通力协作，本章将它们统称为合作机构。国内科技政策类学术会议中合作机构出现频次，如表 5.1 所示。由该表可知，科技政策类学术会议举办主体类型多样，涉及的主体有科研院所、高等院校、政府部门，还包括科技类期刊、行业协会等。会议举办主体多样化可以为会议的召开提供各类资源，有利于会议的顺利召开。进一步分析可知，科研院所、高等院校，以及科技类期刊出现频率较高，是学术会议的主要参与者。其中，中国科学学与科技政策研究会（学术性群众团队）出现频率最高，在 26 场会议中，出现 16 次，参与度极高，显示出了其和学术会议的紧密联系，也从侧面反映出学术会议的举办可以揭示此领域最前沿的科研进展。其在开展学术交流、活跃学术思想、提高学科水平方面发挥了巨大的作用。反观政府部门、行业协会出现频率较低，参与度不高。学术会议的召开能够促进学术交流、推动科技成果的应用，继而提升该地区或该行业科技水平，因此政府部门和行业协会需提高参与度。综上，我国学术会议主体虽呈现出多样化的特征，但每一类主体的参与程度不同，且差异化较大。

表 5.1　国内科技政策类学术会议中合作机构出现频次

机构名称	频次/次	机构名称	频次/次
中国科学学与科技政策研究会	16	青海省科学技术信息研究所有限公司	1
中国科学技术发展战略研究院	5	上海科学技术政策研究所	1
中国科学院科技战略咨询研究院	5	科技中国杂志社	1
中国科学学与科技政策研究会技术预见专业委员会	5	东吴大学	1
中国科学技术协会创新战略研究院	4	中华企业评价学会	1
上海市科学学研究所	3	福州大学	1
中国科学院大学公共政策与管理学院	2	中国科学学与科技政策研究会区域创新专业委员会	1
中国科学学与科技政策研究会科技管理与评价专业委员会	2	东吴大学商学院	1
中国科学技术协会常务委员会决策咨询专门委员会	2	中华企业评价学会学术交流委员会	1
中国科学技术协会调研宣传部	2	海峡两岸学术交流专业委员会	1
复旦大学	2	东吴大学国际经营与贸易学系	1
《科研管理》	2	东吴大学商学院进修学士班	1
中国科学院管理创新与评估研究中心	2	交通大学科技管理研究所	1
中国科学院大学	2	台北大学企业管理学系	1
中国科学技术大学	2	武汉大学发展研究院	1
《科技进步与对策》	1	华侨大学哲学与社会发展学院	1
青岛大学商学院	1	中国科学技术协会	1
武汉大学中国产学研合作问题研究中心	1	山东省人民政府	1
安徽财经大学工商管理学院	1	国防科技大学国防科技战略研究智库	1
青海省科学技术厅	1	青岛市科学技术协会	1
东北大学	1	科技日报社	1

机构名称	频次/次	机构名称	频次/次
湖南省科学技术厅	1	AEIC 学术交流中心	1
中共湖南省委党校·湖南省科技战略研究中心	1	内蒙古工业大学	1
湖南省科学技术信息研究所	1	重庆工商大学	1
长沙理工大学马克思主义学院	1	浙江工业大学	1
山东省创新战略研究院	1	中国科学院科技促进发展局	1
《中国科技论坛》	1	中国科学院大学知识产权学院	1
中山大学	1	中国汽车产业知识产权投资运营中心	1
华南理工大学	1	南京信息工程大学	1
同济大学	1	上海市互联网金融行业协会	1
北京工业大学	1	科技成果产业化专业委员会	1
河海大学	1	浙江工业大学	1
广东外语外贸大学	1	浙江工业大学管理学院	1
广州大学	1	浙江工业大学中国中小企业研究院	1
广东博士创新发展促进会	1	中国科学技术期刊编辑学会	1
广东省生物技术产业促进会	1		

（2）国内科技政策类学术会议主题分析

会议主题是对领域发展的宏观把握，主要体现领域的发展趋势。2019 年 7 月至 2020 年 12 月国内科技政策类学术会议主题如表 5.2 所示。在此阶段召开的学术会议主题呈现多样化趋势，涉及领域较为广泛，显示了我国目前在科技层面上重点关注的问题。由该表可知，此阶段会议既有对新中国成立 70 周年科技创新的回顾，也有对未来科技创新引领的展望；既有全国性科技创新探讨，也有区域创新战略规划；既有对科学技术发展史的讨论，也有对具体实操的研究，如科技评价方法、技术预见工具等。

表 5.2　国内科技政策类学术会议主题

会议名称	会议主题
中国科学学与科技政策研究会政策模拟专业委员会 2019 年学术年会	政策模拟理论学习与实践
第 14 届中国科技论坛	回顾与展望：新中国科技创新 70 年与面向 2035 年
第十四届全国技术预见学术研讨会	技术预见：引领新一轮科技规划研究
2019 全国区域创新学术研讨会	区域创新战略规划与东西部科技合作
2019 年科技进步论坛暨第八届中国产学研合作创新论坛	使命与愿景：新时代创新引领与科技强国建设
第十一届（2019）中国青年创新论坛	数字经济背景下的创新管理研究
中国科学技术期刊编辑学会 2019 年学术年会	建设中英文兼顾的世界一流科技期刊体系
第十九届全国科技评价学术研讨会	科技评价与区域协调发展战略
第十五届中国科技政策与管理学术年会暨中国科学学与科技政策研究会理事会	科技革命与数字转型：机遇与挑战
第一届全国技术预见方法与实践研讨会	新理念、新方法、新应用：技术预见与科技发展规划
中国科学技术史学会 2019 年度学术年会	科学技术史
第八届中国科技政策论坛	新兴科技发展与法治社会建设
复旦大学创新与创业企业家高峰论坛（2019）	"一带一路背景下的数字化转型与商业模式创新"及"面向下一代的全球分布式存储技术及应用场景"
2019 复旦科技创新论坛	科技创新
第二届全国技术预见方法与实践研讨会	技术预见的工具方法与实践经验
2020 第十届海峡两岸区域发展论坛	海峡两岸区域创业、创新与产业发展
2020 中国科技智库论坛	构建具有全球竞争力的创新人才治理体系
第二十届全国科技评价学术研讨会	负责任的科技评价
第十五届全国技术预见学术研讨会	技术评价、技术预见与区域绿色崛起
中国数字创新管理与科技成果转化论坛（2020）	数字创新管理与科技成果转化
中国科学技术史学会 2020 年学术年会	科学技术史
第十六届中国科技政策与管理学术年会	全球公共危机与科学技术发展：机遇与挑战
第四届中国科学院大学创新与知识产权论坛	知识产权与科技创新强国：新形势、新机遇、新挑战
第十二届（2020）中国青年创新论坛会议	科技创新治理现代化与科技强国
第二届国际科技创新学术交流大会	汇聚国际科研创新智慧、共谋高质量发展新动能
第九届中国科技政策论坛	新格局下的数字化转型

（3）国内科技政策类学术会议议题分析

会议议题是具体学科研究前沿的微观体现，即将某些科技热点问题聚焦化，这样做不仅可促使与会学者展开深入交流与探讨，而且可以使其加强研究，并将研究成果更好地应用到科技领域。2019 年 7 月至 2020 年 12 月国内科技政策类学术会议议题如表 5.3 所示。

表 5.3　国内科技政策类学术会议议题

会议名称	会议议题
中国科学学与科技政策研究会政策模拟专业委员会 2019 年学术年会	创新经济学及研发产业发展的政策模拟； 区域创新发展政策模拟； 经济发展政策和金融政策模拟； 国际经济和地缘政治政策模拟； 人口、资源、环境和气候变化政策模拟； 计算经济学、计算地理学、计算管理科学相关问题； 行为经济学与经济微观行为模拟； 区域与城市发展政策问题； 乡村振兴政策与治理； DCGE 和 DSGE 专门问题； ABS，ABM 专题
第 14 届中国科技论坛	新中国成立 70 年中国科技体制改革发展历程； 新中国成立 70 年与国际科技合作的回顾与展望； 新中国成立 70 年中国科技政策演变； 新中国成立 70 年军民融合的中国道路； 新中国成立 70 年中国产业结构变迁； 未来中国科技创新发展的总体趋势分析； 未来若干前沿技术创新和产业（如人工智能、基因工程、新能源、新材料）发展的趋势； 未来若干国家（美日欧金砖国家）的科技创新政策走向； 影响中国科技创新发展的若干因素分析； 国家创新体系的演变模式和方向； 科技创新重点领域的瓶颈与制约； 长株潭地区科技创新与经济发展； 长江经济带高质量经济发展的路径与模式； 中国科技伦理学发展与社会治理体系的完善； 中国科技情报学发展趋势； 科技情报支撑战略与决策的理论与应用研究； 技术预见与战略情报研究

会议名称	会议议题
第十四届全国技术 预见学术研讨会	国内外技术预见理论、方法与实践； 国际视野下人工智能等重点产业变革趋势预见； 国际科技创新合作重点方向的预见； 大数据环境下的颠覆性技术创新识别； 技术预见与科技创新战略规划研究； 面向中长期经济社会发展的愿景与需求研究； 未来产业的关键共性技术预见； 产业技术路线图方法研究与实践
2019 全国区域创新 学术研讨会	"十四五"区域创新战略规划研究； 科技扶贫的理论、实践及案例研究； "一带一路"区域科技交流合作； 区域创新理论方法及地方科技智库建设发展； 青海省科技创新发展及国内科技交流合作
2019 年科技进步论坛 暨第八届中国产学研 合作创新论坛	基础科学研究能力和水平提升； 科技创新支撑现代化经济体系； 区域科技创新与高质量发展； 新动能培育与产业转型升级； "双创"生态优化升级； 科技体制深化改革与政策体系优化； 知识产权保护及高效运用； 军民融合协同创新； 产学研协同创新模式与实现机制； 科技金融发展与风险防范； 全球科技创新中心建设与发展； 新科技革命与技术创新； 全球科技创新网络与治理； "一带一路"科技创新共同体建设； 建国 70 年中国科技发展回顾及展望； 科技成果转化效率及路径； 战略科技人才引育； 创新环境与企业家精神； 科技创新智库评价与提质增效
第十一届（2019） 中国青年创新论坛	数字经济与创新发展战略； 数字创新与产业高质量发展； 数字创新与区域协调发展； 数字创新与企业数字化转型；

会议名称	会议议题
第十一届（2019）中国青年创新论坛	数字平台与中小企业成长； 数字创新与制造业服务化； 数字创新与知识产权管理； 区域知识创新平台与创新生态系统； 数字创新管理、制度和政策
中国科学技术期刊编辑学会 2019 年学术年会	世界一流期刊建设研究：世界一流科技期刊发展模式和路径； 中文科技期刊发展研究：新时代中文科技期刊定位与作用； 科技期刊出版伦理道德研究：科技期刊出版伦理现状、问题和防范策略； 出版业态研究：开放获取、媒体融合、知识服务等新型出版业态现状和发展策略； 商业模式研究：科技期刊的新媒体运营、市场化运营和内容产品化
第十九届全国科技评价学术研讨会	科技创新评价理论与方法； 科技创新驱动战略与路径； 科技政策学； 区域协调发展战略； 区域创新与区域经济社会发展评价分析； 区域经济质量发展综合评价； 创新网络评价与治理； 科技人才及科技团队评价与治理； 企业及联盟的创新能力评价与治理等方面的理论进展和实践经验
第十五届中国科技政策与管理学术年会暨中国科学学与科技政策研究会理事会	产业创新发展与数字化转型； 科技创新治理与数字化转型； 创新引领发展的体制与机制； 创新型国家和科技强国； 科技革命与科技体制改革； 科技智库理论、方法与实践； 创新（能力、效率和发展）的评估与监测； 科技创新政策体系与效用的评估； 技术预见的理论与实践； 科技创新合作网络； 科技金融理论、实践和效用； 科技社团发展与治理创新； 产学研合作理论与实践； 老龄社会和科技创新； 数据科学与科技项目管理创新； 创业与科技成果产业化；

会议名称	会议议题
第十五届中国科技政策与管理学术年会暨中国科学学与科技政策研究会理事会	面向"十四五"的科技创新与公共政策； 科技伦理与治理； 科技人力资源管理； 知识产权政策与管理； 科学文化建设； "负责任、讲信誉、记贡献"的同行评议机制与实践； 海峡两岸绿色创新与融合发展的新路径； 新时期国家创新体系建设与科技体制改革； 数字创新与经济高质量发展； 政策模拟与管理计算； 科技创新与区域经济发展； 新时期科学学理论、方法与应用
第一届全国技术预见方法与实践研讨会	技术预见的基本理论与方法，如何遴选未来技术； 技术预见的国内实践，相关部委与机构的技术预见经验； 技术预见的国外实践，国际技术预见的案例分析； 技术预见与科技规划，面向十四五和中长期的技术预见
中国科学技术史学会2019年度学术年会	不同学科科技史的发展
第八届中国科技政策论坛	科学精神； 科学文化； 科技政策； 创新生态； 科技体制改革
复旦大学创新与创业企业家高峰论坛（2019）	数字化转型技术应用及发展趋势； 企业商业模式创新与变革
2019复旦科技创新论坛	生物医学； 大数据； 人工智能和创新创业
第二届全国技术预见方法与实践研讨会	国内外技术预见实施情况； 技术预见步骤、规范及操作
2020第十届海峡两岸区域发展论坛	海峡两岸创新创业发展的趋势与策略； 海峡两岸促进绿色经济发展的产业、环境与政策制度； 创新趋势下海峡两岸的贸易与经济发展； 促进产业创新的管理思维与财务策略分析；

续表

会议名称	会议议题
2020 第十届海峡两岸区域发展论坛	海峡两岸大数据与人工智能发展的需求与前瞻； 海峡两岸推展地方特色经济与产学合作育成的案例分析； 海峡两岸大学社会责任与永续教育的考虑及实践； 区域商业发展的基础建设、会计法制与价值评估准则； 海峡两岸区域协同发展的其他相关议题
2020 中国科技智库论坛	全球科技人力资源与创新人才发展态势； 我国创新人才治理体系的现状、挑战与展望； 新时代国际引才的策略与机制； 创新人才助力科技经济融合； 创新人才与培育发展新动能； 创新人才发展生态环境建设
第二十届全国科技评价学术研讨会	负责任的科技评价理论与方法； 负责任的科技评价实践与案例； 科技评价其他相关研究，包括：科研机构评价、科研项目与计划评价、科技人才及科技团队评价、大学评价、创新能力评价、区域创新与创新网络评价、技术管理与技术评估等
第十五届全国技术预见学术研讨会	技术预见相关理论、新方法及应用； 技术预见实践与案例分析、科技重点领域路线选择； 后疫情时代产业链环重振与构建； 黄河流域生态经济发展评析及预测； 新兴产业驱动园区发展的预见与构想； "一带一路"国际科技创新合作重点方向展望
中国数字创新管理与科技成果转化论坛（2020）	数字经济与创新发展战略； 数字经济与"一带一路"倡议； 数字创新与产业高质量发展； 数字创新与科技成果转化； 异质性产业的数字化创新； 全球产业数字化进程研究； 数字创新与区域协调发展； 数字创新与企业数字化转型； 数字创新与制造业服务化； 数字创新与知识产权管理； 区域知识创新平台与创新生态系统； 数字创新管理与制度和政策环境建设
中国科学技术史学会 2020 年学术年会	中国科学技术史学会 2020 年学术年会

会议名称	会议议题
第十六届中国科技政策与管理学术年会	公共危机与科技发展； 公共卫生科技创新体系； 公共卫生的科技国际合作； 公共卫生与数字化技术； 新冠疫情的科技、产业和社会创新发展影响； 新时期国家创新体系； 科技强国和创新型国家； 科技人才发展与管理； 国际科技合作与治理； 公共危机与国家重大科技产业应急管理； 全球公共危机与公共政策：转型与发展； 知识产权政策与管理； 新冠疫情与公共伦理——新时代文明实践的视域； 全球公共危机背景下推动"双创"发展； 风险社会与海峡两岸应急管理协同创新； 新形势下的科技体制改革； 新兴/颠覆性技术识别与预测； 经济社会可持续发展与数字化转型； 重大疫情下军民联防联控联治制度机制与技术方法； 重大突发公共安全事件中的科技传播与普及； 全球公共危机与大科学设施：机遇与挑战； 新时期的科学计量与科技评价； 刘则渊科学学思想学术研讨会； 疫情后的企业创新模式与产业政策协同； 面向 2035 年区域协同创新发展研究； 数字时代的创新管理与科技成果转化； 传染病突发事件与应急管理； 数字技术与颠覆性创新； 技术预见的方法与实践
第四届中国科学院大学创新与知识产权论坛	科技创新强国与知识产权强国建设； 知识产权严格保护与知识产权文化发展； 知识产权法律修正与法制环境； 知识产权发展规划与科技发展规划； 中美博弈与知识产权竞争； 数字经济发展与知识产权； 绿色转型发展与知识产权； 知识产权与技术标准战略； 知识产权高质量发展； 知识产权智库建设与发展； 自贸区知识产权发展； 新冠抗疫中药物、疫苗研发与知识产权；

续表

会议名称	会议议题
第四届中国科学院大学创新与知识产权论坛	新兴科技与知识产权保护； 知识产权管理与运营； 知识产权与营商环境
第十二届（2020）中国青年创新论坛会议	科技创新治理现代化与科技强国
第二届国际科技创新学术交流大会	新一代信息技术； 人工智能； 生物医药； 大数据； 空港经济； 新能源； 新材料
第九届中国科技政策论坛	科技政策； 创新生态； 创新人才； 科技体制改革； 数字化转型

　　会议议题是会议主题的微观方向，此阶段 26 场会议涉及的议题多样化，应用 ROST CM 软件，构建会议议题共现网络，以便更清晰地掌握会议议题情况（图 5.1）。

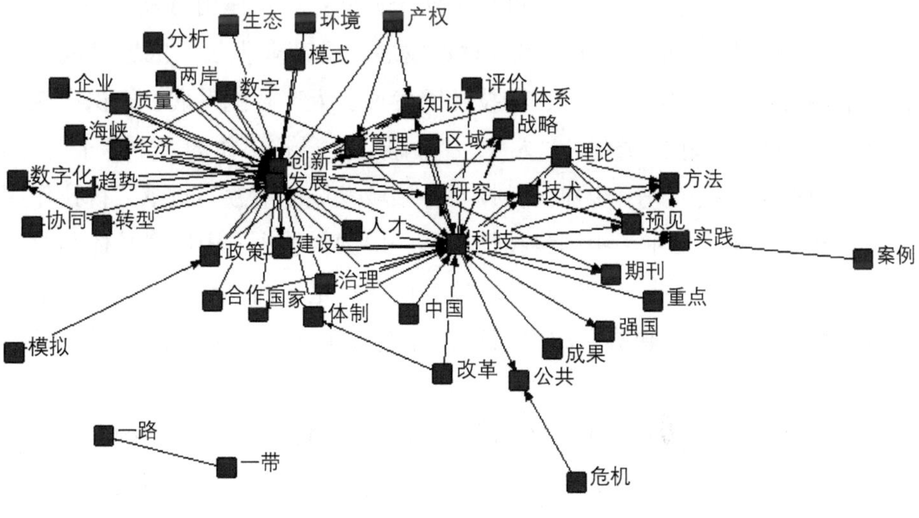

图 5.1　国内科技政策类学术会议议题共现网络

会议议题作为细分领域发展的具体呈现，创新、发展、科技、研究、技术、管理等关键词，显示出了细而全的特征。对该共现网络进行分析后，得出当前国内科技政策类学术会议主要围绕以下 4 个议题展开。

议题一：创新。创新是科研永恒的主题，在新时期新技术背景下，创新受到了更多的关注。会议作为信息交流的平台，是连接学者的媒介，是学术思想碰撞的平台，是创新成果孕育的摇篮。2019 年 7 月至 2020 年 12 月召开的有关科技政策的学术会议议题共现网络中，"创新"这一关键词的节点大于共现网络中的其他节点，说明该词出现的频率极高。会议议题中，创新涉及的领域较为广泛，按照不同的类别可将其大致分为创新目标研究、创新工具研究、创新理论研究。其中，创新目标研究是指创新所作用的具体事项，包含区域创新、企业模式创新、科技创新、技术创新、创新创业等。这类研究梳理了创新对科技创新、技术创新、产业创新等领域的作用机制，体现在创新实践层面，如海峡两岸区域创新发展。创新工具研究涉及的议题包括创新政策、创新环境、创新平台、创新管理研究等。这类研究涉及"如何做"的问题，创新作用到具体事项中需要借助中介，如可以构建创新平台和创新生态系统，出台创新政策以支持各类机构创新等。创新理论研究包含创新产学研合作理论、协同创新、创新合作网络研究等。当前我国创新领域理论发展相对滞后，理论对实践的支撑相对不足，因此探讨创新方法论、分析理论如何作用于实践、对实践加以把控和调整显得尤为重要。

议题二：发展。科技进步的目的是发展，归根结底，该类议题为科技的评价，即科技促进发展的对象是什么。大致可分为两个方面：科技作用对象发展、科技作用对象的发展历史和趋势研究。科技作用对象发展包含产业发展、区域发展、城市发展、科技金融发展、科技期刊发展、科技社团发展、人工智能发展、知识产权文化发展等。该类议题紧紧牵住"产业""人才""金融"等科技工作的"牛鼻子"，围绕争先进位、着力补齐短板，进一步加大科技对各领域发展的引领与贡献。科技作用对象的发展历史和趋势研究揭示了中国科技情报学、中国科技史、中国科技体制改革发展的历史阶段、阶段特征、未来发展趋势。这类议题立足于回顾和展望，分析了不同论域科技发展的历史、发展趋势，如中国科技体制改革发展历程、科技发展回顾及展望等。

议题三：科技。2019 年 7 月至 2020 年 12 月召开的有关科技政策的学术会议中，科技一词出现的频率极高，主要围绕科技管理体制改革、科普与创新文化、科技成果转化、科技基础能力建设、科技学术成果等内容展开。科技管理体制改革论域较广，宏观层面上，围绕科技规划和科技政策展开，强调顶层设计，统筹科技和创新事业；

微观层面上，在国家科技计划体系下，立足于科技合作、人才引进、科技评价、技术评价等展开。科技管理体制改革，既需要党和政府的顶层设计，又需要学者们对理论和实践的研究，为决策科学化和民主化提供知识支撑。科普与创新文化立足于科技普及与传播、科技伦理学的发展历程和未来趋势、科技史的发展等内容。科技成果转化围绕科技成果转化效率及路径、科技成果转化的新路径数字创新、科技金融支持、科技成果转化平台建设等展开。这类议题基于工具的视角，探讨如何促进科技成果转化。科技基础能力建设立足于科技智库建设、科技创新基地建设等。科技学术成果主要涉及科技期刊发展模式的讨论。综上，以科技为关键词的议题中，涉及的论域相对较广且全面，说明无论是从国家层面还是学术层面，我国均注重对科技的探讨，以提升我国的科技水平。

议题四：管理。由会议议题共现网络可知，管理一词与其他议题内容关联度较高。该类议题聚焦于"如何做"，探讨科技项目管理、科技人力资源管理、知识产权管理、科技应急管理等内容。

5.1.2 国际科技政策类学术会议状况分析

本部分以国际学术会议网、Calender of Upcoming Technical Conferences、Meeting/Conference Announcement Lists、科学网、学术会议云网站作为国际学术会议信息检索平台，以"science"（科学）、"science and technology"（科技）、"technology"（技术）、"innovate"（创新）作为检索词语，将 2019 年 7 月至 2020 年 12 月作为检索时间跨度，共搜集并筛选出与科技政策密切相关的国际学术会议 12 场。

（1）国际科技政策类学术会议合作机构分析

学术会议合作机构对会议的主旨、流程、效果、影响力等负责，与会议能否顺利召开密切相关，涵盖了政府部门、高等院校、学术交流中心、科研院所、企事业单位等。国际科技政策类学术会议中合作机构出现频次，如表 5.4 所示。其中，高等院校、学术交流中心、科研院所的出现频次较多，是学术会议的主要合作机构；相比之下，政府部门、企事业单位较少以合作机构的身份出现在国际学术会议中。值得一提的是，由于会议对象范围、召开地点、设置规模等现实条件制约，一场国际学术会议中一般同时有多个主办单位；AEIC 学术交流中心、中国科学学与科技政策研究会、亚洲研究者协会等学术性群众团体为学术思想交流和学术观点创新提供了平台。

表 5.4　国际科技政策类学术会议中合作机构出现频次

机构名称	频次/次	机构名称	频次/次
AEIC 学术交流中心	2	广东国际人才交流协会	1
中国科学学与科技政策研究会	2	广东省留学人员服务中心	1
广东外语外贸大学	2	广州市科技创新委员会	1
西南交通大学	2	广州市科学技术局	1
英国威斯敏斯特大学	2	广州市人力资源和社会保障局	1
亚洲研究者协会	2	广州市科学技术协会	1
中山大学	2	粤港澳大湾区金属新材料产业联盟	1
2020 年第九届国际创新、知识和管理会议（ICIKM 2020）	1	广东省科学技术协会	1
太平洋科学协会	1	伦敦大学玛丽皇后商学院	1
日本科研管理协会（Research Manager and Administrator Network Japan）	1	KDM 女子学院（Adarsh Vidya Mandir's KDM Girls College，Nagpur）	1
广东省科学技术厅	1	芬兰坦佩雷大学	1
广东省人力资源和社会保障厅	1	中国科协创新战略研究院	1
同济大学	1	中国国际科技交流中心	1
华南理工大学（食品科学与工程学院）	1	中国科学院科技战略咨询研究院	1
河海大学	1	中国科学院大学公共政策与管理学院	1
南京理工大学	1	中国科学技术发展战略研究院	1
广州大学	1	全球经贸与创新研究中心（筹）	1
亚太经济创新研究院	1	南京工程学院	1
广东材料研究学会	1	华南农业大学	1
广东金属学会	1	南方科技大学	1
广州计算机学会	1	澳大利亚科廷大学	1
广州互联网协会	1	香港理工大学	1
广东省人才服务局	1	联合国大学	1
广东省人力资源研究会	1		

（2）国际科技政策类学术会议主题分析

2019 年 7 月至 2020 年 12 月国际科技政策类学术会议主题如表 5.5 所示，会议主题覆盖面比较广泛。其中，既有针对历史发展经验和实践的梳理总结，又有面向未来发展道路和趋势的预测展望；既有从国际合作视野探究科学技术创新与科研管理合作的可能性，又有从具体国情出发，研究创新驱动转型与经济发展新动能的必要条件；既有侧重于科技评价与治理深度研究的理论革新，又有侧重于利用现代科技创新政策驱动经济社会发展的实践探索。

表 5.5　国际科技政策类学术会议主题

会议名称	会议主题
2020 年 INORMS 国际大会	科研和科研管理合作的多样性
2020 年第九届国际创新、知识和管理会议（ICIKM 2020）	创新、知识、管理
第 24 届太平洋科学大会	迈向可持续发展未来
2019 国际科技创新学术交流大会（IAECST 2019）	汇聚国际科研创新智慧 共谋高质发展新动能
第二届国际科技政策与创新创业论坛	中英科学、技术与创新合作：下一个四十年
第三届国际科技政策与创新创业研讨会	中国与北欧国家科技和创新合作的机遇与挑战
国际管理和技术创新研究会议（International Conference on Research in Management and Technovation）	管理与技术创新研究
2020 年科技创新与产业经济国际学术会议（STIIE 2020）	产业经济发展
2019 年管理科学与工程亚洲会议（ACMSE 2019）	关于管理科学与工程发展
2020 年第二届亚洲管理科学与工程会议（ACMSE 2020）	创新与科技管理
管理科学信息化与经济创新发展学术会议（MSIEID 2020）	数字化转型与数字经济
RSTCONF 2020 第十届国际科学技术研究会议（The 10th International Conference on Research in Science and Technology）	国际科学技术研究

（3）国际科技政策类学术会议议题分析

在不同的会议主题下，国际科技政策类学术会议进一步设置了若干会议议题，以促使与会学者展开深入交流与探讨，强化会议的学理性与应用性。2019 年 7 月至 2020 年 12 月国际科技政策类学术会议议题如表 5.6 所示。

表 5.6　国际科技政策类学术会议议题

会议名称	会议议题
2020 年 INORMS 国际大会	国际合作； 超越学术界的伙伴关系和创新； 科研评估和科研影响力； 研究人员和研究管理专家的职业发展； 科研诚信与负责任的研究行为
2020 年第九届国际创新、知识和管理会议（ICIKM 2020）	创新、评估和服务； 创新和知识； 反思知识管理； 服务创新的实例； 移动数据； 知识管理实施的挑战与机遇； 面向知识管理的大数据计算； 移动数据通信； 大数据应用的商业模式； Web 2.0 和数据挖掘； 云上的大型增量数据集； 物联网应用的形式验证和模型检查； 物联网中的知识表示模型； 物联网中的业务信息处理和业务模式； 物联网管理信息系统； 社会网络分析； 开发用户配置文件的算法； 知识管理和供应链； 在公营机构采用知识管理的好处和挑战
第 24 届太平洋 科学大会	气候与地球系统； 生物多样性和生态系统； 食物； 水； 能量； 人类身心健康； 未来科学技术； 科学社会； 海洋健康等

续表

会议名称	会议议题
2019 国际科技创新学术交流大会（IAECST 2019）	对粤港澳大湾区发展注入新动能，引领、推进粤港澳大湾区的建设与发展； 扩大国际科研学术合作交流渠道； 搭建科研学术资源共享平台； 推动重点产业 new-iab 产业发展，针对新一代信息技术、人工智能、生物医药、大数据、新能源、新材料等前沿领域
第二届国际科技政策与创新创业论坛	中英科学、技术、创新合作机遇和挑战； 跨国技术与创新政策合作，以及英中联合创新的融资机制； 跨国创新平台，如联合实验室、研究中心、国际产业园、虚拟平台和加速器； 中英两国政府优先发展的行业，包括生命科学、食品安全、可再生能源，以及环境和农业技术； 两国科研基础设施的相互访问和数据开放议题； 促进医学、物理、数学等领域基础研究的国际学术和产业合作； 知识产权保护和应用方面的国际合作； 外商直接投资，跨国企业和技术溢出； 对外直接投资和创新战略的国际化； 国家和区域创新体系，产业政策及其对企业创新战略和绩效的影响； 产业集群和科技园区，以及促进企业创新的选址战略； 促进创新的经济条件和商业环境，以及它们与企业层面创新实践的关系； 中国大学、公共机构的创新活动和衍生企业； 国有和私有的产权结构及其治理结构对创新的影响； 大企业集团、国内商业环境与创新战略的关系； 中英企业的商业模式创新； 创业、商业流程和孵化器的创新； 开放式创新和技术网络； 创业、社会创新和初创企业； 知识管理、人才管理与人力资源相关议题
第三届国际科技政策与创新创业研讨会	中国与北欧国家/欧盟科技创新合作的挑战与机遇； 中国、北欧国家的科技创新政策和实践； 涉及中国与北欧国家间各种科技创新合作平台和机制的案例； 理解中国与北欧科技创新合作的理论和方法论途径； 中国与北欧科技创新合作背景下的大学与产业互动； 支持中国与北欧创新合作的政策框架； 比较中国与北欧创新合作与其他类型的跨国创新合作
国际管理和技术创新研究会议（International Conference on Research in Management and Technovation）	管理与技术创新

会议名称	会议议题
2020 年科技创新与产业经济国际学术会议（STIIE 2020）	产业经济研究，包括产业组织、产业结构、产业战略、理论与实证分析、产业发展、农业经济、工业经济、物流发展、服务行业； 区块链与产业经济相关研究，包括区块链的库存管理、银行和金融区块链、物联网的区块链、区块链和比特币安全、大数据和区块链技术、供应链的区块链、农业区块链、区块链技术的应用； 数字经济与产业升级相关研究，包括云计算、人工智能、机器学习、智能产业、互联网经济、数字营销、电子商务工程、信息系统与技术
2019 年管理科学与工程亚洲会议（ACMSE 2019）	创新与科技管理； 知识产权和专利； 工艺创新； 技术发展的社会影响； 技术战略； 海水淡化技术
2020 年第二届亚洲管理科学与工程会议（ACMSE 2020）	创新与科技管理； 创业绿色技术； 知识管理； 工艺创新； 研发管理； 六西格玛与质量管理
2019 年管理科学信息化与经济创新发展学术会议（MSIEID 2020）	信息管理与系统； 信息化经济与企业管理； 混合智能系统； 人口老龄化与信息技术管理； 互联网技术、人工智能、大数据的数智化； 人力资源管理与数字招聘； 管理与组织行为； 会计和财务信息系统； 服务设计与数字化转型； 众筹与数字化转型； 区块链应用与发展； 粤港澳大湾区知识产权联盟； 创新经济； 经济发展与深度学习； 大数据挖掘； 计量经济学； 绩效评估与建模； 人工智能与互联网经济； 经济增长与技术创新；

会议名称	会议议题
2019 年管理科学信息化与经济创新发展学术会议（MSIEID 2020）	金融科技与金融发展； 服务设计与数字经济新业态； 智能机器人发展； 数字经济风险； 粤港澳大湾区国际科技创新中心建设； 粤港澳大湾区绿色技术银行； 产业转型升级； 农业经济发展； 国际贸易与贸易摩擦； "一带一路"建设； 城镇化发展； 区域经济发展； 服务贸易； 服务设计与产业 4.0； 环境经济与可持续发展； 系统动力学与系统思维； 绿色发展； 环境污染与管理规制； 能源技术经济学； 碳排放与雾霾污染； ESG 评级及影响力投资； 可持续生产与消费； 绿色供应链及物流； 绿色金融； 科技向善与绿色数字化转型
RSTCONF 2020 第十届国际科学技术研究会议（The 10th International Conference on Research in Science and Technology）	工程和技术； 统计数据； 体系结构； 人工智能； 计算机软件及应用； 计算； 数据挖掘； 能源； 工程； 信息技术； 因特网和万维网； 系统工程； 运输； 科学技术其他相关课题

由于会议议题种类和数量颇多，为理顺各会议议题之间的关系、提炼重点内容，本节借助 ROST CM 软件将各会议议题拆分为若干关键词，随后运用 NetDraw 构建了国际科技政策类学术会议议题共现网络，如图 5.2 所示。

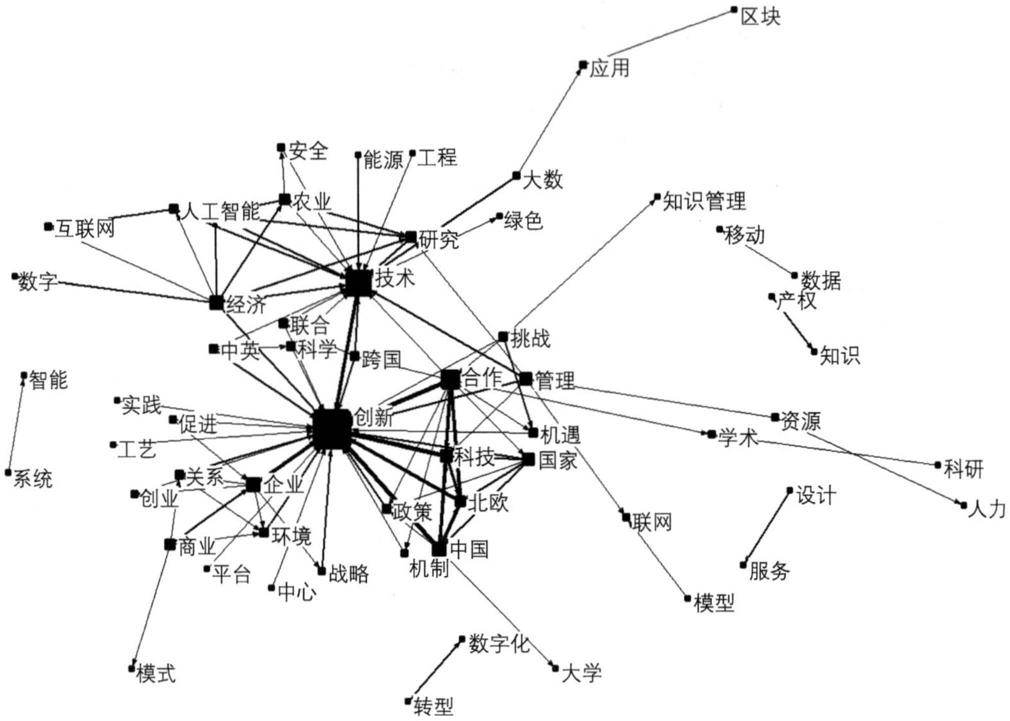

图 5.2　国际科技政策类学术会议议题共现网络

由该会议议题共现网络可知，"创新"这一关键词的节点最为突出，"技术""合作""管理""科技""国家""经济"等关键词的节点明显大于共现网络中的其他节点，说明这些关键词在各个会议议题中的出现频率较高。通过关键词节点之间的连线粗细可以看出关键词之间的关联度大小，其中线条越粗，关键词之间的联系越紧密，会呈现出若干聚类和词簇，进而可以总结出以下几个主要的议题。

议题一：技术创新。这类议题以生产技术的技术革新与应用创新为核心，重在研究技术创新的内容、服务与评估，主要体现在大数据、物联网、人工智能等技术领域。

议题二：中国创新。这类议题聚焦于我国科技创新体制优势及具体现出的国际竞争力，总结国家和区域科技创新体系建立与发展的历史阶段、目标宗旨、改革动因与未来建设完善的发展前景，分析探究我国阶段性创新工作开展的内在机遇与挑战。

议题三：国际合作。这类议题普遍存在于国际学术会议中，体现出国际学术会议开放、共享、互助的理念。议题立足于国际合作共赢的前提，通过搭建平台、技术合作、完善融资、设施共享、数据开放、战略交互、资源流动等多维度措施，深入研究探讨世界各国合作的可行性。

议题四：管理技术。这类议题旨在将管理技术应用于科技政策实施领域，用于研究科技政策制定和实施过程中产生的各类问题和应用效果，探讨了管理技术应用的具体手段和方法。

议题五：创新政策。这类议题梳理了创新政策对科技创新、技术创新、产业创新等领域的辩证关系与作用机制，如服务创新、知识创新、商业模式创新、管理创新、企业和技术溢出产业集群等，从生产、投资、研发等多方面完善创新政策架构。

议题六：技术经济。这类议题重在研究技术方案的经济效益和经济效率问题，旨在将科学技术理论应用于经济发展研究中，如数字经济与产业升级、绿色技术与循环经济等理念和技术的学术前沿领域。

5.2　科技政策类学术研究状况分析

本节以中国知网为中文文献检索平台，以 Web of Science 为英文文献检索平台；以"TI＝（'科技'＋'科学'＋'技术'＋'科学技术'＋'创新'）＊政策"为中文检索公式，以"TI＝（science OR technology OR science and technology OR S&T OR innovation）AND TI=policy"为英文检索公式；将 2019 年 7 月至 2020 年 12 月作为检索时间跨度，共筛选出符合条件的中文文献 2066 篇、英文文献 711 篇。

ITG Insight 是一款高级的科技文本挖掘与可视化分析工具，主要针对科技文本，如对专利、论文、报告、报刊等进行可视化的分析与挖掘，可视化挖掘方法有合作关系可视化、同现关系可视化、耦合关系可视化、演化分析可视化等，可视化输出包括网络图、热力图、密度图、演化图、聚类图等。该工具增强了对大规模数据的处理能力，将聚类分析、技术热力图、技术地形图、技术气象图整合到系统中。因此，本节利用 ITG Insight（V1.9.0）软件对国内及国际科技政策类学术研究进行梳理统计。

5.2.1　国内及国际科技政策类学术研究的外部特征

（1）国内科技政策类学术研究的外部特征

在研究机构方面，从发文数量来看，中国科学院科技战略咨询研究院在统计区间内发文量最多，达 19 篇；从研究机构性质来看，发文量较高的是以中国科学院科技战略咨询研究院、中国科学技术信息研究所、中国科学技术发展战略研究院、中国财政科学研究院等为代表的研究院所，以及以东北大学文法学院、江西财经大学、上海理工大学管理学院、中国矿业大学等为代表的高等院校。研究院所和高等院校仍是当前国内科技政策研究的中坚力量（表 5.7）。

表 5.7　国内科技政策研究机构及发文数量（节选）

研究机构	数量/篇	研究机构	数量/篇
中国科学院科技战略咨询研究院	19	西安交通大学经济与金融学院	6
中国科学技术信息研究所	15	北京大学经济学院	6
中国科学院大学公共政策与管理学院	12	上海市科学学研究所	6
东北大学文法学院	12	《宁波市人民政府公报》	6
中国科学技术发展战略研究院	12	华中科技大学经济学院	6
江西财经大学	11	中国石油长庆油田分公司	6
上海理工大学管理学院	9	广东省技术经济研究发展中心	6
中国矿业大学	9	山西省科学技术情报研究所	5
清华大学公共管理学院	9	浙江工商大学统计与数学学院	5
《信息通信技术与政策》	8	北京大学政府管理学院	5
福州大学经济与管理学院	7	中国人民大学公共管理学院	5
《中国社会科学报》	7	广东省科技创新监测研究中心	5
中国财政科学研究院	7	中国社会科学院数量经济与技术经济研究所	5
生态环境部环境与经济政策研究中心	7	重庆大学公共管理学院	5

国内科技政策研究机构合作网络的密度为 0.0046，Modularity Q=0.778，S 值未达到聚类分析的最低阈值标准。可见，目前国内的科技政策研究工作主要由单一机构独立开展或两个机构合作开展，尚未形成广泛的合作网络。在合作网络内，合作关系最为密切的是以中国科学院科技战略咨询研究院为核心，以中国科学院大学、中国科学院大学公共政策与管理学院、安徽大学经济学院为成员的合作集群。有合作关系的研究机构还有以下 7 组：中国科学技术信息研究所和北京市科学技术情报研究所；华南师范大学经济与管理学院和广东外语外贸大学；中国社会科学院数量经济与技术经济研究所和辽宁大学商学院；中国科学技术发展战略研究院和中北大学经济与管理学院；

清华大学公共管理学院和北京大学经济学院；黑龙江大学信息管理学院和黑龙江大学信息资源管理研究中心；清华大学经济管理学院和哈尔滨工程大学经济管理学院。其他研究机构均以独立形式进行研究和发文（图 5.3）。

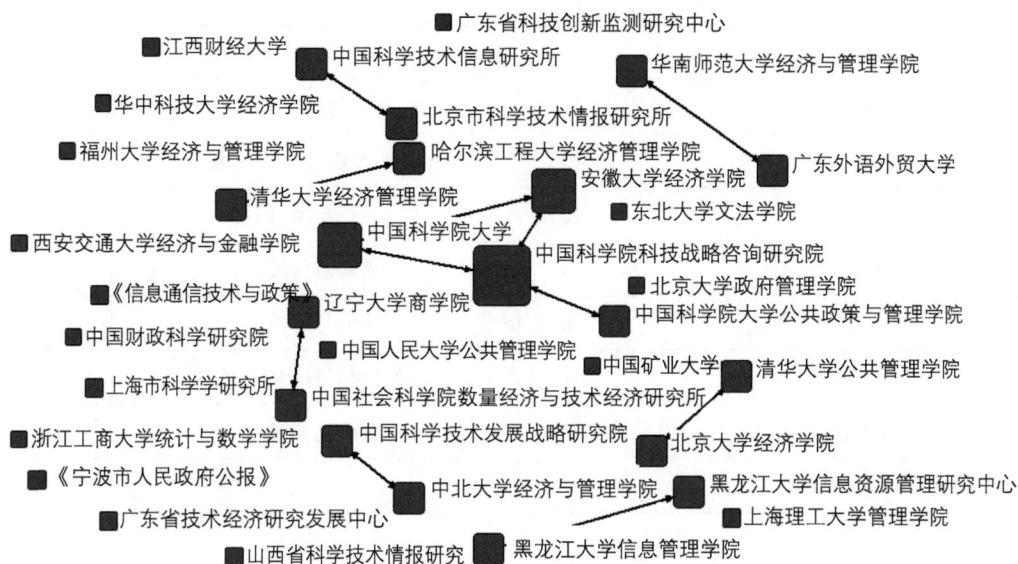

图 5.3　国内科技政策主要研究机构合作网络

在文献来源方面，《科技管理研究》在统计区间内刊登文献最多，数量为 30 篇；《科技进步与对策》《中国科技论坛》《科技中国》《科学管理研究》《科学学研究》《科研管理》《全球科技经济瞭望》《创新科技》等与"科技"研究明确相关的期刊，刊登文献数量较多；《经济研究导刊》《中国市场》《纳税》《中国金融》《中国商论》《技术经济与管理研究》等与经济、市场相关的期刊也对科技政策研究表现出较高的关注，刊登了若干相关研究文献（表 5.8）。

表 5.8　国内科技政策学术研究文献来源及数量（节选）

文献来源	数量/篇	文献来源	数量/篇
《科技管理研究》	30	《科学学研究》	18
《科技进步与对策》	26	《科研管理》	16
《中国科技论坛》	25	《全球科技经济瞭望》	15
《科技中国》	20	《创新科技》	14

续表

文献来源	数量/篇	文献来源	数量/篇
《科学管理研究》	19	《经济研究导刊》	14
《中国市场》	13	《全国流通经济》	8
《中国软科学》	12	《现代商贸工业》	8
《科技创业月刊》	12	《科技导报》	7
《纳税》	12	《技术经济与管理研究》	7
《中国金融》	11	《技术经济》	7
《中国商论》	9	《安徽科技》	7
《科技和产业》	9	《住宅与房地产》	7
《科技经济导刊》	9	《环境与可持续发展》	7
《中国社会科学报》	8	《中国高校科技》	7
《信息通信技术与政策》	8		

（2）国际科技政策类学术研究的外部特征

在研究机构方面，国际科技政策研究机构合作网络的密度为 0.061，网络密度数值较低，但明显高于国内研究机构合作网络密度。同时，国际科技政策研究相关机构的合作链条较国内研究有明显延长，中心机构较国内研究有明显增多。这体现在形成了以剑桥大学（University of Cambridge, Univ Cambridge）、乌得勒支大学（Utrecht University, Univ Utrecht）、牛津大学（University of Oxford, Univ Oxford）、斯坦福大学（Stanford University, Stanford Univ）、首尔国家大学（Seoul National University, Seoul Natl Univ）、苏塞克斯大学（University of Sussex, Univ Sussex）、墨尔本大学（University of Melbourne, Univ Melbourne）、赫尔辛基大学（University of Helsinki, Univ Helsinki）、伦敦帝国学院（Imperial College London, Imperial Coll London）、斯德哥尔摩大学（Stockholm University, Stockholm Univ）、伦敦国王学院（King's College London, Kings Coll London）、香港大学（Hong Kong University, Univ Hong Kong）、亚利桑那州立大学（Arizona State University, Arizona State Univ）、宾夕法尼亚大学（University of Pennsylvania, Univ Penn）、得克萨斯大学奥斯汀分校（University of Texas at Austin, Univ Texas Austin）、加州大学伯克利分校（University of California, Berkeley, Univ Calif Berkeley）、中国科学院（Chinese Academy of Sciences, Chinese Acad Sci）、多伦多大

学（University of Toronto，Univ Toronto）、昆士兰大学（Queensland university，Univ Queensland）、里斯本大学（University of Lisbon，Univ Lisbon）、悉尼大学（University of Sydney，Univ Sydney）等为多中心的国际科技政策研究合作网络。同时，国外科研机构隶属于美国、英国居多（图 5.4）。

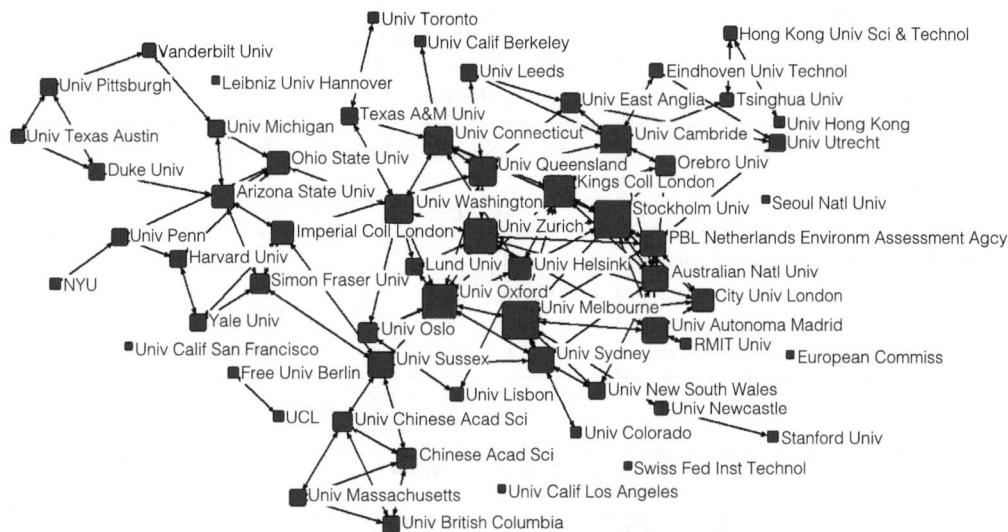

图 5.4　国际科技政策研究合作网络

在文献来源方面，如表 5.9 所示，刊登科技政策类研究最多的国外科技期刊是 *Sustainability*，数量为 27 篇，*Technological Forecasting & Social Change* 刊登数量次之，数量为 26 篇；*Environmental Science & Policy*、*Science & Public Policy*、*Journal of Technology Transfer*、*Energy Policy*、*Journal of Cleaner Production* 等期刊刊登文献的数量也相对较多。可见，国外能源安全、环境科学和社会可持续性等方向期刊对科技政策研究较为关注。

表 5.9　国际科技政策学术研究文献来源及数量（节选）

文献来源	数量/篇	文献来源	数量/篇
Sustainability	27	*Science & Public Policy*	12
Technological Forecasting & Social Change	26	*Journal of Technology Transfer*	11
Environmental Science & Policy	14	*Energy Policy*	11

文献来源	数量/篇	文献来源	数量/篇
Journal of Cleaner Production	10	*Renewable & Sustainable Energy Reviews*	4
European Planning Studies	9	*Plos One*	4
Research Policy	8	*Journal of Coastal Research*	4
Health Policy & Technology	5	*Minerva*	4
Environmental Research Letters	5	*Science of the Total Environment*	4
Policy Studies Journal	5	*Biological Conservation*	4
Cambridge Journal of Regions Economy & Society	4	*Nature*	4
Journal of Environmental Management	4	*Issues in Science & Technology*	4

5.2.2 国内及国际科技政策类学术研究的内在逻辑

本节主要从两个方面分析国内及国际科技政策学术研究的内在逻辑：一方面，通过构建关键词共现网络，观察关键词节点大小，计算关键词在该共现网络中的中心性，以分析单个关键词在该共现网络中的重要程度，通过观测关键词之间的连线，挖掘不同关键词之间的关联；另一方面，通过共词聚类分析，总结国内及国际科技政策学术研究的主题与热点。

（1）国内科技政策类学术研究的内在逻辑

针对中国科技创新政策学术研究，以研究区间内词频排前 80 名的关键词为分析对象，绘制关键词共现网络（图 5.5）。经进一步计算可知：①国内科技政策学术研究的关键词共现网络密度为 0.1528，数值较低，说明共现关键词之间的联系不够紧密，研究的内容和主题较为分散；②该关键词共现网络内的核心节点共 42 个，占节点总数的 52.5%。其中，"科技创新""创新政策""政策""科技成果转化""科技政策""政策工具""企业创新""创新""技术创新""税收优惠""高新技术企业""科技创新政策""创新创业""政策创新"等关键词在该共现网络中发挥重要作用，是该时期内科技政策类学术研究的主要方向及内容；③通过观察关键词之间的连线可知，整个网络的连线较为稀疏，关键词之间存在一定的联系，但联系不紧密，印证了第一个结论。

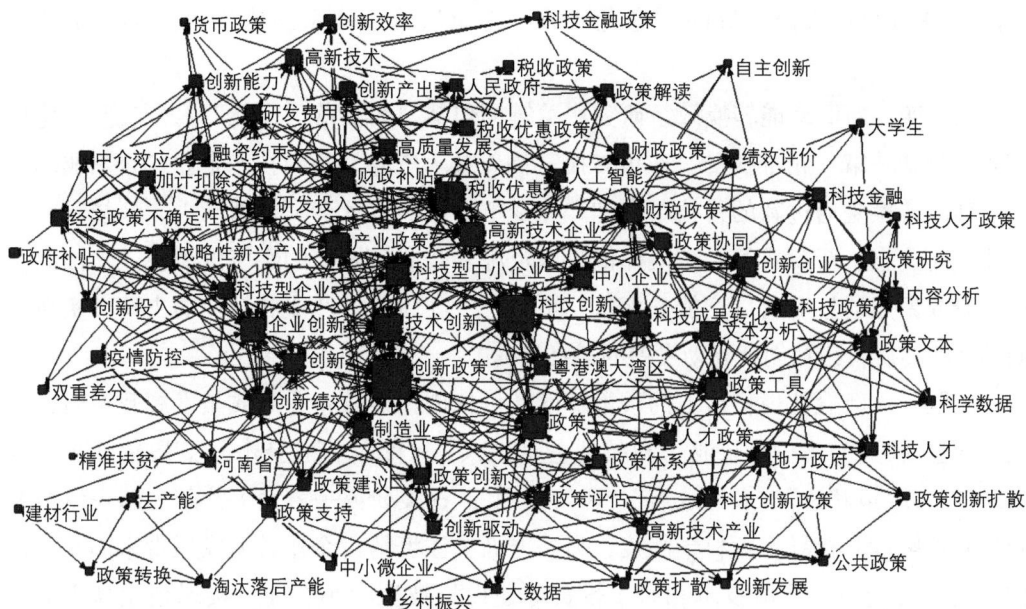

图 5.5　国内科技政策类学术研究的关键词共现网络

为进一步分析统计区间内国内科技政策类学术研究的热点问题和主要议题，对关键词进行聚类分析。经过共现网络和聚类分析，本节将高频关键词划分为 7 个议题，将同一类别中的共现关键词重新带入具体语境中，通过回溯文献的标题、摘要和关键词，可以理解共现关键词的含义，从而理解各个聚类的具体内容，具体如下。

议题一：乡村振兴与中小微企业发展政策研究。关键词包括"乡村振兴""创新发展""科技创新""中小微企业""大数据""大学生""政策扩散""公共政策""地方政府"。这类研究聚焦大学生引流至乡村振兴战略中，通过地方政府出台相应的公共政策来支持中小微企业创新发展，促进科技创新进步。

议题二：科技人才政策评估与发展研究。关键词包括"财政政策""人才政策""科技创新政策""政策创新扩散""政策评估""政策研究""政策创新""政策"。这类研究聚焦如何通过促进人才政策的制定和发挥，促进创新人才的深度发展，涉及财政政策的制定、人才政策的评估与创新，以及政策创新扩散等研究。

议题三：科技创新政策体系专项研究。关键词包括"科技人才""科技人才政策""科技金融""科技金融政策""科技政策""科技成果转化""创新创业""科学数据""政策协同""政策文本""文本分析""内容分析""政策工具"。这类研究聚焦中国科技创新政策体系的质性研究，利用政策工具，通过内容分析、文本分析方法对科技创新政策体系下的人才、金融、成果转化、创新创业等模块，以及不同模块间的政策协同等问题进行研究，进而从政策体系的构建角度提出了政策建议。

议题四：新旧动能转换政策研究。关键词包括"淘汰落后产能""去产能""建材行业""创新政策""精准扶贫""政策转换""高新技术产业""高新技术企业""创新驱动"。新旧动能转换是通过新的科技革命和产业变革形成经济社会发展新动力、新技术、新产业、新业态、新模式等，转换掉传统以资源和政府为导向的经济发展模式。因此，这类研究聚焦通过对落后产能的淘汰、更新，对高新技术产业和企业的支持，实现新旧动能的转换，达到创新驱动发展的最终目的。

议题五：新冠肺炎疫情下的政策解读和科技创新引领企业高质量发展政策研究。关键词包括"科技型中小企业""科技型企业""人工智能""高新技术""高质量发展""疫情防控""政策解读""人民政府""研发费用"。这类研究一方面关注新冠肺炎疫情期间的政策解读和指导企业科学战疫；另一方面关注疫情为企业转型发展带来的契机，如借助人工智能、高新技术和研发投资等建设科技型中小企业，实现企业高质量发展，降低疫情等非常规事件为企业生产带来的负面冲击。

议题六：战略性新兴产业科技创新政策研究。关键词包括"战略性新兴产业""制造业""企业创新""技术创新""创新能力""创新效率""创新绩效""创新产出""创新投入""研发投入""财政补贴""政府补贴""产业政策""货币政策""融资约束""经济政策不确定性""政策支持"。这类研究以战略性新兴产业的创新政策为研究对象，将企业的研发投入、创新投入、财政补贴、政府补贴、货币政策等政策支持方式与新兴产业的技术创新能力、创新效率和创新绩效产出相联系，并关注如何帮助企业破除融资约束和降低经济政策不确定性带来的负面影响，提升战略性新兴产业、企业的科技创新能力及创新绩效。

议题七：中小企业财税优惠政策研究。关键词包括"中小企业""税收政策""税收优惠""税收优惠政策""财税政策""加计扣除""政策体系""自主创新""创新""绩效评价""政策建议"。这类研究重在分析财税政策体系对中小企业的自主创新和创新绩效的影响，通过效果评价，提出未来的政策建议。

（2）国际科技政策类学术研究的内在逻辑

针对国际科技政策学术研究，以研究区间内词频排前80名的关键词为分析对象，绘制关键词共现网络（图5.6）。经进一步计算可知：①国际科技政策类学术研究的关键词共现网络密度为0.0215，数值显著低于国内，说明国际科技政策类学术研究的各个关键词之间的联系不够紧密，研究内容和主题较为分散；②该关键词共现网络内的核心节点数目为27个，占节点总数的38.57%。其中，"innovation policy"（创新政策）、"climate change"（气候变化）、"policy innovation"（政策创新）、"green technology innovation"（绿色技术创新）、"technological innovation"（技术创新）、"social innovation"（社会创新）、"air pollution"（空气污染）、"environmental policy"（环境政策）、"scientific information"（科学信息）、"economic growth"（经济增长）、"renewable energy"（再生能源）等关键词在该共现网络中发挥重要作用，是该时期国际科技政策类学术研究的主要方向及内容；③通过观察关键词之间的连线可知，整个网络的连线极为稀疏，关键词之间存在一定的联系，但联系不紧密，进一步地印证了第一个结论。

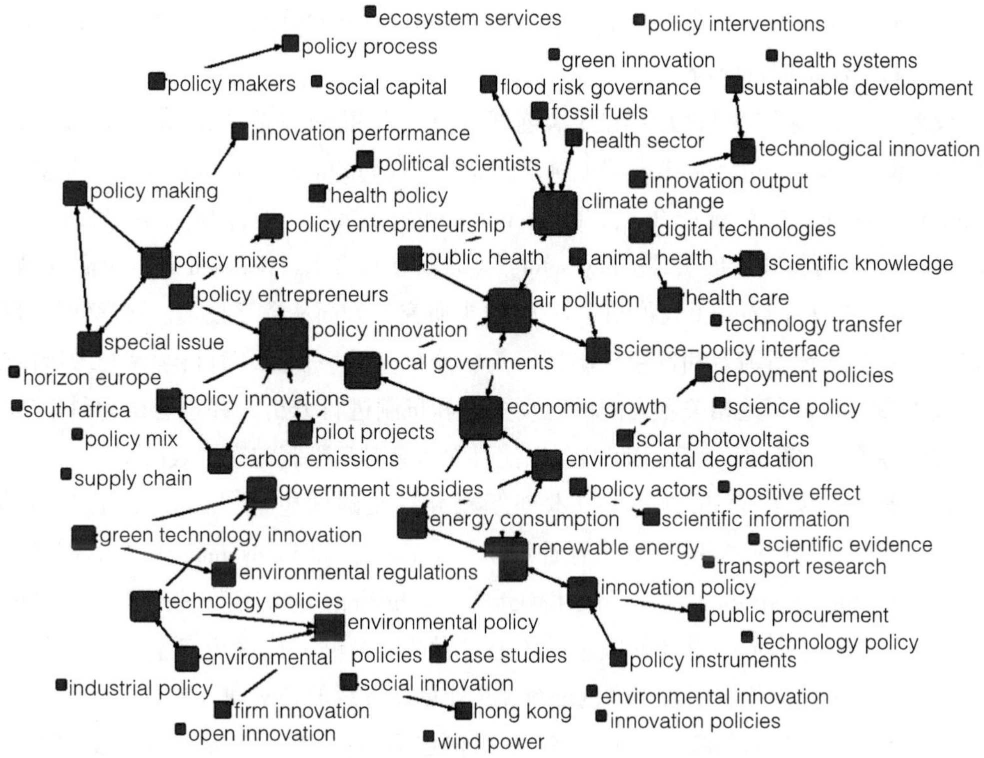

图 5.6　国际科技政策类学术研究的关键词共现网络

为进一步分析统计区间内国际科技政策类学术研究的热点问题和主要议题，对关键词进一步聚类分析。经过共现网络和聚类分析，本节将高频关键词划分为 5 个议题，具体如下。

议题一：再生能源与经济政策研究。关键词包括 "energy consumption"（能源消耗）、"renewable energy"（再生能源）、"environmental degradation"（环境恶化）、"economic growth"（经济增长）、"innovation policy"（创新政策）、"policy instruments"（政策工具）、

"public procurement"（公共采购）。这类研究对能源消耗与环境恶化较为关注，对可再生能源的公共采购与经济增长的关系和相应能源政策工具进行研究。

议题二：气候、环境变化与卫生保健政策研究。关键词包括"climate change"（气候变化）、"air pollution"（空气污染）、"environmental policy"（环境政策）、"health sector"（卫生部门）、"animal health"（动物健康）、"policy innovation"（政策创新）、"science-policy interface"（科学政策层面）、"local governments"（地方政府）、"policy entrepreneurship"（政策创业）、"health policy"（卫生政策）、"health care"（卫生保健）。这类研究对当前全球化气候环境变化对卫生保健的影响进行研究，较为关注的有空气污染、动物健康等，并从科学政策、地方政府和卫生部门等层面，对环境政策、卫生政策的创新和制定进行探讨。

议题三：信息科学与数字化技术创新发展。关键词包括"digital technologies"（数字技术）、"scientific knowledge"（科学知识）、"scientific information"（科学信息）、"innovation output"（创新产出）、"innovation performance"（创新绩效）、"sustainable development"（可持续发展）、"policy actors"（政策参与者）、"political scientists"（政治科学家）、"policy makers"（政策制定者）。这类研究一方面从数字技术、科学知识等视角出发，对技术创新绩效和创新产出进行关联分析；另一方面，对科学家与政策制定者、政策参与者、利益相关者之间的互动关系和机制进行分析，并普遍认为科学研究应能够回答关于弥补政策差距的问题，以使科学研究对政策制定产生效用。

议题四：政策组合下的企业技术创新研究。关键词包括"policy mixes"（政策组合）、"government subsidies"（政府补贴）、"technological innovation"（技术创新）、"green technology innovation"（绿色技术创新）、"technology policies"（技术政策）、"firm innovation"（企业创新）。这类研究集中于通过对政府补贴、技术政策等政策组合的优化，来达到促进社会技术创新、绿色创新和企业创新等目的的实现。

议题五：社会创新与政策干预研究。关键词包括"open innovation"（开放式创新）、"green innovation"（绿色创新）、"social innovation"（社会创新）、"industrial policy"（产业政策）、"social capital"（社会资本）、"deployment policies"（部署政策）、"policy interventions"（政策干预）、"technology policy"（技术政策）、"technology transfer"（技术转让）、"innovation policies"（创新政策）。这类研究从政策干预的视角，对产业、企业等主体的开放式创新和绿色创新机制进行了研究，从社会资本的政策部署、政策干预出发，对社会创新的动态实现机制进行探讨，并对技术转让等技术创新政策与社会创新、绿色创新之间的关系和影响进行了研究，以解决实现科技创新战略和社会转型又好又快发展的路径、机制和手段等方面的问题。

5.2.3 国内科技政策类学术出版物（著作、教材）研究状况

本节以超星读秀为检索平台，以"（T=科技|科学|技术|科学技术|创新）＊（T=政策）＊（2019＜＝ Y＜＝ 2020）"为检索公式，以 2019 年 7 月至 2020 年 12 月为检索时间跨度，共检索出科技政策类学术出版物 75 种。

从出版社信息来看，在设定的时间段内，共有 39 家出版社先后出版了科技政策类图书。其中，经济科学出版社出版的相关图书为 13 种，数量最多；科学出版社、经济管理出版社等出版社出版的相关图书数量均在 10 种以下。此外，这些出版社的地理位置主要位于北京市（表 5.10）。

表 5.10 国内科技政策类学术出版物来源及种类（节选）

地点	出版社	种类/种	地点	出版社	种类/种
北京	经济科学出版社	13	长春	吉林大学出版社	3
北京	科学出版社	6	北京	中国金融出版社	2
北京	经济管理出版社	5	北京	知识产权出版社	2
北京	科学技术文献出版社	5	北京	中国水利水电出版社	2
北京	中国财政经济出版社	4	北京	中国农业出版社	2
北京	中国经济出版社	3			

科技政策类学术出版物的关键词及词频如表 5.11 所示。经过初步分析，这些出版物在研究层面基本上可以分为战略层、综合层和基本层。其中，战略层研究是指涉及国家科学技术长远发展的具有前瞻性的研究，如以"技术创新""科技创新""政策机制""战略性""创新战略""新兴产业""协同发展"等为主题的研究；综合层研究是对战略层研究的细化和对基本层研究的整合，如以"政策评估""财税政策""科技政策""产业政策""科技金融"等为主题的研究；基本层研究是针对某一领域、某项工具的研究，如以"科技成果转化""农业""科技人才""中小企业"等为主题的研究。可见，当前科技政策类学术出版物的研究视域多分布于战略层研究和综合层研究，体现在对科技创新政策、财税政策和科技成果转化的政策机制、政策评估和创新发展等方面。

表 5.11　国内科技政策类学术出版物关键词及词频（词频 ≥ 2 次）

关键词	词频/次	关键词	词频/次
政策研究	16	企业	3
政策评估	14	科技人才	3
科技创新	10	创新	3
创新政策	8	蓝皮书	2
科技政策	8	人才政策	2
政策机制	8	科技金融	2
技术创新	7	公共政策	2
财税政策	6	协同发展	2
政策创新	4	产业政策	2
农业	4	创新战略	2
科技成果转化	3	中小企业	2
战略性	3	新兴产业	2

　　科技政策类学术出版物关键词共现网络如图 5.7 所示。总体来看，该关键词共现网络的密度为 0.0236，数值较低，说明国内科技政策类学术出版物的研究内容和研究主题较为分散。从局部网络上看，形成了以"政策研究""政策评估""政策机制""科技创新""创新政策""技术创新"为核心的若干研究网络。其中，"政策研究"指向某一主体或对象的针对性政策专研，如"创新型企业""高新技术产业""科技成果转化""科技人才""创新战略"等；"政策机制"较多指向"科技金融""新兴产业""生态环境""企业"等政策的建设和发展机制研究；"政策评估"是对"科技创新""技术创新"类科技政策和"财税政策""区域政策"等类型政策实施效果的评估。

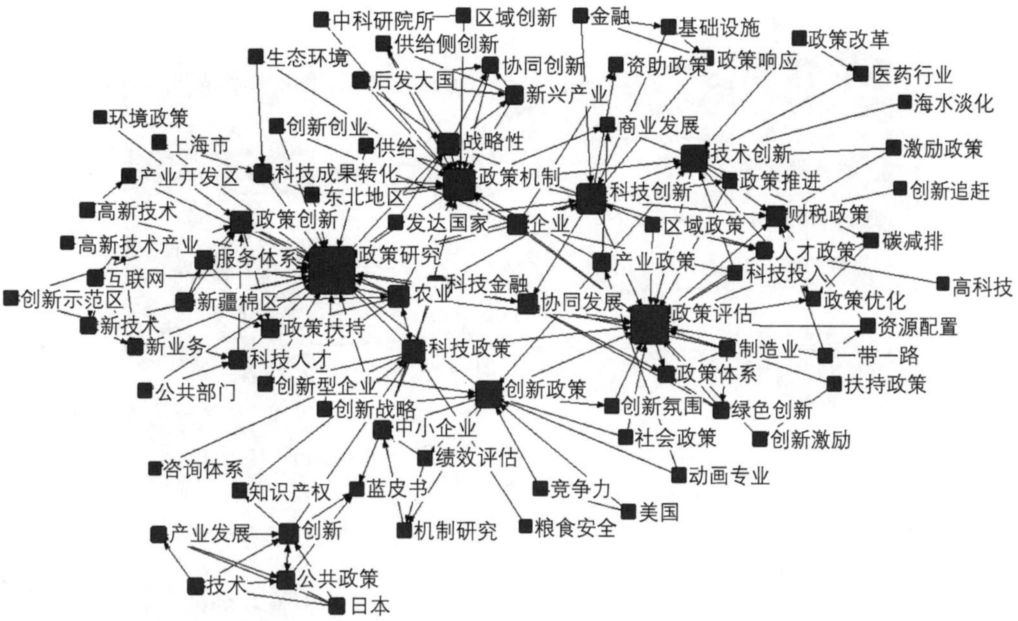

图 5.7   国内科技政策类学术出版物关键词共现网络

5.2.4   国内及国际科技政策类学术研究发展趋势

利用 ITG Insight（V1.9.0）软件对 2019 年 7 月至 2020 年 12 月国内及国际科技政策类学术研究关键词的演化路径进行可视化分析，结果如图 5.8 和图 5.9 所示。

从图 5.8 可以看出，随着时间的推移，国内科技政策类学术研究的热点由以"科技创新"为代表的"科技创新政策""科技成果转化""技术创新""创新创业"等主题，转向以"创新政策"为代表的"政策工具""企业创新""税收优惠""产业政策"等研究主题，研究内容和研究方向更加具体和细化，更加注重对政策工具的研究和使用，且将科技创新与企业、产业等主体结合得更为紧密。

上述研究热点的转变与中国不断注重对实体经济的发展密不可分。2020 年，国务院要求进一步落实金融支持实体经济的政策措施；习近平总书记也多次作出工作部署，指出"把支持实体经济恢复发展放到更加突出的位置，用好已有金融支持政策，适时出台新的政策措施""实体经济是我国经济的命脉所在""坚持把经济发展的着力点放在实体经济上"。因此，学术界对企业、产业等实体经济的创新政策、税收优惠等政策工具的创新发展进行了大量研究。

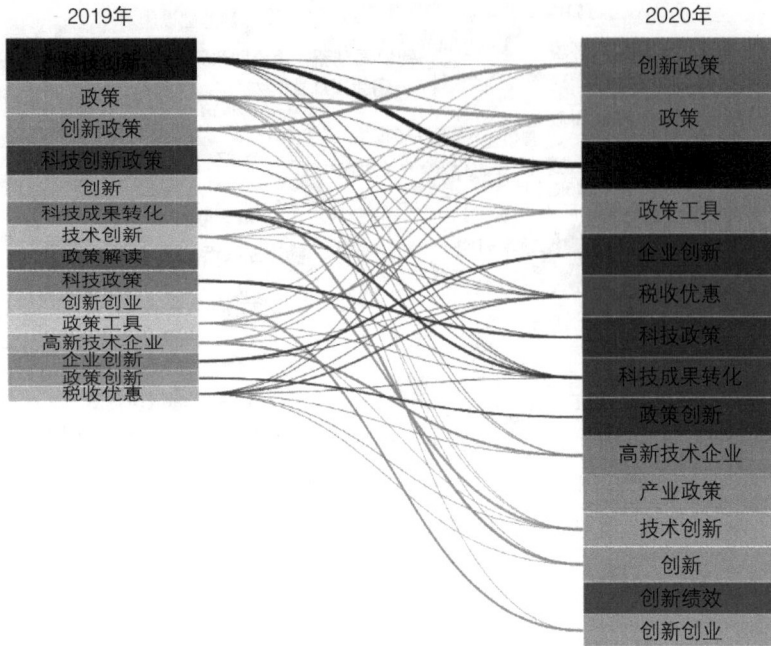

图 5.8　国内科技政策类学术研究主题演变趋势

国际科技政策类学术研究主题演变趋势如图 5.9 所示。可见，2019 年与 2020 年之间的研究仅有 innovation policy（创新政策）和 climate change（气候变化）两个关键词得到了延续，且研究热度呈减弱趋势。2020 年产生了较多新颖的研究主题，如 digital technologies（数字技术）、informational policy instrum（信息政策工具）、scientific information（科学信息）、sustainable development（可持续发展）等。总体上来看，国际科技政策类学术研究由对气候、环境、卫生保健和生态系统的关注，逐渐转向如何促进社会创新（social innovation）和可持续发展（sustainable development），体现在对能源消费（energy consumption）、技术创新（technological innovation）、科学信息（scientific information）和数字化技术（digital technologies）发展，以及社会资本（social capital）的创新利用等方面的政策创新（policy innovation）研究。

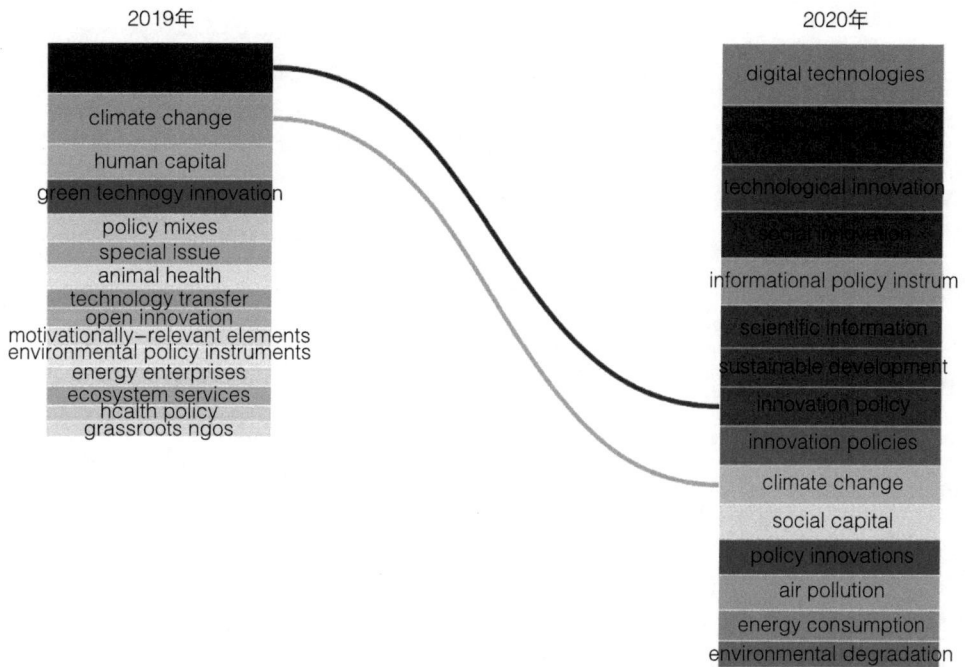

2019年　　　　　　　　　　　　　2020年

2019年:
climate change
human capital
green technogy innovation
policy mixes
special issue
animal health
technology transfer
open innovation
motivationally-relevant elements
environmental policy instruments
energy enterprises
ecosystem services
health policy
grassroots ngos

2020年:
digital technologies
technological innovation
social innovation
informational policy instrum
scientific information
sustainable development
innovation policy
innovation policies
climate change
social capital
policy innovations
air pollution
energy consumption
environmental degradation

图 5.9　国际科技政策类学术研究主题演变趋势

参考文献

［1］刘军.整体网分析：UCINET 软件实用指南［M］.3 版.上海：格致出版社，2019：25，27，139，141－142，146.

［2］刘国威.基于社会网络分析的网络舆情主题事件演化研究［D］.福州市：福州大学，2018.

［3］王宇华.基于社会网络分析的中国高校工程管理学科论文合著形态研究［D］.昆明市：昆明理工大学，2018.

［4］彭纪生，仲为国，孙文祥.政策测量、政策协同演变与经济绩效：基于创新政策的实证研究［J］.管理世界，2008（9）：25－36.

［5］王帮俊，朱荣.产学研协同创新政策效力与政策效果评估：基于中国 2006～2016 年政策文本的量化分析［J］.软科学，2019，33（3）：30－35，44.

［6］徐美宵，李辉.北京市机动车污染防治政策效力评估：基于 2013—2017 年政策文本的量化分析［J］.科学决策，2018（12）：74－90.

［7］郭本海，李军强，张笑腾.政策协同对政策效力的影响：基于 227 项中国光伏产业政策的实证研究［J］.科学学研究，2018，36（5）：790－799.

［8］ESTRADA M. Policy modeling: definition, classification and evaluation［J］. Journal of policy modeling, 2011, 33（4）：523－536.

［9］张永安，郄海拓."大众创业、万众创新"政策量化评价研究：以 2017 的 10 项双创政策情报为例［J］.情报杂志，2018，37（3）：158－164，186.

［10］胡峰，温志强，沈瑾秋，等.情报过程视角下大数据政策量化评价：以 11 项国家级大数据政策为例［J］.中国科技论坛，2020（4）：30－41，73.

［11］丁潇君，房雅婷."中国芯"扶持政策挖掘与量化评价研究［J］.软科学，2019，33（4）：34－39.

［12］臧维，张延法，徐磊.我国人工智能政策文本量化研究：政策现状与前沿趋势［J］.科技进步与对策，2021，38（15）：125－134.